工业机器人操作实用教程（配视频）

张 俊　刘天宋　主编

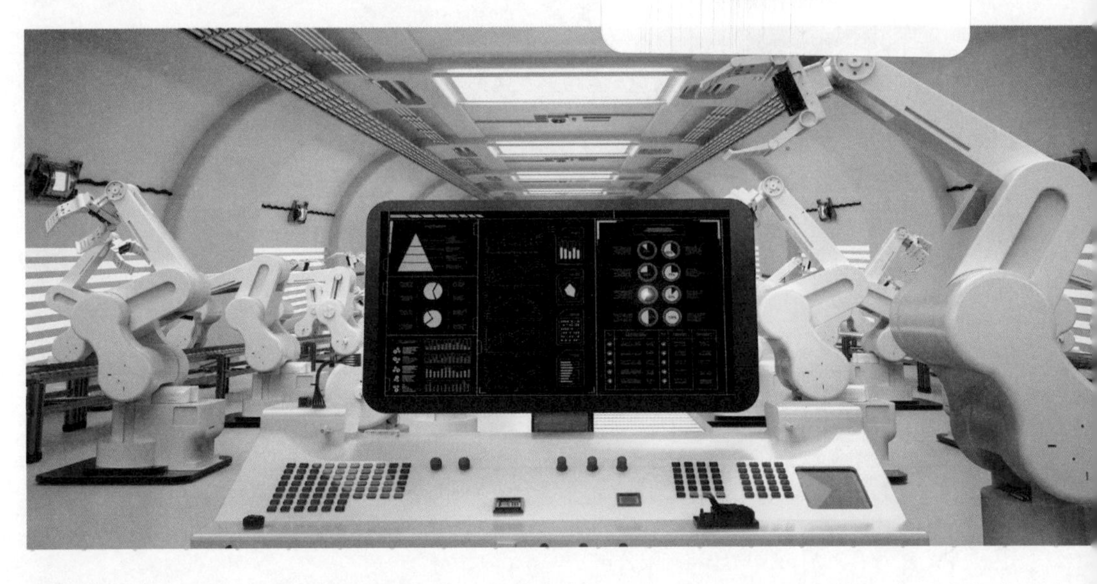

化学工业出版社

·北京·

内容简介

本书根据工业机器人职业技能要求，以 ABB IRB120 型六轴工业机器人为对象，采用项目式的编写形式，分 9 个单元，详细讲解了 ABB 工业机器人所涉及的各种操作方法。主要内容包括：工业机器人基础及安全知识、工业机器人气动辅助装置与电气装置、工业机器人的手动操纵、常用指令与函数、校准与功能测试、工业机器人 I/O 通信、工业机器人网络通信、字符串处理函数、RAPID 程序。

本书配有丰富的视频，扫描二维码即可观看。

本书理论深入浅出，层次清晰，适合从事工业机器人技术、机电一体化技术、电气自动化技术、数控设备应用与维护等相关工作的技术人员学习参考，也可作为高职院校相关专业的教学用书。

图书在版编目（CIP）数据

工业机器人操作实用教程：配视频 / 张俊，刘天宋主编 . —北京：化学工业出版社，2022. 1
ISBN 978-7-122-40130-4

Ⅰ. ①工…　Ⅱ. ①张…　②刘…　Ⅲ. ①工业机器人 - 操作 - 高等职业教育 - 教材　Ⅳ. ① TP242. 2

中国版本图书馆 CIP 数据核字（2021）第 212032 号

责任编辑：贾　娜　　文字编辑：温潇潇
责任校对：张雨彤　　装帧设计：王晓宇

出版发行：化学工业出版社（北京市东城区青年湖南街 13 号　邮政编码 100011）
印　　刷：北京京华铭诚工贸有限公司
装　　订：三河市振勇印装有限公司
787mm × 1092mm　1/16　印张 14¾　字数 334 千字　2022 年 1 月北京第 1 版第 1 次印刷

购书咨询：010-64518888　　售后服务：010-64518899
网　　址：http：//www.cip.com.cn
凡购买本书，如有缺损质量问题，本社销售中心负责调换。

定　　价：98.00 元　

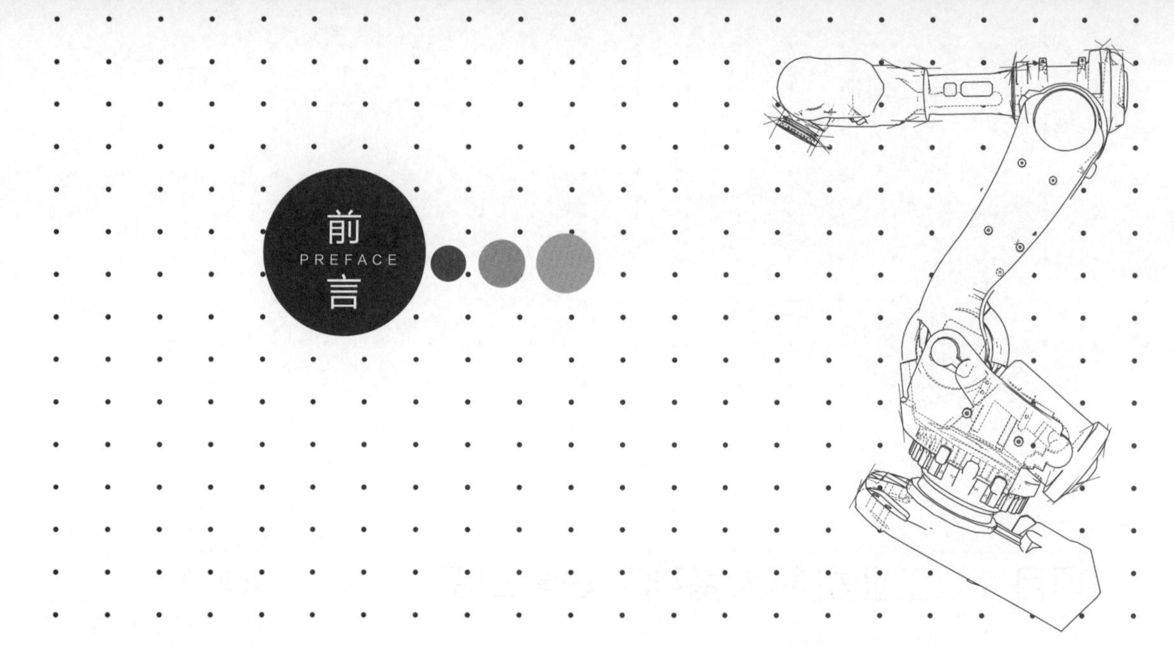

前言
PREFACE

我国正在大力发展工业机器人产业，目前已经形成较为完善的工业机器人产业体系，机器人密度达到 100 台 / 万人以上。2021 年后，工业机器人产业还将以更快的速度发展，诸多大型制造企业都已建成机器人本体、核心部件、软件、系统集成的完整生产链，基本涵盖了机器人和机器人装备产业链上、中、下游各个环节。据统计，至 2025 年，工业机器人市场共需要约 26.18 万高职人才。

工业机器人作为一种高科技集成装备，对专业人才有着多层次的需求。在人才需求可观的行业背景下，编写一本基于项目化教学的、适应工业机器人实践的应用型图书，有利于培养具备工业机器人应用能力的高质量人才，真正满足企业的技术人才需求。基于此，我们编写了本书，详细介绍了工业机器人的基本操作与编程方法，将基础理论知识和实操任务整合到项目实践中，为读者后续设计与调试工业机器人系统打下坚实的理论与实践基础。

本书紧密围绕自动控制系统的原理与应用两大核心，分 9 个项目，详细讲解了 ABB 工业机器人所涉及的各种操作方法。项目 1 对工业机器人的分类、组成结构和技术参数等进行讲解；项目 2 介绍了常用的气压辅助装置，以及其工作原理与性能指标；项目 3 介绍了示教器的结构、界面和按键功能，讲解了示教器的基础操作；项目 4 介绍了机器人常用运动指令的使用方法；项目 5 讲解了工业机器人本体回零的方法；项目 6 对 DSQC651 板进行配置，定义总线连接、数字输入输出信号和模拟输出信号；项目 7 介绍了 ABB IRB 120 机器人的 socket 通信基础知识，并介绍 ABB IRB120 机器人和 S7-200 SMART PLC 之间的网络通信方法；项目 8 对字符串处理函数进行介绍；项目 9 讲解了如何使用 RAPID 程序。

本书编写过程中，充分考虑了读者的认知规律，书中内容采用图文并茂的表现形式，并配有丰富的视频教学资源，扫描二维码即可观看视频讲解。本书适合从事工业机器人技术、机电一体化技术、电气自动化技术、数控设备应用与维护等相关工作的技术人员学习参考，也可作为高职院校相关专业的教学用书。

本书由张俊、刘天宋主编，王栋、姚莉娟副主编，熊家慧、郭爱云、万萍、史玉立参与编写。在本书编写过程中，得到了北京华航唯实机器人科技有限公司的大力帮助，在此致以最诚挚的谢意！

由于编者水平所限，书中疏漏之处在所难免，敬请广大读者批评指正。

编　者

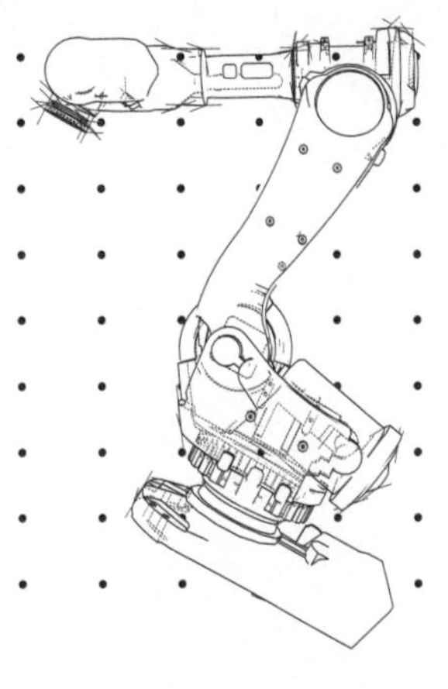

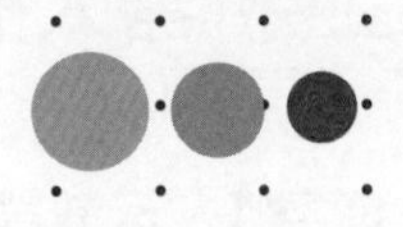

目
录

/Administration
/Human Resources
/Legal
/Accounting
/Finance
/Marketing
/Publicity
/Promotion
/Research
/Business
/Development
/Engineering
/Manufacturing
/Planning

项目1

工业机器人基础及安全知识

任务 1 / 工业机器人简介

机器人技术是20世纪人类最伟大的发明之一。随着人工成本的不断上涨、工作环境的改变以及多元化的市场竞争，更多的劳动密集型企业已经开始大量使用机器人。

本任务将对工业机器人的分类、组成结构和技术参数等进行介绍。

1. 工业机器人分类

关于机器人的分类，国际上没有制定统一的标准，可按多种方式进行分类，比如按负载重量分、按控制方式分、按自由度分、按结构度分、按应用领域分，等等。例如机器人按应用环境的不同，被简单地分为两类：工业机器人和特种机器人。工业机器人用于汽车、机床等制造业，其他用于非制造业的机器人称为特种机器人，这种分类太宽泛模糊，目前机器人已经在医疗、建筑、农业、服务业以及航空等多领域广泛应用。依据不同的应用领域，工业机器人又可分为码垛、搬运、涂装、焊接、车铣、注塑机器人等。由此可见，机器人的分类方法和标准很多，本书主要介绍以下两种工业机器人的分类方式。

（1）按机器人的技术等级分类

工业机器人按照机器人技术发展水平可分为三代。

① 示教再现机器人。示教再现机器人是第一代工业机器人。这类机器人能够按照人类预先示教的轨迹、顺序、速度、行为重复作业。一般地，多用示教器控制机器人按照规定的路径移动，示教关键点。示教和编程完成后，机器人可以重复再现示教的动作。另外，示教也可以由操作人员手动进行，如操作人员握住机器人的焊枪，沿焊接线路示范一遍，机器人将一连串运动记住，工作时，自动重复这些运动。

② 感知机器人。感知机器人为第二代工业机器人。这类机器人具有环境感知装置，能在一定程度上适应环境的变化，如图1-1所示。以焊接机器人为例，示教再现机器人在焊接的过程中，通过示教器给出机器人的运动曲线，机器人携带焊枪沿着该曲线完成焊接工作，要求工件的一致性要好，即工件焊接位置要非常准确。否则，机器人所走的曲线和工件的实

际焊缝位置会有偏差。而感知机器人在用于焊接作业时，采用焊缝跟踪技术，焊缝的位置可通过传感器来感知，再通过反馈控制自动跟踪焊缝，从而修正示教的位置，即使实际焊缝相对于原始设定的位置有变化，机器人仍可以很好地完成焊接工作。类似的技术正越来越多地应用于工业机器人。

③ 智能机器人。智能机器人为第三代工业机器人，如图 1-2 所示。这类机器人具有发现问题并且自主解决问题的能力。智能机器人可通过多种传感器感知自身的状态，如所处的位置、自身故障等，也可感知外部环境的状态，如自动发现路况、测出协作机器的相对位置、相互作用的力等。更重要的是，能够根据获得的信息进行逻辑推理、决策判断，在变化的内部状态和外部环境中，自主决定自身行为。智能机器人不仅具有感知能力，而且具有独立判断、记忆、行动、推理和决策的能力，能适应外部对象、环境协调的工作，能完成更加复杂的动作，还具备自我诊断及修复故障的能力。

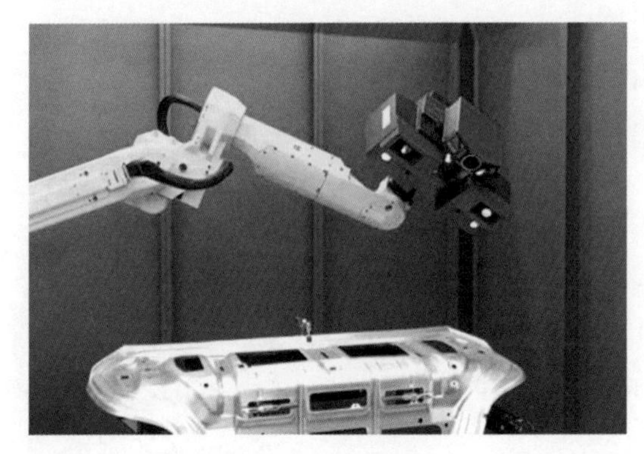

图 1-1　感知机器人

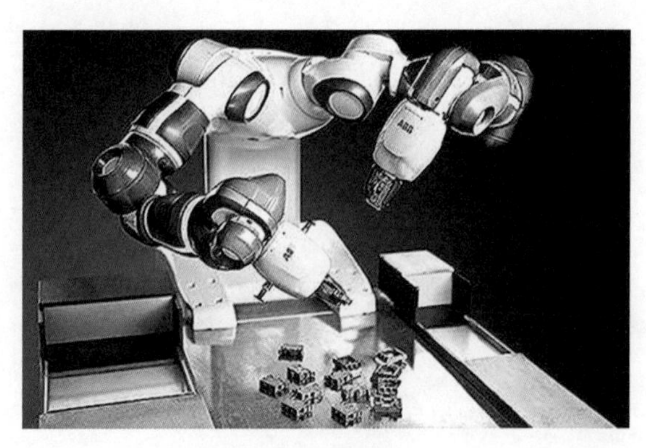

图 1-2　智能机器人

（2）按机器人的机构特征分类

工业机器人的机械配置形式多种多样，典型机器人的机构运动特征是用坐标特征来描述的。按基本动作机构，工业机器人可分为直角坐标机器人、柱面坐标机器人、球面坐标机器人和关节型机器人等类型。

① 直角坐标机器人。直角坐标机器人具有空间上相互垂直的多个直线移动轴，通常以 *XYZ* 直角坐标系统为基本数学模型，通过直角坐标方向的三个独立自由度确定其手部的空间位置，其动作空间为一长方体，如图 1-3 所示。直角坐标机器人多以伺服电动机或步进电动机驱动的单轴机械臂为基本工作单元，以滚珠丝杠、同步传动带、齿轮齿条等常用的传动方式架构起来，使各运动自由度之间成空间直角关系，能够实现自动控制且可重复编程。直角坐标机器人结构简单，定位精度高，空间轨迹易于求解；但其动作范围相对较小，设备的空间因数较低，实现相同的动作空间要求时，机体本身的体积较大。

注意：一台直角坐标机器人可以不限于三个自由度，一般用于安装末端执行器的机械臂可添加组件，该组件本身可具有几个附加自由度，如滚动、俯仰、偏摆。并且，机器人可安装于能够在平面内运动的物体上（例如 *X-Y* 平台或导轨）来增加整个装置的灵活性。

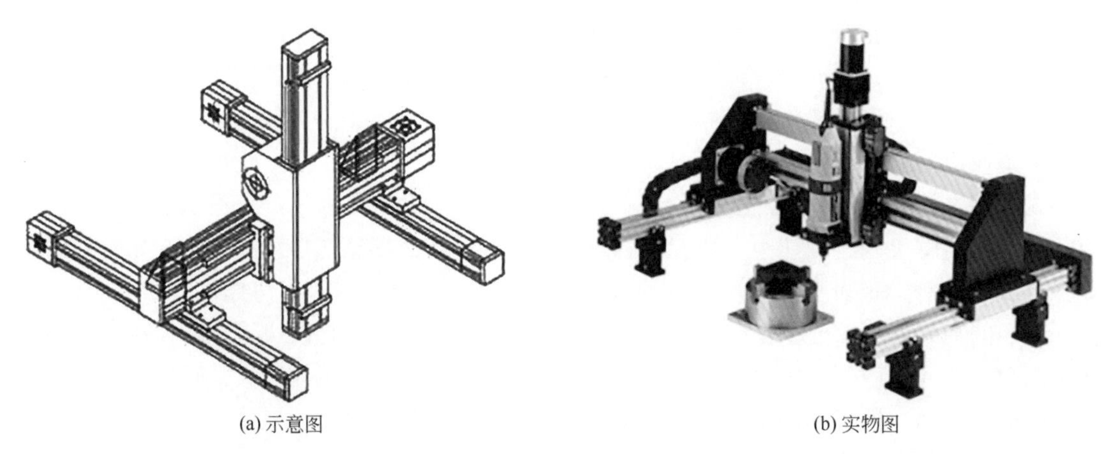

(a) 示意图 (b) 实物图

图 1-3 直角坐标机器人

② 柱面坐标机器人。柱面坐标机器人主要由旋转基座、垂直移动轴和水平移动轴构成，如图 1-4 所示。其具有一个旋转和两个平移自由度，动作空间成圆柱体。这种机器人结构简单、刚性好；但在机器人动作范围内，必须有沿轴线前后方向的移动空间，空间利用率较低。

③ 球面坐标机器人。球面坐标机器人的空间位置分别由两个旋转和一个平移三个自由度确定，其动作空间形成球面的一部分，如图 1-5 所示。球面坐标机器人的机械手能够前后伸缩移动、在垂直平面上摆动、绕底座在水平面上转动。Unimate 机器人就属于球面坐标机器人，其结构紧凑，所占空间体积小于直角坐标机器人和柱面坐标机器人，大于关节型机器人。

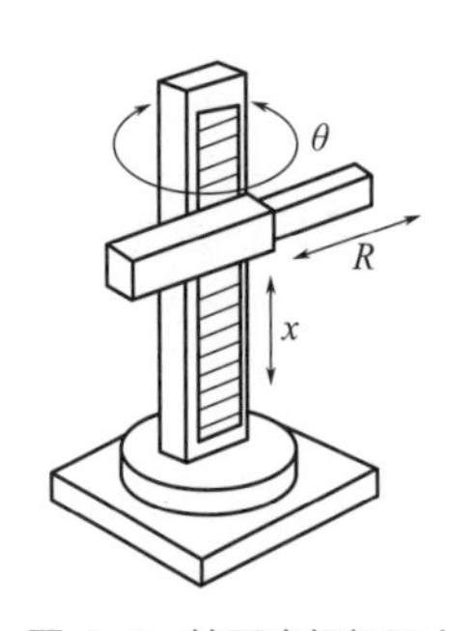

图 1-4 柱面坐标机器人

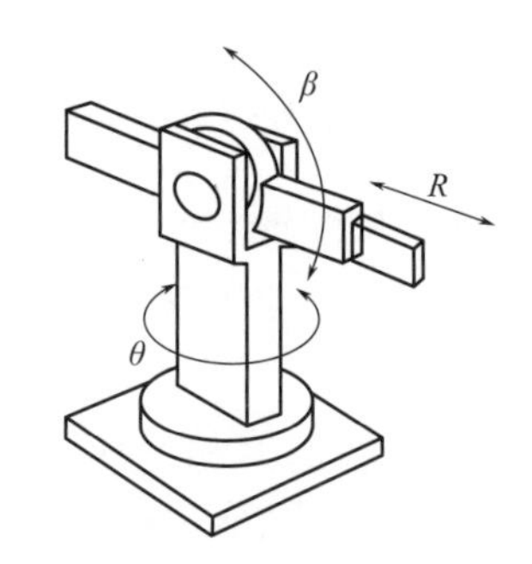

图 1-5 球面坐标机器人

④ 关节型机器人。关节型机器人由多个旋转和摆动机构组合而成，如图 1-6 和图 1-7 所示。关节型机器人也称关节手臂机器人或关节机械手臂，是当今工业领域中最常见的工业机器人的形态之一，适用于诸多工业领域的机械自动化作业。这类机器人结构紧凑、工作空间大、动作最接近人的动作，其摆动方向主要有铅垂方向和水平方向两种，因此这类机器人可分为垂直多关节机器人和水平多关节机器人。

a. 水平多关节机器人。水平多关节机器人具有串联配置的两个能够在水平面内旋转的手臂，其自由度可以根据用途选择 2 ～ 4 个，动作空间为一个圆柱体。优点是在垂直方向上刚性好，能方便地实现二维平面的动作，在装配作业中得到普遍应用，如图 1-6 所示。

b. 垂直多关节机器人。垂直多关节机器人模拟人类的手臂功能，其动作空间近似一个球体，其优点是可以自由地实现三维空间的各种姿势，可以按照各种复杂形状的轨迹运动。其中串联关节型垂直 6 轴串联机器人是使用最多的关节型机器人，如图 1-7 所示，广泛应用于焊接、涂胶、码垛和装配等领域。其工作空间大，运动分析比较容易，可避免驱动轴之间的耦合效应，但是各轴之间必须独立控制，并且需要搭配传感器以提高机构运动时的精度。

图 1-6　水平多关节机器人

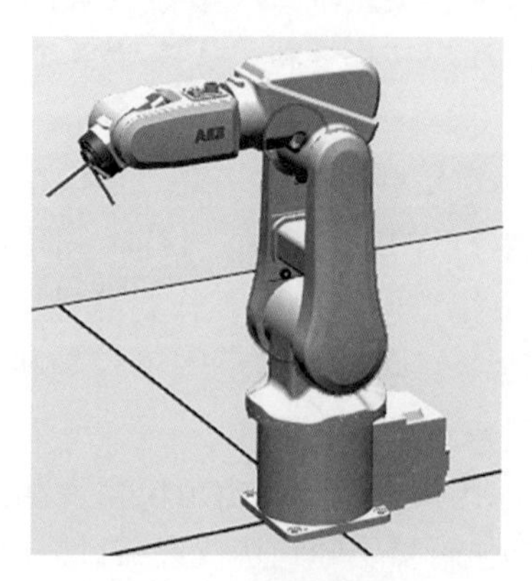

图 1-7　6 轴串联机器人

2. 工业机器人系统组成

工业机器人是一种机电一体化设备，可模拟人手臂、手腕和手的功能，对物体运动的位置、速度和加速度进行精确控制，从而完成某一功能的生产作业要求。

示教再现机器人主要由以下三个部分组成：操作系统、控制系统和驱动系统，或简称为机械本体、控制器和示教器，如图 1-8 所示。

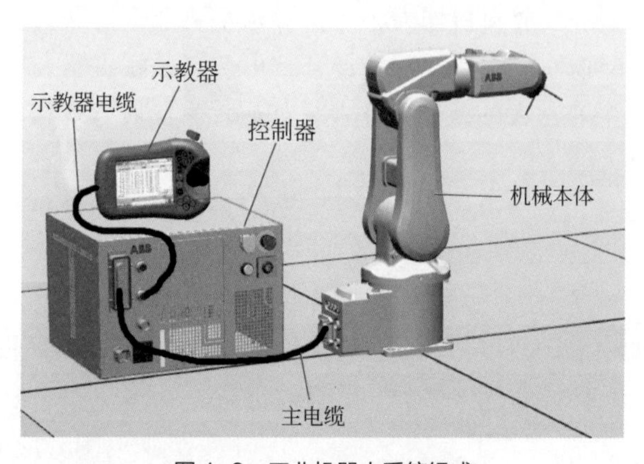

图 1-8　工业机器人系统组成

3. 工业机器人主要性能参数

工业机器人的性能参数反映工业机器人的使用范围和工作性能，是选择、使用机器人必须考虑的因素。虽然各机器人厂商提供的性能参数不完全一致，在机器人的结构、用途和用户的要求上也不尽相同，但是主要性能参数一般都为自由度、工作空间、额定负载、最大工作速度和工作精度等。

（1）主要性能参数

① 自由度。即物体能够对坐标系进行独立运动的数目，末端执行器的动作不包括在内。通常可直接用轴或关节数目来作为机器人的性能参数，反映机器人动作的灵活性。目前，涂装和焊接作业机器人多为 6 个自由度，而码垛、装配和搬运机器人多为 4 ～ 6 个自由度。

② 额定负载。也称持重，是指在正常操作条件下，作用于机器人手腕末端，不会使机器人性能降低的最大载荷。目前，常用的工业机器人负载范围为 0.5 ～ 800kg。

③ 工作空间。也称工作行程或工作范围，即工业机器人执行作业时，机器人末端执行器可达的空间。工作范围不仅与机器人各个连杆的尺寸有关，还与机器人的总体结构相关。

④ 工作精度。主要指定位精度和重复定位精度。定位精度，也称为绝对精度，是指机器人末端执行器实际到达位置与目标位置之间的差异。重复定位精度，简称重复精度，是指机器人重复定位其末端执行器于同一目标位置的能力。目前，工业机器人的重复精度可达 ±0.01 ～ ±0.5mm。依据作业任务和末端持重不同，机器人重复精度也不同。

（2）选型要点

① 应用场合。首先，最重要的事项是评估选用的机器人将用于怎样的应用场合和什么样的制程。

a. 若需要操作工和机器人协同完成，对于通常人机混合的半自动线，可选择协作型机器人。

b. 若需要一个紧凑型的取放料机器人，可选择水平关节型机器人。

c. 若是针对寻找小型物件，快速放取的场合，可选择并联机器人。

d. 若机器人需在一个非常大的范围内作业，如码垛、涂胶、焊接等，可选择垂直关节多轴机器人。

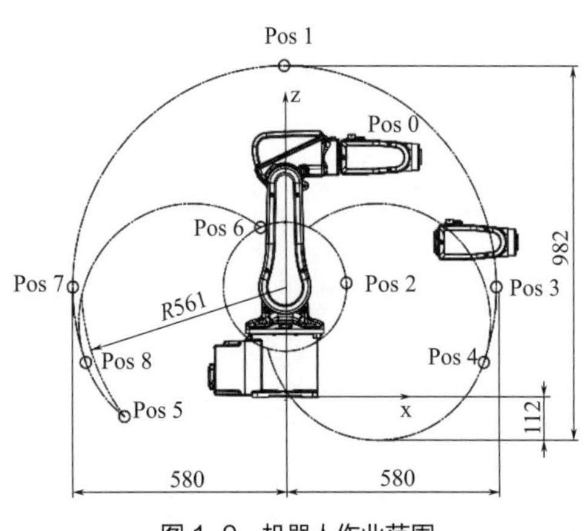

图 1-9　机器人作业范围

② 有效负载。有效负载是指机器人在其工作空间可以携带的最大负载。若需要机器人完成将工件从一个工位搬运至另一个工位的工作，应注意工件的重量与机器人手爪的重量总和不能超过其有效负载。

③ 最大作业范围。应了解机器人能够到达的最大距离，选择一个机器人不仅仅凭有效负载，而且需要综合考量到达的作业范围，如图 1-9 所示，由此判定该机器人是否能适合于特定的应用。

④ 重复精度。若需要机器人焊接一个线路

板，可能就需要一个超级精密重复精度的机器人。若完成打包、码垛等比较粗糙的应用工序，工业机器人也就不需要特别精密的重复精度。当然，若配合机器视觉技术的运动补偿，将降低机器人对于精度的要求和依赖，提升整体的组装精度。

⑤ 速度（节拍需求）。速度取决于工业机器人完成一个作业需要的周期时间。有的机器人厂商也会标注机器人的最大加速度。

⑥ 安装方式及本体重量。若工业机器人必须安装在一个定制的机台甚至导轨上，需要根据它的重量来设计相应的支承。

⑦ 防护等级。根据机器人的使用环境，选择达到一定的防护等级（IP 等级）标准。一些机器人制造商提供相同的机器人产品系列，针对不同的场合，有不同的 IP 防护等级。

任务 2 / 工业机器人典型组件

本任务对工业机器人的典型组件进行介绍，使读者对于工业机器人本体有进一步的认识。

1. 工业机器人本体组件简介

工业机器人通常由执行机构（包含执行构件、驱动装置、传动装置）、控制系统和传感系统（内部和外部）三部分组成，如图 1-10 所示。在工业机器人技术中，机器人本体即执行机构，也称机械臂、操作机，是机器人完成工作任务的实体。从功能角度来讲，执行机构（以 6 轴串联机器人为例）可分为手部、腕部、臂部、腰部和机座，如图 1-11 所示。执行机构各部分名称及功能如表 1-1 所示。

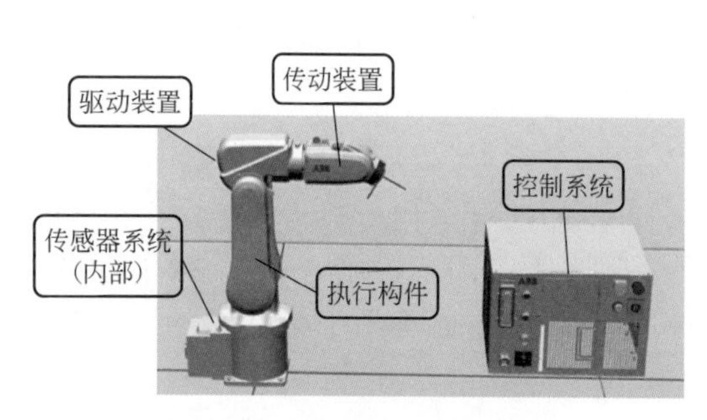

图 1-10　工业机器人系统的组成

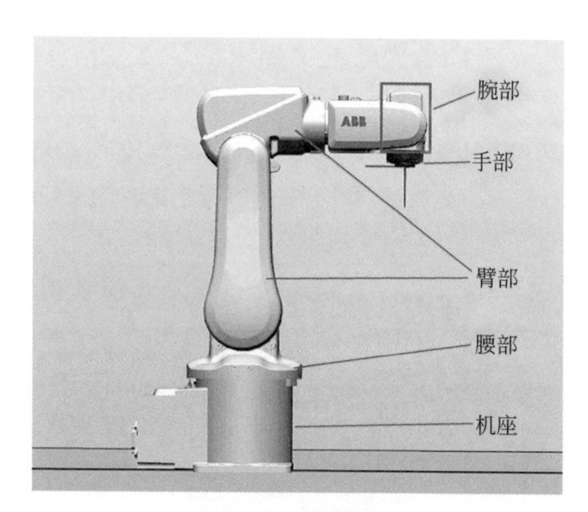

图 1-11　执行机构

表 1-1　执行机构各部分名称及功能

名称	功能
手部	手部又称末端执行器，是工业机器人直接进行工作的部分，安装不同的工具可完成不同的操作任务，比如涂胶、焊接等
腕部	腕部是连接手部和臂部的机构，是机械臂中结构最复杂的部分，用来调整或改变手部的姿态
臂部	臂部又称手臂，用以连接腕部和腰部，通常由大臂和小臂组成，用来带动腕部运动
腰部	腰部又称立柱，是支承手臂的机构，用来带动臂部运动，并与臂部运动结合，把腕部和手部传递到需要的工作位置
机座	机座是机器人的基础部分，主要起支承作用，有移动式和固定式两种，该部件必须具有足够的刚度、强度和稳定性

2. 谐波减速器

工业机器人的传动装置是连接驱动装置和执行构件的中间装置，是保证工业机器人实现到达目标位置的精确度的核心部件。通过选用合理的传动装置，可精确地将机器人驱动装置转速降到工业机器人各部分所需要的速度。大量应用在关节型机器人上的减速器主要有两类，谐波减速器和 RV 减速器。一般放置在小臂、腕部或手部等轻负载位置（主要用于 20kg 以下的机器人关节）的为谐波减速器；而机座、腰部、大臂等重负载位置（主要用于 20kg 以上的机器人关节）一般选择用 RV 减速器。此外，机器人传动还可采用滚珠丝杠、链传动、带传动以及各种齿轮系。机器人关节传动单元如图 1-12 所示。

谐波减速器是一种利用柔性构件的弹性变形波进行运动和动力传递及变换的新型齿轮减速器。同行星齿轮一样，谐波减速器通常由三个基本构件组成：带有内齿圈的刚性齿轮（刚轮），它相当于行星齿轮中的太阳轮；带有外齿圈的柔性齿轮（柔轮），它相当于行星轮；波发生器，它相当于行星架。在这三个基本构件中可任意固定一个，其余两个中，一个为主动件，另一个为从动件（如刚轮固定不变，波发生器为主动件，柔性为从动件）。谐波减速器的基本结构如图 1-13 所示。

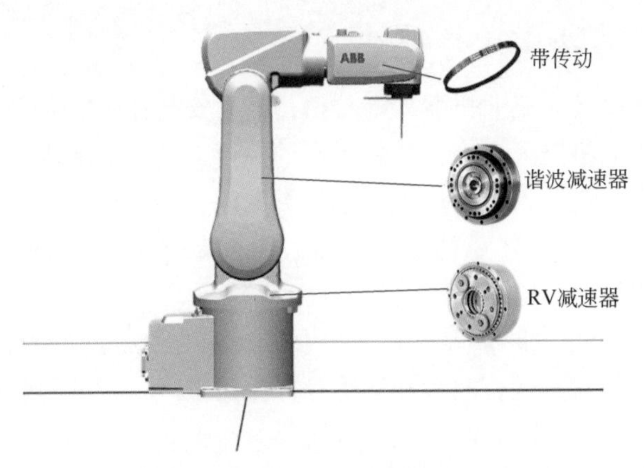

图 1-12　机器人关节传动单元

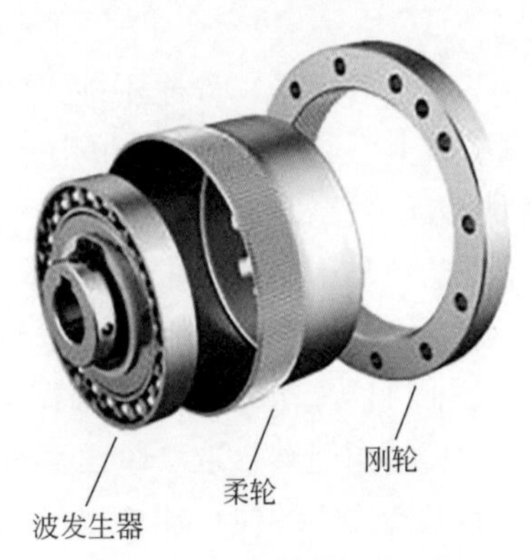

图 1-13　谐波减速器基本结构

当波发生器装入柔轮后，迫使柔轮的剖面由原先的圆形变成椭圆形，椭圆长轴两端的柔轮部分和与之配合的刚轮齿处于完全啮合状态，而短轴两端附近的柔轮齿则与刚轮完全脱开，其他区段的齿处于啮合和脱离的过渡状态。工作时，固定刚轮，由电动机带动波发生器转动，柔轮作为从动轮，输出转动，从而带动负载运动。由于柔轮比刚轮少两个齿，所以柔轮沿刚轮每转一圈就反向转过两个齿的相应转角，从而减速器将输入的高速转动变为输出的低速转动，并且实现加大的减速比。

谐波减速器具有体积小、重量轻、传动平稳、无噪声、运动精度高、承载能力强、传动比大、传动效率高、使用寿命长等优点，但是由于柔轮承受较大的交变载荷，因而对柔轮材料的抗疲劳强度、加工和热处理要求较高，制造工艺较复杂。

3. RV 减速器

RV 传动是新兴起的一种传动形式，是在传统针摆行星传动的基础上发展出来的。RV 减速器如图 1-14 所示。

图 1-14　RV 减速器

RV 传动装置是由第一级渐开线圆柱齿轮行星减速机构和第二级摆线针轮行星减速机构两部分组成的，是一封闭差动轮系。RV 传动过程中，由输入齿轮轴或太阳轮将电动机旋转运动传递给行星轮，这是第一级减速部分；行星轮的旋转通过曲柄轴带动相距 180° 的摆线轮，生成摆线轮的公转，同时由于在公转过程中，摆线轮会受到固定于外壳上的针齿的作用力而形成与公转方向相反的力矩，造就了摆线轮的自转运动，这是第二级减速部分。由装在行星架上的三对曲柄轴支承轴承来推动输出机构，将摆线轮上的自转矢量以 1 ∶ 1 的速比传递出来。

RV 减速器较谐波减速器具有高得多的抗疲劳强度、刚度和长的使用寿命，而且回差精度稳定，不像谐波减速器那样随着使用时间增长，运动精度就会显著降低，因此许多国家的高精度机器人传动都采用 RV 减速器。

4. 末端执行器

工业机器人是一种通用性强的自动化设备，工业机器人末端执行器是安装在机器人手部末端关节上，具有一定功能的工具，是工业机器人实现自动化生产的执行工具。末端执行器和机器人的关系，相当于人手和人的关系。机器人可通过配备不同类型的末端执行器，完成对工件的拾取、装配、持握和释放等操作。它的作业精度是机器人能否高效应用的关键之一。工业机器人通过手腕和手臂与末端执行器的协调来完成作业任务。

工业机器人末端执行器根据用途和结构的不同，大致分为拾取工具和专用工具两大类。拾取工具是指能够拾取一个工具或工件，并对其进行放置和运输等操作的工具，常见的有机械式的夹持式末端执行器（机械式夹持器）和吸附式的末端执行器等。

机械式夹持器（如图 1-15 所示）通过夹紧力夹持和运输工具或工件，多为单支点支撑或双支点支撑的指爪式。

吸附式末端执行器，也称吸盘，有气吸式和磁吸式两类，如图 1-16 所示为气吸式末端执行器。

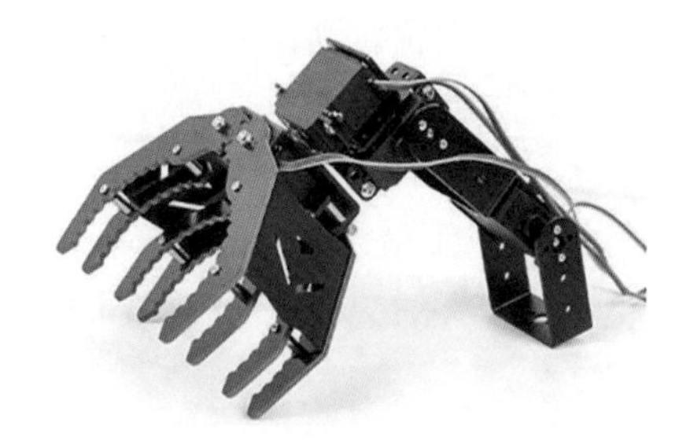

图 1-15　机械式夹持器

图 1-16　气吸式末端执行器

气吸式末端执行器利用吸盘内负压产生的吸力吸取工具或工件后再由机器人搬运移动。磁吸式末端执行器是利用磁场作业进行工件拾取的工具，它在应用中具有一定的局限性，其作业对象需是具有铁磁性的工件。

专用工具大多为在行业中具有特殊作用的场合进行应用的工具，如机器人弧焊焊枪、机器人喷涂喷枪和机器人拧螺母机等，如图 1-17 所示。在通用机器人上安装焊枪就成为一台焊接机器人，安装拧螺母机则成为一台装配机器人。

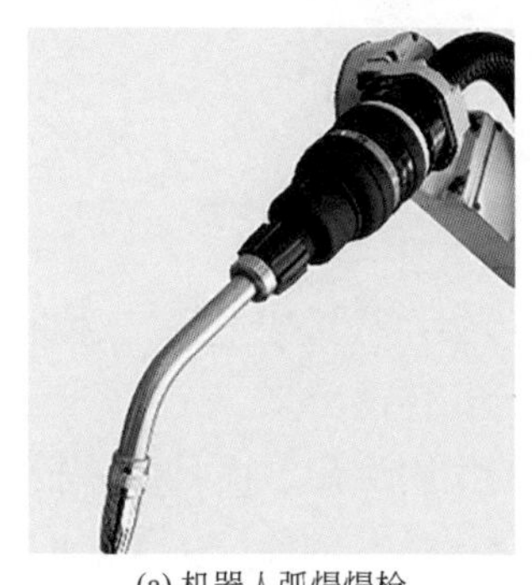

(a) 机器人弧焊焊枪

(b) 机器人喷涂喷枪

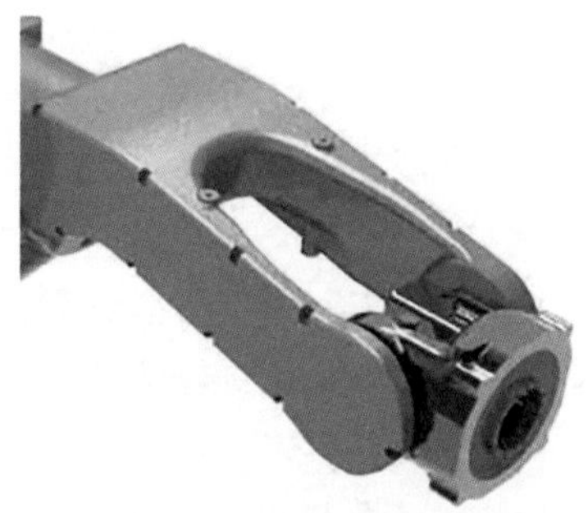

(c) 机器人拧螺母机

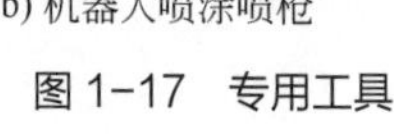

图 1-17　专用工具

5. 机器人本体保养

品牌机器人的故障率较低，但是如果不定期对机器人进行保养，则会减少机器人的使用寿命，引发一些机械或者电气故障。机器人的保养时间间隔可根据环境条件、机器人运行时长和温度而适当调整。一般地，机器人不同部位的维护或保养频率如下：

① 普通维护：1 次 / 天。

② 轴制动测试：1 次 / 天。

③ 润滑 3 轴副齿轮和齿轮：1 次 /1000h。

④ 润滑中空手腕：1 次 /500h。

⑤ 各齿轮箱内的润滑油：第 1 次 1 年更换，以后每 5 年更换 1 次。

任务 3 工业机器人安全知识

工业机器人是一种仿人操作、自动控制、可重复编程、能在三维空间完成多种作业的自动化生产设备，可在动作区域范围内高速自由运动，最高运动速度可达 4m/s，这就要求机器人的示教编程、程序编辑、维护保养等操作必须由经过培训的专业人员来实施，并严格遵守机器人的安全操作规范，熟知安全注意事项。

工业机器人安全操作规范

（1）安全注意事项

① 操作时关闭总电源。在安装、维修和保养工业机器人时，切记要关闭总电源。带电作业容易造成电路短路损坏机器人，或使操作人员有触电危险。若不慎遭高压电击，可能导致心跳停止、烧伤或其他严重伤害。

② 与机器人保持足够安全距离。在调试与运行工业机器人时，由于机器人的动作具有不可预测性，可能会执行一些意外的或不规范的动作，并且所有的动作都有可能产生碰撞，从而损害机器人工作范围内的设备，甚至严重伤害个人。因此，所有人员都要时刻警惕，除调试人员以外的人员均要与机器人保持足够的安全距离，一般应与机器人工作半径保持1.5m 以上的安全距离。

③ 紧急停止。紧急停止优先于任何其他机器人控制操作，它会断开机器人电动机的驱动电源，将所有运转部件停止，并切断同机器人系统控制存在潜在危险的功能部件的电源。

出现下列情况时，请立刻按下任意急停按钮：

a. 机器人运行中，工作区域内有工作人员。

b. 机器人伤害了工作人员或损伤了机器设备。

④ 静电放电防护。ESD（Electro-Static Discharge，静电放电）是电势不同的两个物体间的静电传导，它可以通过直接接触传导，也可以通过感应电场传导。搬运部件或部件容器时，未接地的人员可能会传导大量的静电荷。这一放电过程可能会损坏敏感的电子设备。所以在有静电放电危险标识的情况下，要做好静电放电防护。

⑤ 灭火。发生火灾时，请在确保全体人员安全撤离后再进行灭火，并应首先处理受伤人员。当电气设备（例如工业机器人或控制器）起火时，使用二氧化碳灭火器，切勿使用水或泡沫灭火器。

（2）使用安全须知

① 工作中的安全。机器人速度慢，但是很重并且力度很大。运动中的停顿或停止都会产生危险。即使可以预测运动轨迹，但外部信号有可能改变操作，会在没有任何警告的情况下，产生预想不到的运动。因此，当进入保护空间时，务必遵循所有的安全条例。例如：

a. 如果在保护空间内有工作人员，应手动操作机器人系统。

b. 当进入保护空间时，应准备好示教器，以便随时控制机器人。

c. 注意旋转或运动的工具，例如旋转台、翻转手爪等。确保在接近机器人之前，这些设备已经停止运动。

d. 注意工件和机器人系统的高温表面。机器人的电动机在长期运行以后温度很高，防止烫伤。

e. 注意夹具并确保夹好工件。如果夹具打开，工件会脱落并导致人员伤害或设备损坏，同时由于夹具非常有力，如果不按照正确的方法操作，也会导致人员伤害。

f. 注意液压、气动系统和带电部件。对于带电部件，需要及时断电，这些电路上的残余电量也很危险。

② 示教器的安全。示教器是一种高品质的手持式终端，它是具有高灵敏度的电子设备。为避免操作不当引起故障或损坏，请在操作时遵循以下说明。

a. 小心操作。不要摔打、抛掷或重击，以免导致损坏或故障。若不使用该设备，应将它挂到专门存放的支架上，以防意外掉到地上。

b. 示教器在存放和使用时，应避免被人踩踏电缆。

c. 勿使用锋利的物体（例如螺钉旋具或笔尖）操作触摸屏，防止触摸屏受损，应使用手指或触摸笔去操作示教器触摸屏。

d. 严禁操作者戴手套操作示教器。

e. 定期清洁触摸屏，其上的灰层和小颗粒可能会挡住屏幕，造成故障。

f. 切勿使用洗涤剂或擦洗海绵清洁示教器，应使用软布蘸少量水或中性清洁剂进行清洁。

g. 没有连接USB设备时务必盖上USB端口的保护盖。如果USB端口长期暴露在灰尘中，可能会造成作业中断或发生故障。

③ 手动模式下的安全。在手动减速模式下，机器人只能低速（250mm/s 或更慢）作业。只要在安全保护空间之内工作，就应始终以手动速度进行操作。在手动全速模式下，机器人以程序预设速度移动，该模式应仅用于所有人员都位于安全保护空间之外时，而且操作人员必须经过特殊训练，熟知潜在危险。

④ 自动模式下的安全。工业机器人全速自动运行时，动作速度很快，存在危险性，工作人员及非工作人员均禁止进入机械手转动区域。

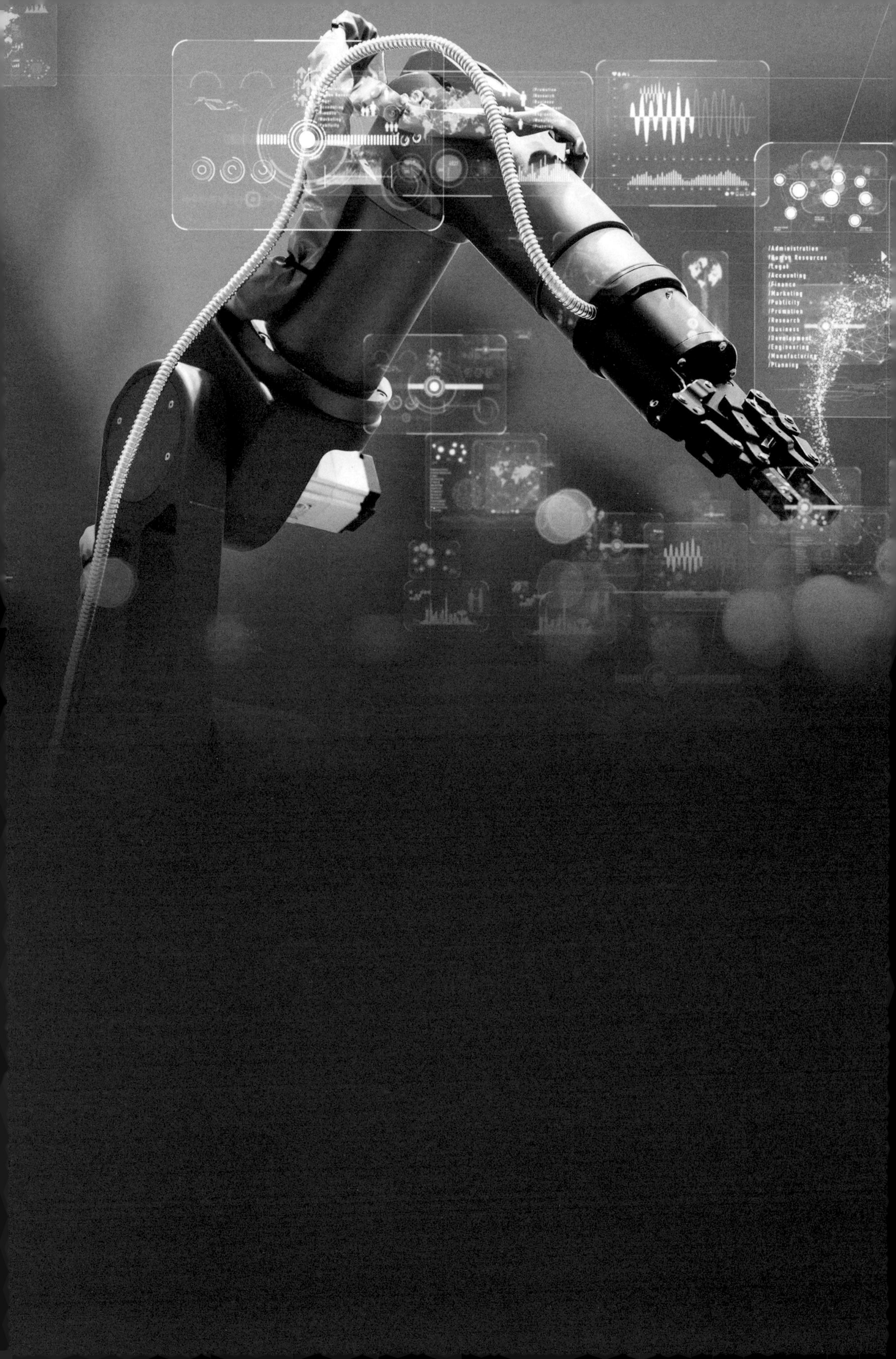
/Administration
/Legal
/Accounting
/Finance
/Marketing
/Publicity
/Promotion
/Research
/Business
/Development
/Engineering
/Manufacturing
/Planning

工业机器人气动辅助装置与电气装置

任务1　工业机器人气动辅助装置

任务2　工业机器人控制柜的认知及安装

任务 1 工业机器人气动辅助装置

工业机器人常用的驱动方式有电机驱动、液压驱动及气压驱动，视应用场合的不同用到其中的一种或几种驱动方式。ABB 型工业机器人采用了电机和气压混合驱动。气压驱动部分需要用到气动辅助装置来保证气压系统的可靠、稳定、持久工作。本任务将介绍常用的气动辅助装置及其工作原理与性能指标。

工业机器人常用的气动辅助装置主要有：气电转换器、电气转换器、气动三大件、气动调节阀与电磁阀等，如图 2-1 所示。

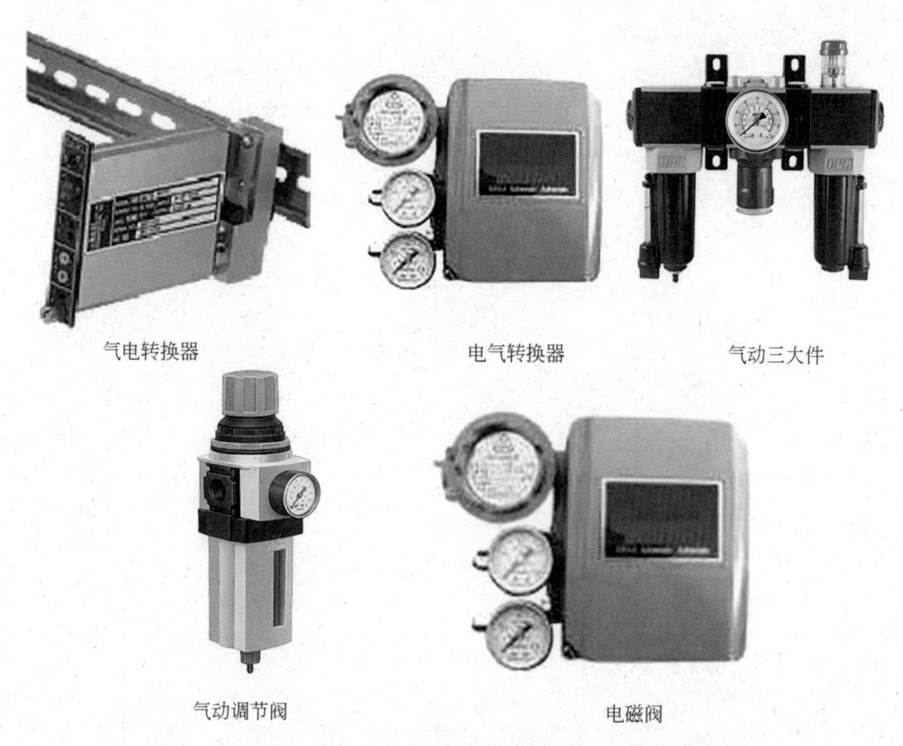

图 2-1 常见气动辅助装置

1. 气电转换器与电气转换器

气电转换器是根据力平衡原理工作的。当输入的气压信号进入弹性元件（一般采用波纹管）后，转换成作用力，加到杠杆的一端，使杠杆发生偏转。位移检测放大器检测杠杆的偏转位移后将其转换成 0 ~ 10mA 或 4 ~ 20mA 的直流信号输出。输出电流流过反馈线圈在磁场中产生电磁力，在杠杆上与作用力相平衡。电磁力与输出电流成正比，与被转换压力 P 成正比，故输出电流正比于被转换压力 P。气电转换器是可以将气动仪表的标准气压信号 20 ~ 100kPa 线性地转换成电动仪表的标准电流信号（0 ~ 10mA 或 4 ~ 20mA）的传感器。气电转换器常用于气动单元组合仪表与电动单元仪表联用的自动调节系统中。

电气转换器是按力平衡原理设计和工作的，其工作原理如图 2-2 所示。器件内部有一线圈，当调节器（变送器）的电流信号送入线圈后，由于内部永久磁铁的作用，使线圈和杠杆产生位移，带动挡板接近（或远离）喷嘴，引起喷嘴背压增加（或减少），此背压作用在内部的气动功率放大器上，放大后的压力一路作为转换器的输出，另一路输送到反馈波纹管。输送到反馈波纹管的压力，通过杠杆的力传递作用在铁芯的另一端，并产生一个反向的位移，当此位移与输入信号产生电磁力矩平衡时，输入信号与输出压力成一一对应的比例关系。即输入信号从 4mA 直流信号改变到 20mA 的直流信号时，转换器的输出压力从 0.02MPa 到 0.1MPa 变化，实现了将电流信号转换成气动信号的过程。

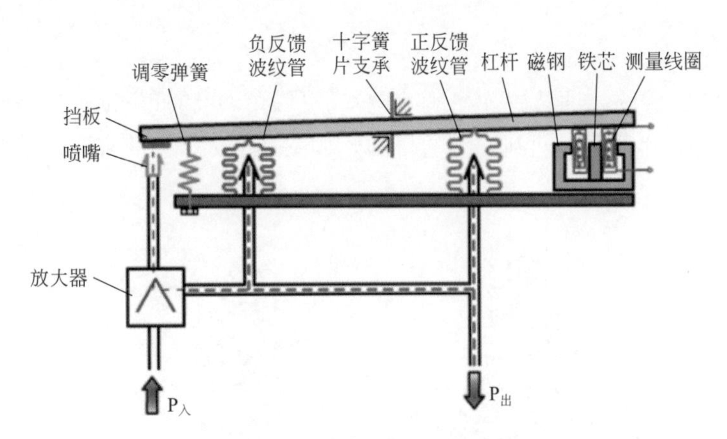

图 2-2　电气转换器工作原理

电气转换器可以将 0 ~ 10mA 或 4 ~ 20mA 的直流信号按比例地转换成 0.02 ~ 0.1MPa 气动信号输出，输出信号可以作为气动薄膜调节阀、气动阀门定位器的气动控制信号和其他气动仪表的气源，主要起到电动仪表与气动仪表之间的信号转换作用。

2. 气动三大件工作原理和性能指标

气动三大件是指分水过滤器（F）、油雾器（L）和减压阀（R），也称气动三联件，主要用于对进入气动仪表的气源净化过滤和减压，供给额定的气源压力至仪表。气动三大件是气源压缩空气质量的最后保证，相当于电路中电源变压器的功能。

（1）分水过滤器

分水过滤器的作用是滤去空气中的灰尘和杂质，并将空气中的水分分离出来。

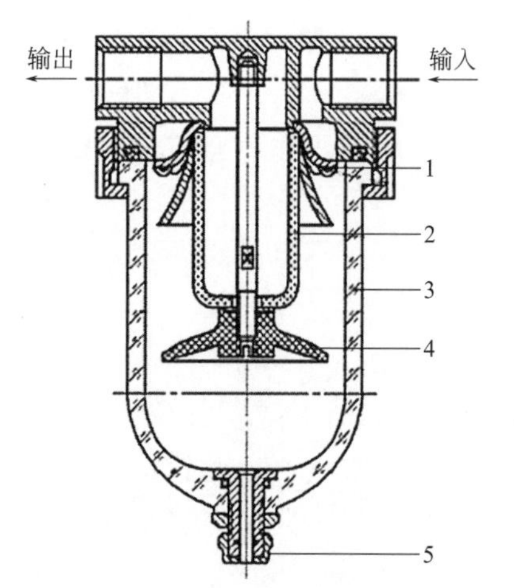

图 2-3　分水过滤器结构图

分水过滤器的结构如图 2-3 所示。压缩空气从输入口进入后被引进旋风叶子 1，旋风叶子上冲制有很多小缺口，迫使空气沿切线方向产生强烈的旋转，使混杂在空气中的杂质获得较大的离心力。从气体中分离出来的水滴、油滴和灰尘沿水杯 3 的内壁流到水杯的底部，并定期从排水阀 5 放掉。进来的气体经过离心旋转后还要经滤芯 2 的进一步过滤，然后从输出口输出。挡水板 4 是为防止杯中污水被卷起破坏滤芯的过滤作用而设置的。

分水过滤器主要性能指标包括：

① 过滤度。指允许通过的杂质颗粒的最大直径，可根据需要选择相应的过滤度。

② 水分离率。指分离水分的能力。一般规定分水过滤器的水分离率不小于 65%。

③ 流量特性。表示一定压力的压缩空气进入分水过滤器后，其输出压力与输入压力之间的关系。在额定流量下，输入压力与输出压力之差不超过输入压力的 5%。

（2）油雾器

油雾器是一种特殊的注油装置。当压缩空气流过时，它将润滑油喷射成雾状，随压缩空气一起流入需要润滑的部件，达到润滑的目的。如图 2-4 所示为油雾型固定节流式油雾器的结构图。

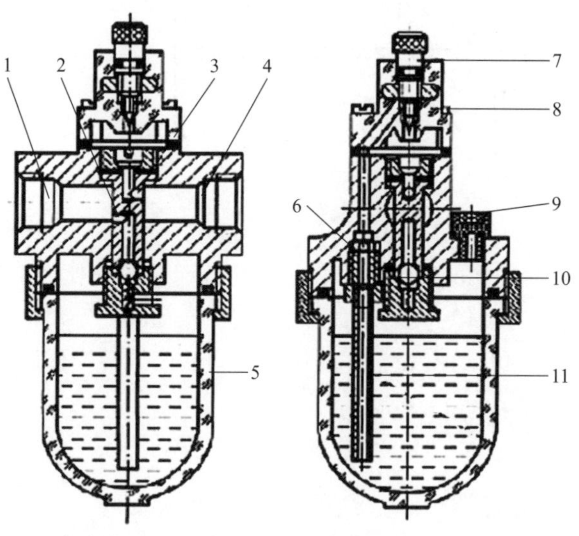

1—气流入口；2,3—孔；4—出口；5—贮油杯；6—单向阀；
7—节流阀；8—视油帽；9—旋塞；10—截止阀；11—吸油管

图 2-4　油雾器的结构图

喷嘴杆上的孔 2 面对气流，孔 3 背对气流。有气流输入时，截止阀 10 上下有气压差，截止阀被打开。油杯中的润滑油经吸油管 11、视油帽 8 上的节流阀 7 滴到喷嘴杆中，被气流从孔 3 引射出去，成为油雾从输出口输出。

当气源压力大于 0.1MPa 时，该油雾器允许在不关闭气路的情况下加油。供油量随气流大小而变化。油杯和视油帽采用透明材料制成，以便于观察。油雾器要有良好的密封性、耐压性和滴油量调节性能。使用时，应参照有关标准合理调节起雾流量等参数，以达到最佳润滑效果。

油雾器主要性能指标有：

① 流量特性。表示在给定进口压力下，随着空气流量的变化，油雾器进、出口压力降的变化情况。

② 起雾油量。存油杯中油位处于正常工作油位，油雾器进口压力为规定值，油滴量约为每分钟 5 滴（节流阀处于全开）时的最小空气流量。

(3) 减压阀

气动减压阀起减压和稳压作用，主要用于将气源的压力减小并稳定到一个值。其结构如图 2-5 所示，主要通过控制阀体内启闭件的开度来调节介质的流量，将介质的压力降低，同时借助阀后压力的作用调节启闭件的开度，使阀后压力保持在一定范围内。

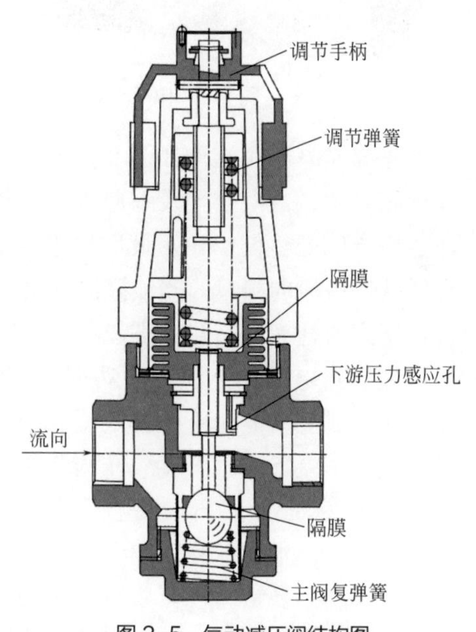

图 2-5　气动减压阀结构图

主要性能指标有：

① 调压范围。指减压阀输出压力 P_2 的可调范围，在此范围内要求达到规定的精度。

② 压力特性。指流量 g 为定值时，因输入压力波动而引起输出压力波动的特性。

③ 流量特性。指输入压力一定时，输出压力随输出流量 g 的变化而变化的特性。

气动三大件的安装连接次序：分水过滤器、减压阀、油雾器。多数情况下，三件组合使用，也可只用一件或两件。

3. 电磁阀的功用、工作原理和连接

电磁阀是用电磁控制的工业设备，作为控制流体的自动化基础元件，电磁阀属于执行器，并不限应用于液压、气动系统中，通常用在机械控制和工业阀门上调整介质的方向、流量、速度和其他的参数。电磁阀可以配合不同的电路来实现预期的控制，而控制的精度和灵活性都能够保证。电磁阀有很多种，不同的电磁阀在控制系统的不同位置发挥作用，最常用的是单向阀、安全阀、方向控制阀、速度调节阀等。电磁阀实物如图 2-6 所示。

电磁阀从原理上可分为直动式电磁阀、先导式电磁阀和分步直动式电磁阀三大类。

直动式电磁阀结构如图 2-7 所示。常闭型直动式电磁阀通电时，电磁线圈产生电磁力把阀芯提起，使关闭件离远开阀座密封副打开；断电时，电磁力消失，靠弹簧力把关闭元件压在阀座上，阀门关闭（常开型与此相反）。直动式电磁阀在真空、负压、零压差时能正常工作，结构简单，应用范围广。但电磁头体积较大，功耗比先导式电磁阀大，高频通电容易烧坏线圈。

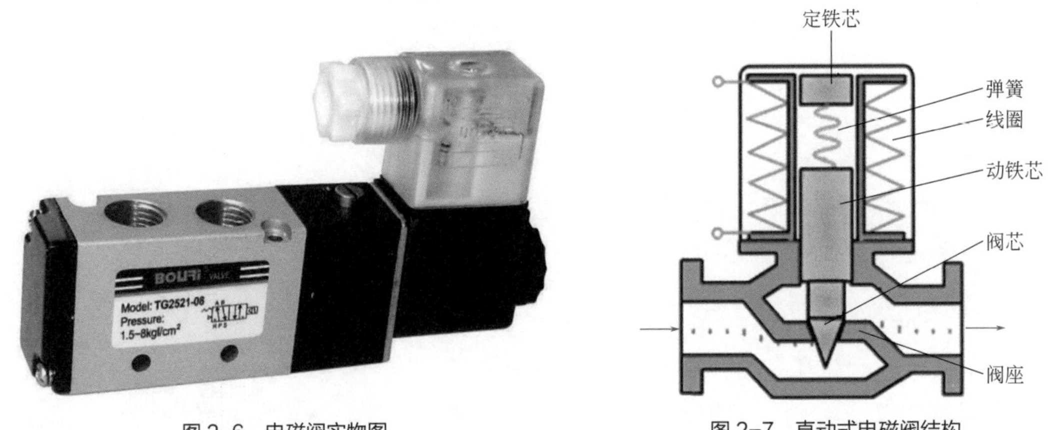

图 2-6　电磁阀实物图　　　图 2-7　直动式电磁阀结构

先导式电磁阀结构如图 2-8 所示。先导式电磁阀主要由先导阀与主阀组成，两者之间有通道相联系，当电磁阀线圈通电时，动铁芯与静铁芯吸合使先导阀孔开放，阀芯背腔的压力通过先导阀孔流向出口。此时阀芯背腔的压力低于进口压力，利用压差使阀芯脱离主阀口，介质从进口流向出口。当线圈断电时，动铁芯与静铁芯脱离，关闭了先导阀孔，阀芯背腔受进口压力的补充逐渐趋于进口平衡，阀芯在弹簧力作用下将阀门紧密关闭。

先导式电磁阀体积小，功率低，电磁头小，功耗小，可频繁通电，长时间通电不会烧毁，而且节能。但介质压差范围受限，必须满足压差条件。流体压力范围上限较高，但必须满足流体压差条件，不过液体的杂质容易堵塞先导阀孔，不适用于液体。

分步直动式电磁阀是一种将直动式和先导式电磁阀相结合的电磁阀。通电时，电磁阀先将辅阀打开，主阀下腔压力大于上腔压力，利用压差及电磁阀的同时作用把阀门开启；断电时，辅阀利用弹簧力或介质压力推动关闭件向下移动，阀门关闭。分步直动式电磁阀在零压差或高压时也能可靠工作，但功率及体积较大，要求竖直安装。

电磁阀的基本结构包括一个或几个孔的阀体。阀体部分由滑阀芯、滑阀套、弹簧底座等组成，当线圈通电或断电时，达到改变流体流量、方向等的目的。电磁阀的电磁部件由固定铁芯、动铁芯、线圈等部件组成，动铁芯的运转将导致流体通过阀体或被切断。如图 2-9 所示为直动式电磁阀工作过程，如图 2-10 所示为单电控电磁阀工作过程。

电磁阀的接线图如图 2-11 所示。电磁阀一般接两条线就可以工作了，首先拆开接线盒，接线盒打开后，里面有白色的“+”和“-”,“+”为正极,“-”为负极，按照这个标识进行接线。有的电磁阀上面有三根接线，接线圈座式的红色和黑色是电源线，另一根是接地线，接在电磁阀外壳，防止电磁阀漏电，起安全保护作用。插头式接线盒有三个接线端子，并排端子为电源接线，不分正负，一个独立端子为接地线。

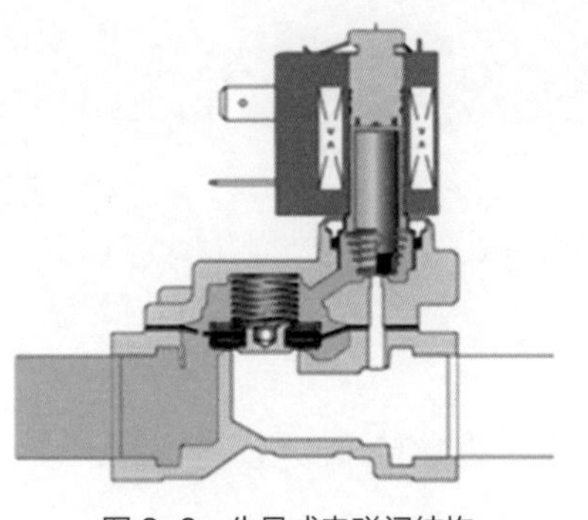

图 2-8　先导式电磁阀结构

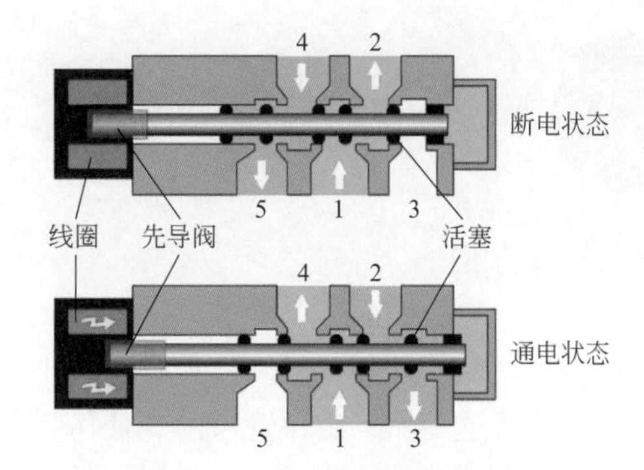

图 2-9　直动式电磁阀工作过程

1 ～ 5—通口

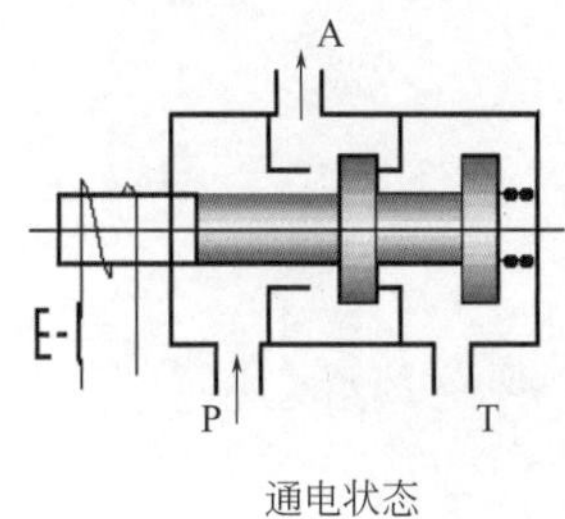

电磁铁　A　阀芯

P　T

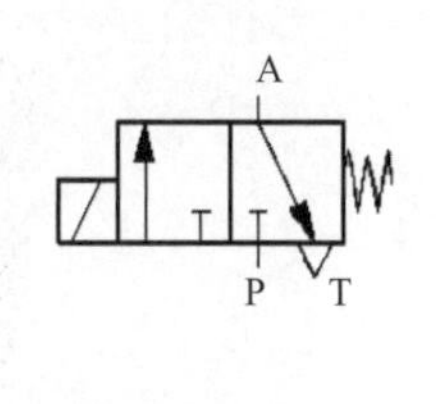

通电状态　　断电状态　　图形符号

图 2-10　单电控电磁阀工作过程

图 2-11　电磁阀接线图

电磁阀安装时通常采用底板配管，如图 2-12 所示，将底座型电磁阀安装在连接底板上，所有的通口都采用配管的形式设在连接底板上。

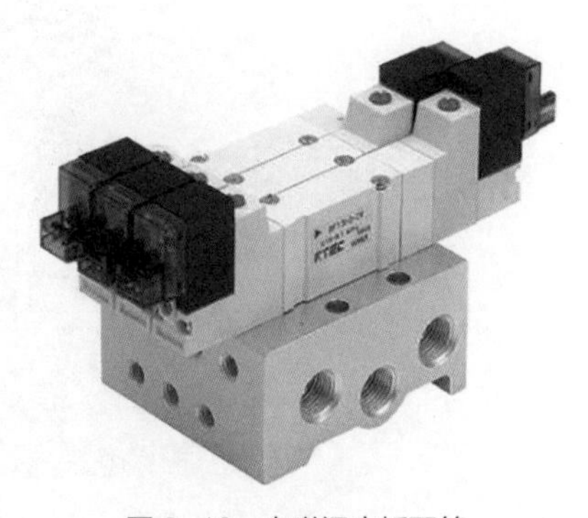

图 2-12　电磁阀底板配管

1. 安装调节阀

① 整理调节阀的相关料件，如图 2-13 所示。

② 清除管道污垢，确保管道内无任何残留，否则容易造成零部件堵塞或者损坏。

③ 在管塞螺纹处缠绕适当量的生料带，如图 2-14 所示。

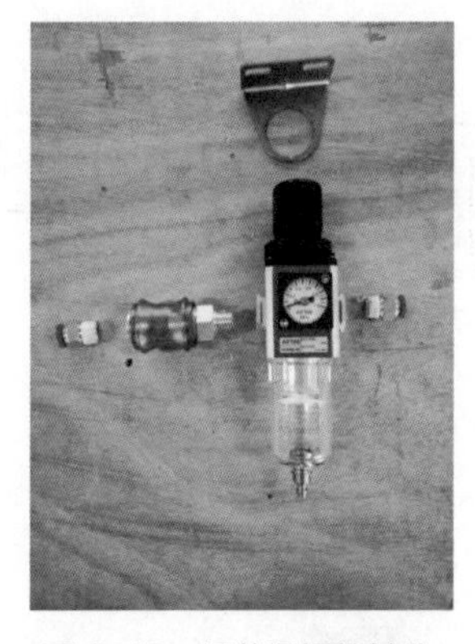

图 2-13　调节阀相关料件

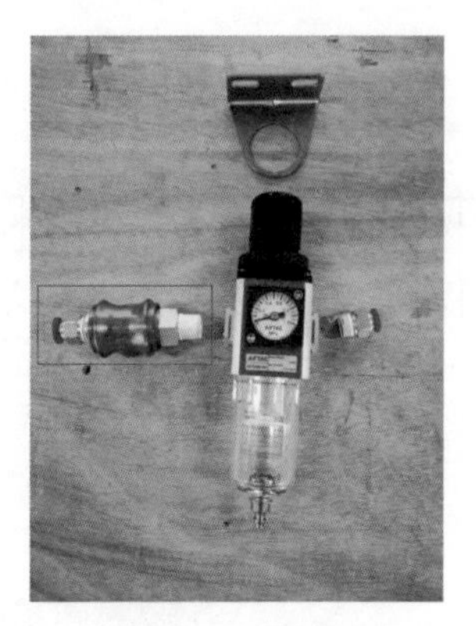

图 2-14　缠绕生料带

生料带缠绕时要注意：生料带要顺着螺纹方向缠绕，方向不能反；缠生料带时，从螺纹头部第二个牙开始，留第一个牙不缠，主要是避免生料带进入管道；缠绕时要微微用力，在保证生料带不被拉断的情况下，有一定的延伸率，这样缠出的生料带才紧密可靠，方可保证不泄漏；缠绕的层数根据螺纹配合松紧程度定，且缠绕时应使厚度呈锥形，即螺纹前面可稍薄，越往后越厚，确保螺纹越旋越紧，起到密封效果；生料带缠好后，一旦拧紧不准退丝(往回拧)，否则要重新缠绕。

④ 将滑阀拧入调节阀进气口，如图 2-15 所示。

⑤ 将另一边管塞缠绕生料带，并拧入调节阀出气口，如图 2-16 所示。

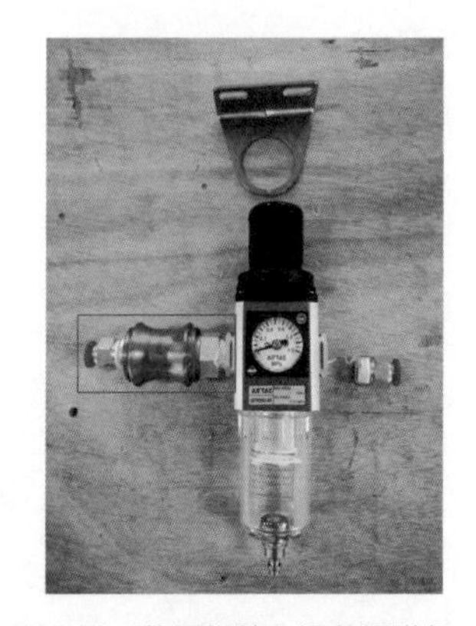

图 2-15　将滑阀拧入调节阀进气口

图 2-16　缠绕生料带并拧入调节阀出气口

⑥ 将固定板与调节阀连接，如图 2-17 所示。

⑦ 将调节阀组件装入管路中，如图 2-18 所示。

图 2-17　固定板与调节阀连接

图 2-18　将调节阀组件装入管路

2. 安装电磁阀

① 安装电磁阀前需要先检查电磁阀是否与选型参数一致，比如电源电压、介质压力、压差等，尤其是电源，如果搞错，就会烧坏线圈。电源电压应满足额定电压波动范围：交流 -15% ～ +10%，直流 -10% ～ +10%，平时线圈组件不宜拆开。

② 连接管道之前要对管道进行冲洗，把管道中的金属粉末及密封材料残留物、锈垢等清除。要注意介质的洁净度，如果介质内混有尘垢、杂质等妨碍电磁阀的正常工作，管道中应装过滤器或滤网。

③ 一般电磁阀的电磁线圈部件应竖直向上，竖直安装在水平的管道，如图 2-19 所示，如果受空间限制或工况要求必须侧立安装的，需在选型订货时提出。否则可能造成电磁阀不能正常工作。

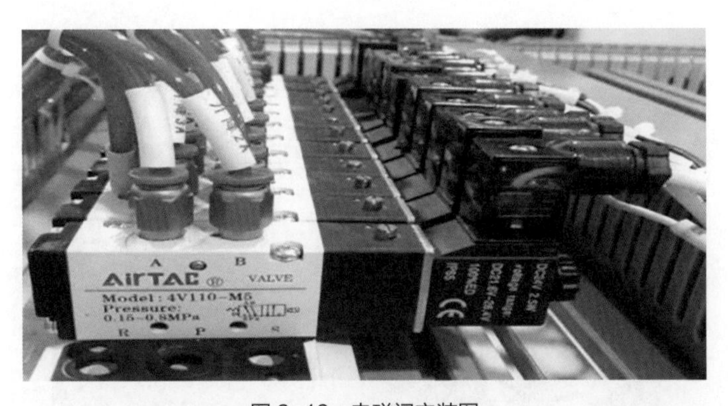

图 2-19　电磁阀安装图

④ 电磁阀前后应加手动切断阀，同时应设旁路，便于电磁阀在故障时维护。

⑤ 尽量不要让电磁阀长时间处于通电状态，这样容易降低线圈使用寿命甚至烧坏线圈，常开、常闭电磁阀不可互换使用。

工业机器人控制柜的认知及安装

工业机器人控制柜是工业机器人的控制中心，集成了工业机器人整个控制系统，主要进行数据处理、存储及执行程序等任务。一般 ABB 中大型的工业机器人 (有效负载 10kg 以上) 使用标准型控制柜，小型工业机器人 (有效负载 10kg 及以下) 使用 Compact 型控制柜。标准型控制柜的防护等级为 IP54,Compact 型控制柜的防护等级为 IP20,Compact 型控制柜的体积小，重量轻，所以占地小，易于运输，但功能单一，没有空间额外添加模块。选择控制柜时一般会根据控制柜放置区域的空间大小及实际功能需要来选择。

本任务以 ABB 工业机器人 IRC5Compact 型控制柜为例，介绍控制柜内部结构以及控制柜与机器人的连接方式。

1. 工业机器人控制柜结构组成认知

① ABB 工业机器人 IRC5Compact 型控制柜的外形如图 2-20 所示。

图 2-20　ABB 工业机器人 IRC5Compact 型控制柜外形

② 控制柜正面如图 2-21 所示。

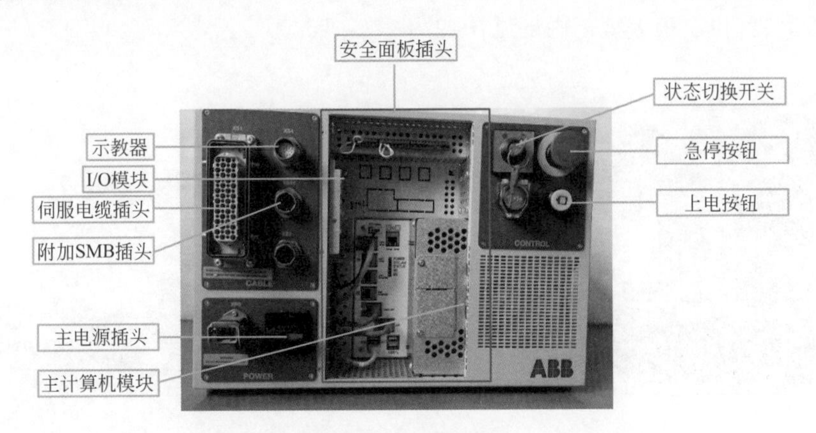

图 2-21　控制柜正面

③ 打开控制柜上方的盖板，可以看到控制柜内部的结构组成，如图 2-22 所示。

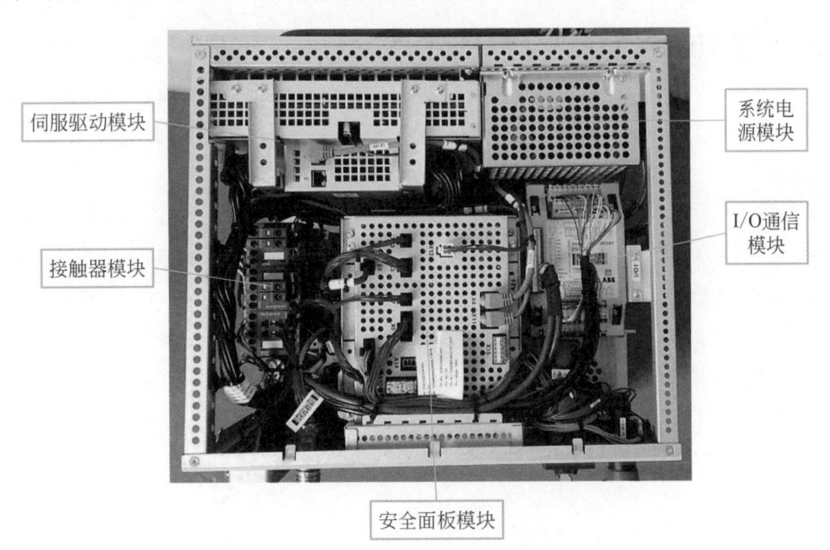

图 2-22　控制柜正上方内部结构

④ 从左侧打开控制柜盖板，可以看到内部结构如图 2-23 所示。

图 2-23　控制柜左侧内部结构

⑤ 从右侧打开控制柜盖板，内部结构如图 2-24 所示。

⑥ 从后面打开控制柜盖板，内部结构如图 2-25 所示。

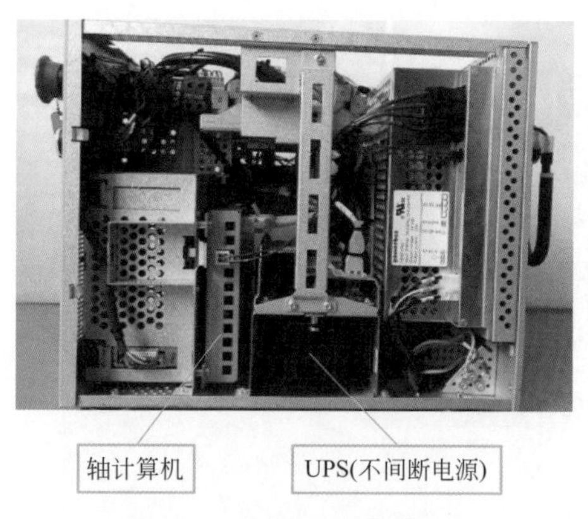

图 2-24　控制柜右侧内部结构

图 2-25　控制柜后面内部结构

2. 工业机器人常用电气安装工具及使用方法

工业机器人安装过程中会用到很多常用电气安装工具，掌握其使用方法很有必要。

（1）试电笔

工业机器人安装过程中常用低压验电器来检查导线和电器设备是否带电。常用的低压验电器是试电笔，又称测电笔，检测电压范围一般为 60 ～ 500 V，常做成钢笔式或螺丝刀式，如图 2-26 所示。

氖管式测电笔是一种最常用的测电笔，测试时根据内部的氖管是否发光来确定测试对象是否带电。普通测电笔可以检测 60 ～ 550V 范围内的电压，在该范围内，电压越高，测电笔氖管越亮，低于 60V，氖管不亮。为安全起见，不要用普通测电笔检测高于 500V 的电压。

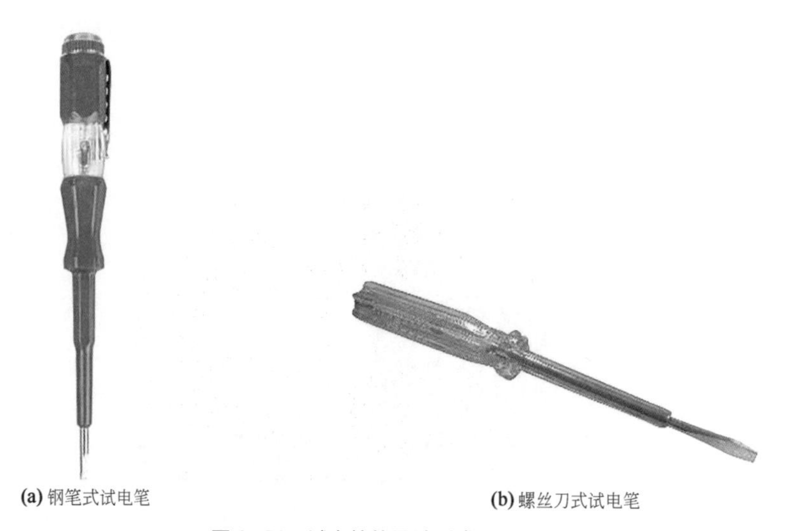

(a) 钢笔式试电笔　　(b) 螺丝刀式试电笔

图 2-26　试电笔的两种形式

氖管式测电笔使用时用手指触及其尾部金属体，氖管背光朝向使用者，以便验电时观察氖管辉光情况。当被测带电体与大地之间的电位差超过 60V 时，用试电笔测试带电体，试电笔中的氖管就会发光。

氖管式测电笔可以用于：

① 区分火线（相线）和地线（中性线或零线）。氖管发亮时是火线（即有电），不亮时是地线。

② 区分交流电或直流电。氖灯管两端附近都发亮时为交流电，仅一端电极附近发亮是直流电。

③ 判断电压的高低。一般当带电体与大地间的电位差低于 60V 时，氖管不发光，在 60~500V 之间氖管发光，电压越高氖管越亮。

④ 检查相线是否碰壳。氖管式测电笔在使用时一定要注意：人手绝对不能接触试电笔前端的金属探头；握好测电笔以后，一般用大拇指和食指触摸顶端金属，用笔尖去接触测试点，并同时观察氖管是否发光。如果试电笔氖管发光微弱，切不可就断定带电体电压不够高，也许是试电笔或带电体测试点有污垢，也可能测试的是带电体的地线，这时必须擦干净测电笔或者重新选择测试点。反复测试后，氖管仍然不亮或者微亮，才能最后确定测试体电压高低。

（2）螺丝刀

紧固或拆卸螺钉的常用工具是螺丝刀，又称“起子”、螺钉旋具等。一般分为一字形和十字形两种，其外形如图 2-27 所示。

一字形螺丝刀规格用柄部以外的长度表示，常用的有 100mm、150mm、200mm、300mm、400mm 等；十字形螺丝刀有时称梅花改锥，一般分为四种型号，Ⅰ号适用于直径为 2~2.5mm 的螺钉，Ⅱ、Ⅲ、Ⅳ号分别适用于直径为 3 ～ 5mm、6 ～ 8mm、10 ～ 12mm 的螺钉。

多用改锥是一种组合式工具，既可作为改锥使用，又可作为低压验电器使用，还可用来进行锥、钻、锯、扳等操作。它的柄部和螺钉旋具是可以拆卸的，并附有规格不同的螺钉旋具、棱锥体、金力钻头、锯片、锉刀等附件，如图 2-28 所示。

图 2-27　螺丝刀

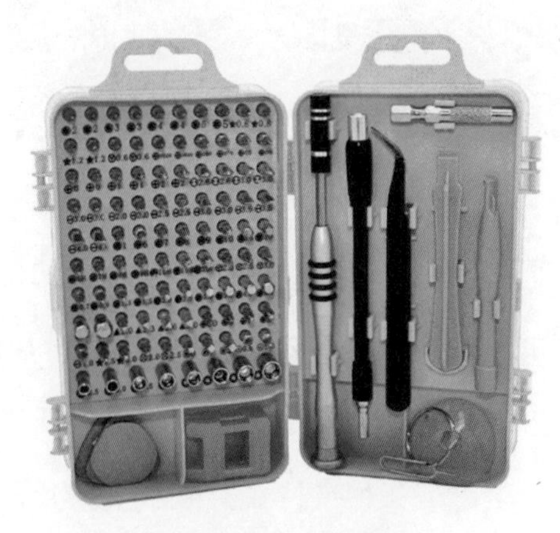
图 2-28　多用改锥

使用螺丝刀时需要注意：电工必须使用带绝缘手柄的螺丝刀；在紧固或拆卸带电的螺钉时，手不得触及螺丝刀的金属杆，以免发生触电事故；为防止螺丝刀金属杆触及皮肤或临近带电体，应在金属杆上套装绝缘管；使用时应注意选择与螺钉顶槽相同且大小规格相适应的螺丝刀；切勿将螺丝刀作它用，以免损坏螺丝刀柄或刀刃。

（3）活动扳手

活动扳手简称活扳手，如图 2-29 所示。活动扳手用于旋动螺母、紧固螺母或者拆卸螺母螺栓等，可在规定范围内任意调整大小。主要由活扳唇、呆扳唇、扳口、蜗轮、轴销等构成，其规格以长度 × 最大开口宽度表示，常用的有 150mm × 19mm(6in)、200mm × 24mm(8in)、250mm × 30mm(10in)、300mm × 36mm(12in) 等几种。

常用活动扳手的使用

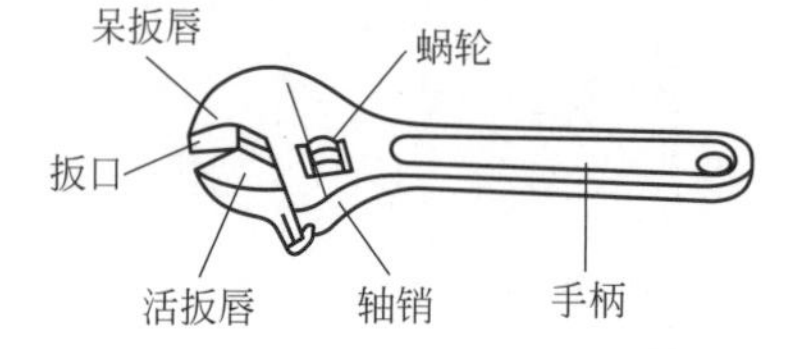

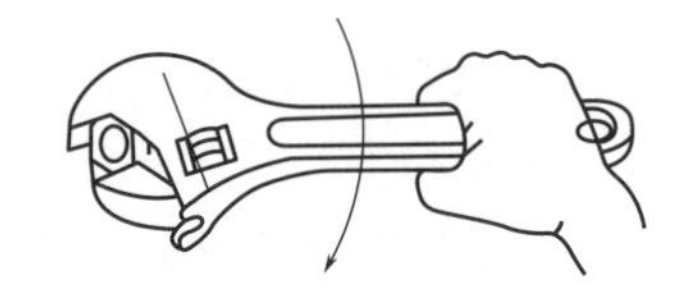

图 2-29　活动扳手

活动扳手使用方法：

① 使用活动扳手时应先将活动扳手调整合适，使活动扳手扳口与螺母（螺栓）两对边完全贴紧，不应存在间隙，如图 2-30 所示。

② 使用时，要使活动扳手的活扳唇部分受推力，呆扳唇受拉力，只有这样施力，才能保证螺母（螺栓）及扳手本身不被损坏，如图 2-31 所示。

图 2-30　调整活动扳手扳口

图 2-31　活动扳手受力

注意：活动扳手使用时严禁在扳手上随意加装套管或锤击活动扳手；禁止将活动扳手当作锤子来使用，这样会使活动扳手损坏；不能使用活动扳手来完成大扭矩的紧固或拧松操作，由于活动扳手的钳口不固定，在进行大扭矩紧固时会损坏螺母（螺栓）棱角。

（4）钢丝钳

钢丝钳是一种夹持或折断金属薄片、切断金属丝的工具。电工用钢丝钳的柄部套有绝缘套管（耐压 500V），其规格用钢丝钳全长的毫米数表示，常用的有 150mm、175mm、

200mm 等。钢丝钳外形及应用如图 2-32 所示。

(a) 钢丝钳外形

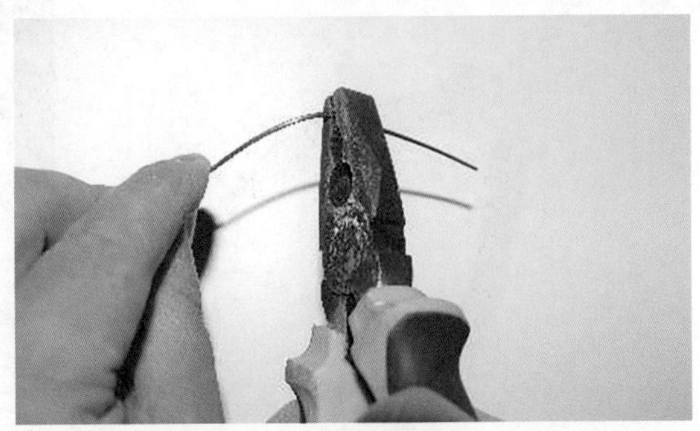

(b) 弯绞导线

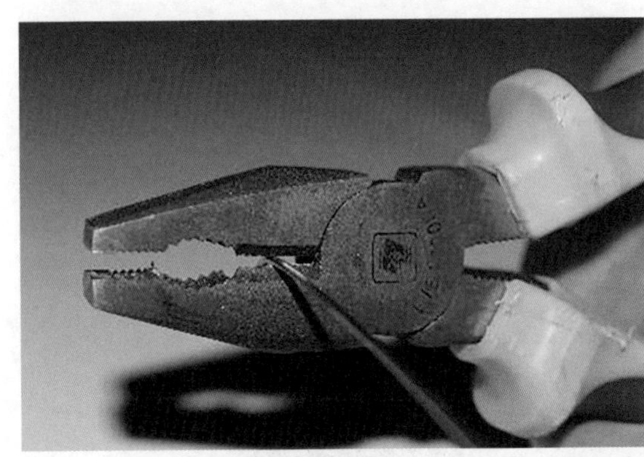

(c) 剪切导线

(d) 紧固螺母

图 2-32　钢丝钳外形及其应用

注意：钢丝钳使用前应检查其绝缘柄绝缘状况是否良好，当发现绝缘破损或潮湿时，不允许带电操作，以免发生触电事故；用钢丝钳剪切带电导线时，必须单根进行，不得用刀口同时剪切相线和零线或者两根相线，否则会发生短路事故；不能用钳头代替手锤作为敲打工具，否则容易引起钳头变形；钳头的轴销应经常加机油润滑，保证其开闭灵活；严禁用钢丝钳代替扳手紧固或拧松大螺母，否则，会损坏螺母（螺栓）的棱角，导致无法使用扳手。

（5）尖嘴钳

尖嘴钳的头部尖细，用法与钢丝钳相似，其特点是适用于在狭小的工作空间操作，能夹持较小的螺钉、垫圈、导线及电气元件。在安装控制线路时，尖嘴钳能将单股导线弯成接线端子（线鼻子），有刀口的尖嘴钳还可剪断导线、剥削绝缘层。电工使用的是带绝缘手柄的一种，其绝缘手柄的绝缘性能为耐压 500V，尖嘴钳按其全长分为 130mm、160mm、180mm、200mm 四种规格。其外形及应用如图 2-33 所示。

（6）剥线钳

剥线钳是用来剥落小直径导线绝缘层的专用工具，如图 2-34 所示。它的钳口部分设有几个刃口，用以剥落不同线径的导线绝缘层。其柄部是绝缘的，耐压为 500 V。

(a) 尖嘴钳外形

(b) 夹持小物件

图 2-33　尖嘴钳外形及应用

剥线钳使用时根据缆线的粗细型号，选择相应的剥线刀口，握住手柄，将电缆夹住，缓缓用力使电缆外表皮慢慢剥落，如图 2-35 所示。

图 2-34　剥线钳

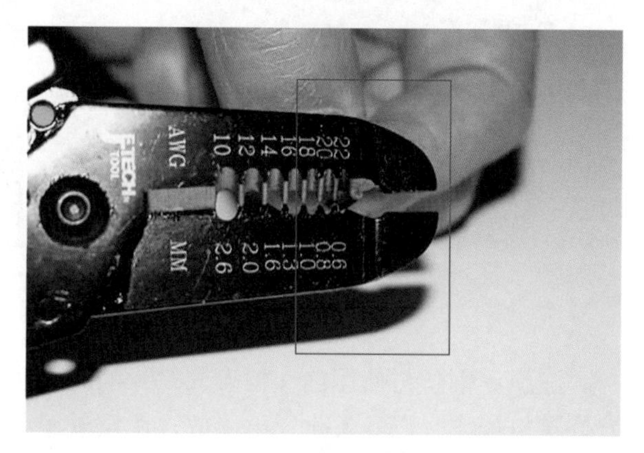

图 2-35　剥线钳剥线

（7）压线钳

压线钳即导线压接接线钳，是一种用冷压的方法来连接铜、铝等导线的工具，特别是在铝绞线和钢芯铝绞线敷设施工中经常用到，其外形如图 2-36 所示。压线钳主要分为手压钳和液压钳两类，手压钳适用于直径在 35mm 以下的导线；液压钳主要依靠液压传动机构产生压力而达到压接导线的目的，适用于压接直径在 35mm 以上的多股铝、铜芯导线。

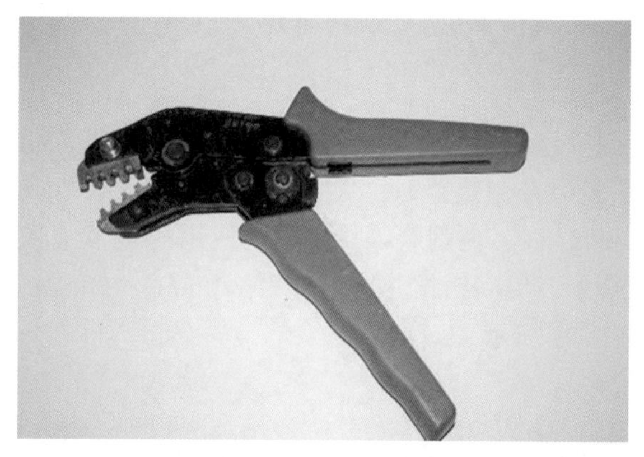

图 2-36　压线钳

压线钳的使用步骤如图 2-37 所示。

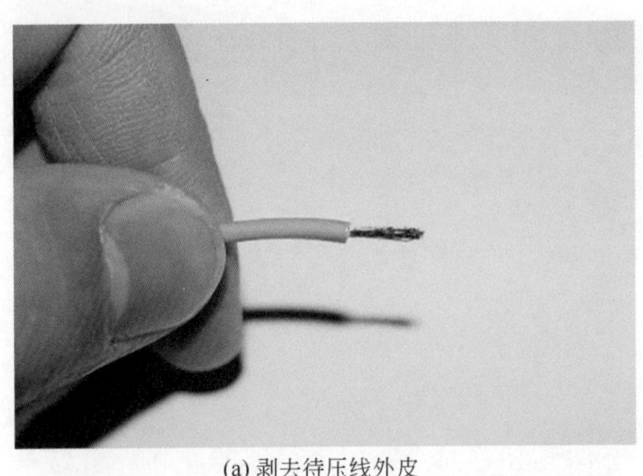

(a) 剥去待压线外皮

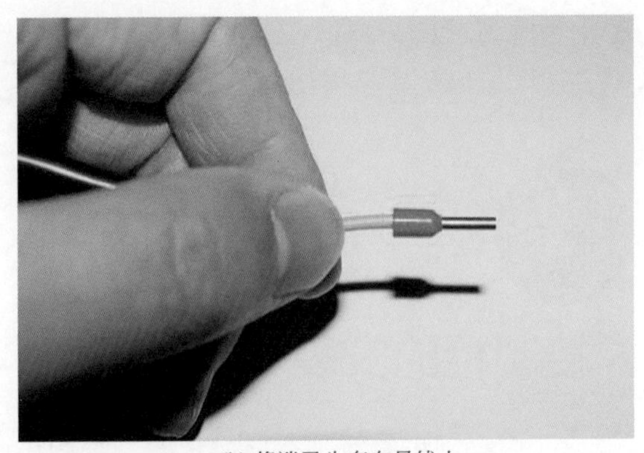

(b) 将端子头套在导线上

(c) 用压线钳压紧端子头

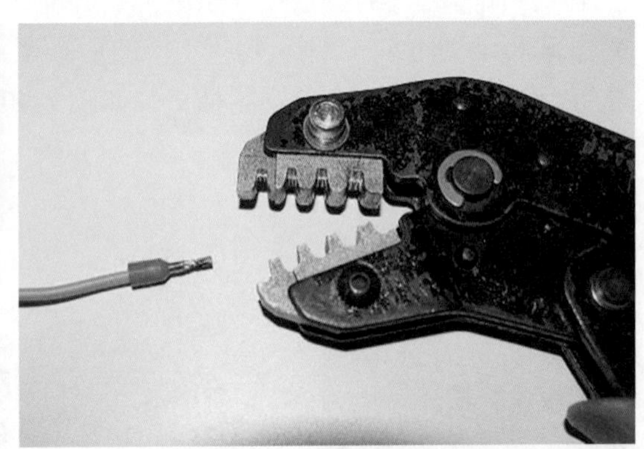

(d) 松开手柄，完成端子头压接

图 2-37　压线钳的使用步骤

注意：压接管和压模的型号应与所连接导线的型号一致；钳压模数和模间距应符合规程要求；压坑不得过浅，否则，压接管握着力不够，接头容易抽出；每压完一个坑，应保持压力至少 1min，然后再松开。

（8）电工刀

电工刀是电工经常使用的一种切削工具，可以用来剖切导线与电缆的绝缘层、切割木台缺口、削制木枕等。其外形如图 2-38 所示。使用电工刀削割导线绝缘层的方法是左手持导线，右手握刀柄，刀口倾斜向外。刀口一般以 45° 角倾斜切入绝缘层，当切近线芯时，即停止用力，接着应使刀面的倾斜角度改为 15° 左右，沿着线芯表面向线头端部推削，然后把残存的绝缘层剥离线芯，再用刀口插入背部削断。

图 2-38　电工刀

注意：使用时刀口应朝外进行操作。用完应随即把刀身折入刀柄内；电工刀的刀柄结构是没有绝缘的，不能在带电体上使用电工刀进行操作，避免触电；电工刀的刀口应在单面上磨出呈圆弧状的刃口。在剖削绝缘导线的绝缘层时，必须使圆弧状刀面贴在导线上进行切割，这样刀口就不易损伤线芯。

控制柜的安装

① 将控制柜安放到合适的位置，控制柜左右两侧和背面需要留出足够的空间。机器人本体与控制柜之间需要连接三条电缆，如图 2-39 所示。

② 将动力电缆一端标注为 XP1 的插头接入控制柜 XS1 的接口上，安装时注意接头的插针与接口的插孔对准，并锁紧插头，如图 2-40 所示。

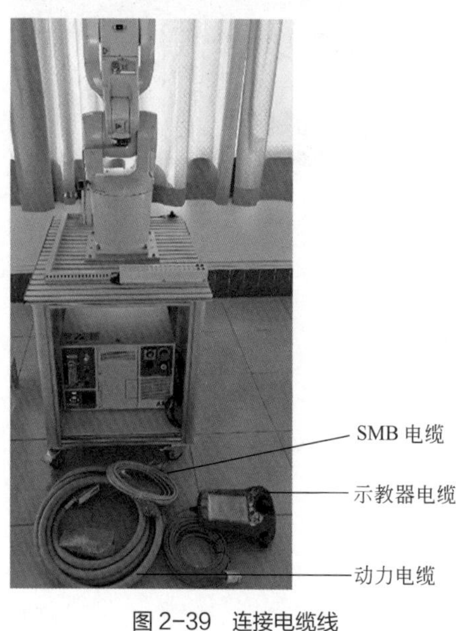

图 2-39　连接电缆线

图 2-40　连接 XP1 插头

③ 将动力电缆另一端的插头接入工业机器人本体底座的对应 R1.MP 接口上，连接时注意插针与插孔对准，如图 2-41 所示。使用一字形螺丝刀锁紧螺钉，考虑到受力平衡，需要按十字对角的顺序锁紧螺钉。

④ 将控制柜 SMB 电缆一端的插头插入到控制柜 XS2 插孔上，安装时注意将插针与插孔对准，并且旋紧接头，如图 2-42 所示。

⑤ 将另一端的 SMB 电缆插头插入到工业机器人底座 SMB 插孔上，安装时注意将插针和插孔对准，并且旋紧接头，如图 2-43 所示。

⑥ 将示教器电缆（红色）的接头插入到控制柜 XS4 端口，并且旋紧接头，如图 2-44 所示。

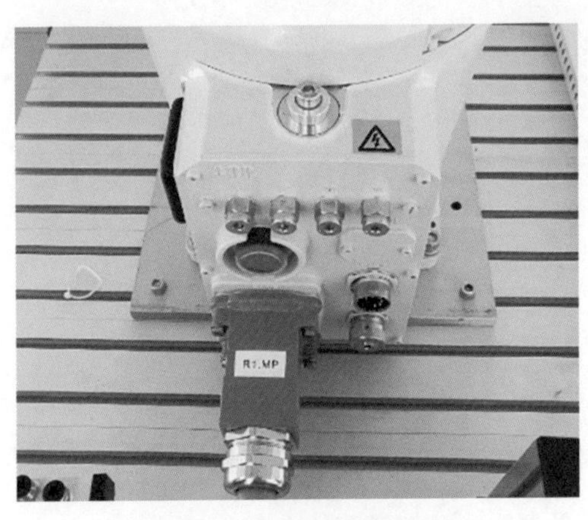

图 2-41　连接 R1.MP 接口

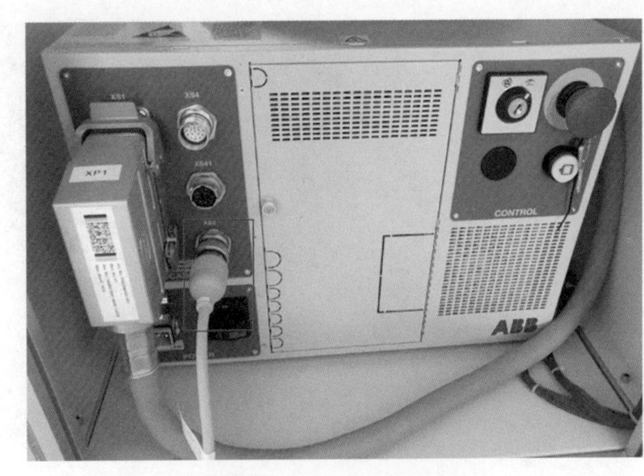

图 2-42　连接 XS2 插头

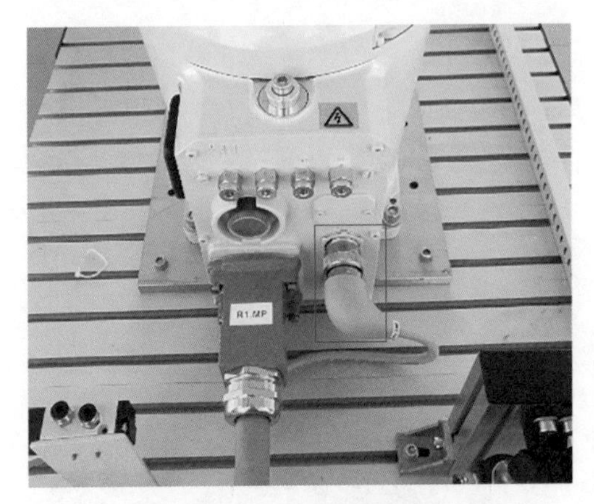

图 2-43　SMB 电缆插头连接本体

图 2-44　连接示教器电缆 XS4 接头

⑦ 根据机器人控制柜铭牌得知，IRB120 使用单相 220V 供电，最大功率 0.55kW，如图 2-45 所示。根据此参数，准备电源线并且制作控制柜端的接头，如图 2-46 所示。

图 2-45　控制柜铭牌

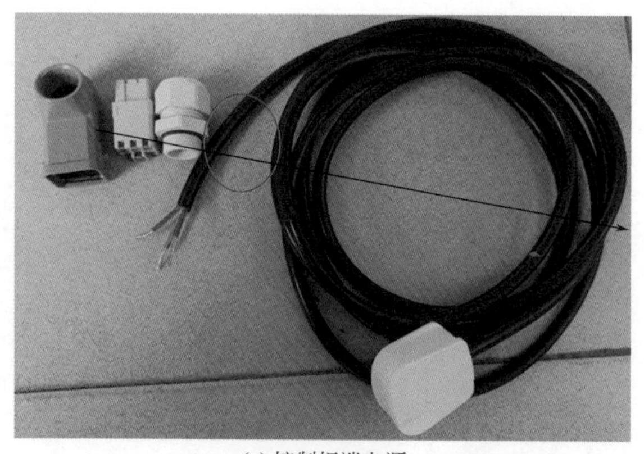

(a) 控制柜端电源

(b) 接头定义说明

图 2-46 制作电源接头

L—火线；N—零线

⑧ 根据步骤⑦的火线、地线、零线的接线口定义进行接线，一定要将电线涂锡后插入接头并压紧，这是因为如果接头处不牢固，会使接口处存在电阻，而电阻的存在会导致电线在使用时发热，发热又会导致氧化加剧，最后可能会导致虚接、断路，甚至发生火灾。如图 2-47 所示。

⑨ 制作完成的电源线如图 2-48 所示。

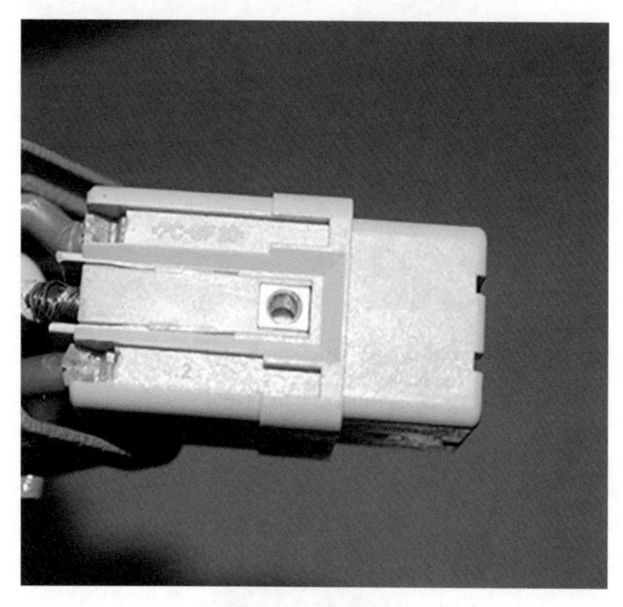

图 2-47 电源接头

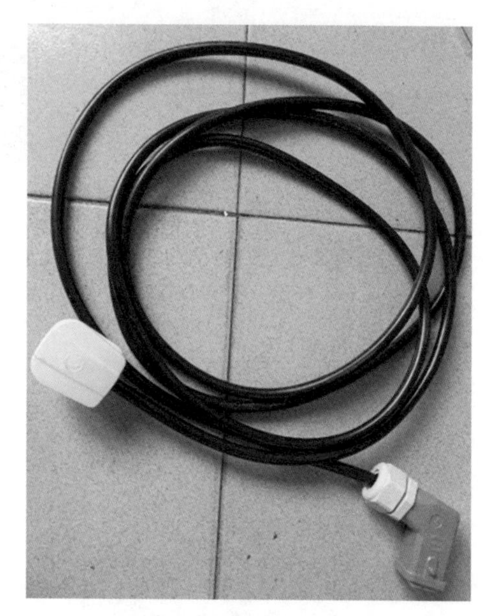

图 2-48 控制柜电源线

⑩ 将电源接头插入控制柜 XPO 端口并锁紧，如图 2-49 所示。

⑪ 将示教器支架安装到合适的位置，然后将示教器放好，如图 2-50 所示。

图 2-49　连接 XPO 端口

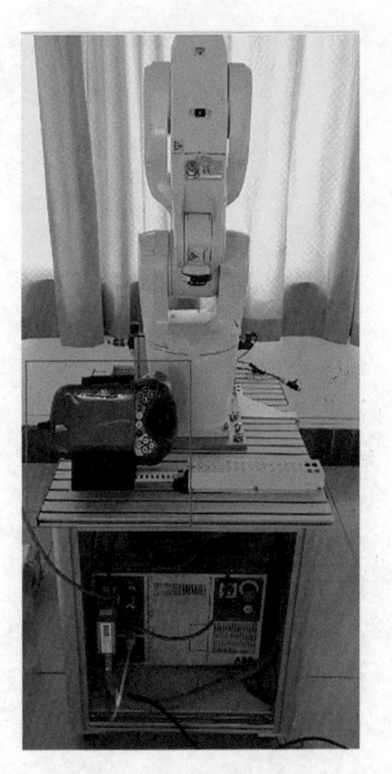
图 2-50　摆放示教器

插示教器线及部分控制柜线

至此，IRC5Compact 型控制柜的安装及接线完成。启动工业机器人系统之前，需要将电源接头的另一端插到插座上。

/Administration
/Legal
/Accounting
/Finance
/Marketing
/Publicity
/Promotion
/Research
/Business
/Development
/Engineering
/Manufacturing
/Planning

项目3 工业机器人的手动操纵

任务 1　示教器基本设定

任务 2　工业机器人的手动操纵及 TCP 设定方法

任务 1 示教器基本设定

本任务介绍示教器的结构、界面和按键功能，讲解示教器的语言设置、增量模式设定和工业机器人数据的备份与恢复等基础操作。

1. ABB 工业机器人的基础安装与调试

以一台刚出厂的 ABB 工业机器人裸机的安装与调试为例，按表 3-1 所列步骤对机器人进行初始化安装与调试。

表 3-1 机器人一般安装调试步骤

步骤序号	安装调试内容
1	将机器人本体和控制柜吊装到位
2	机器人本体和控制柜之间的电缆连接
3	示教器与控制柜连接
4	接入主电源
5	检查主电源正常后，上电开机
6	机器人六个轴机械点的校准操作
7	I/O 信号的设定
8	安装工具与周边设备
9	编程调试
10	投入自动运行

在将机器人固定好之后，连接机器人的电源、控制柜与机器人本体之间的电源电缆线、信号线等线路。机器人上主要的两根电缆如表 3-2 所示。

表 3-2　连接电缆描述

电缆类别	描述	连接点（机柜）	连接点（机器人）
机器人电缆（电源）	将驱动电力从控制柜中的驱动装置传送到机器人电机	XS1	R1.MP
机器人电缆（信号）	将编码器数据从机器人本体传输到编码器接口板	XS2	R1.SMB

机器人电缆集成在机器人中，而连接器位于底座和上臂壳上。如图 3-1 所示是机器人连接底座的接口，A 处（R1.CP/CS）电力 / 信号，编号 10，参数等级 39V/500mA；B 处（气动）最大 5bar[1]，编号 3，内壳直径 3mm。如图 3-2 所示是机器人连接上臂壳的接口，A 处（R3.CP/CS）电力 / 信号，编号 10，参数等级 39V/500mA；B 处（气动）最大 5bar，编号 3，内壳直径 3mm。

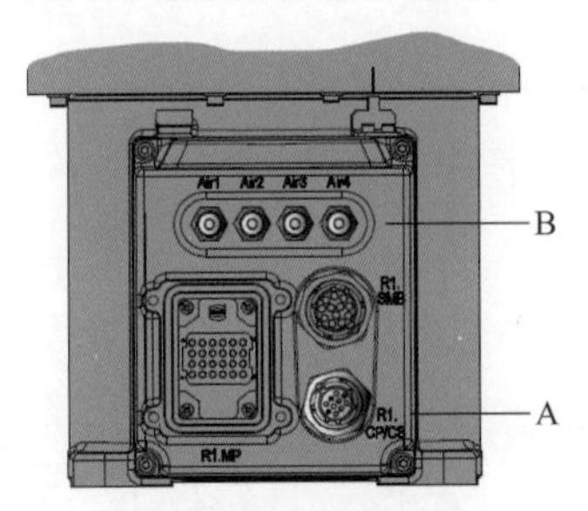

图 3-1　连接底座

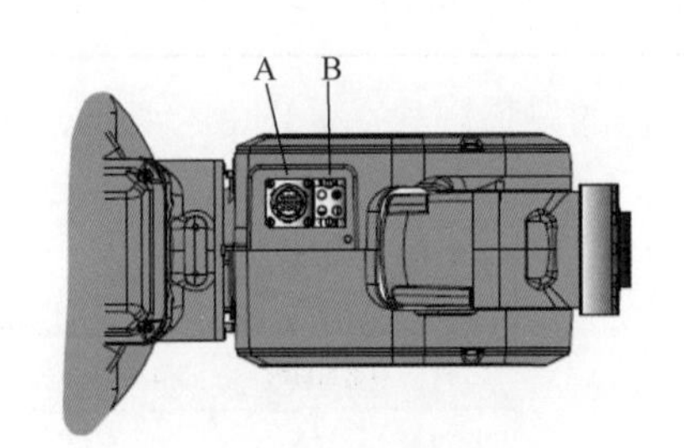

图 3-2　连接上臂壳

2. 示教器简介

在工业现场中，使用 ABB 工业机器人，必须熟练使用工业机器人示教器。示教器是进行机器人的手动操作、程序编写、参数设置以及监控用的手持装置。示教器的外形（正、反面）如图 3-3 和图 3-4 所示。示教器界面部件的具体说明如表 3-3 所示。

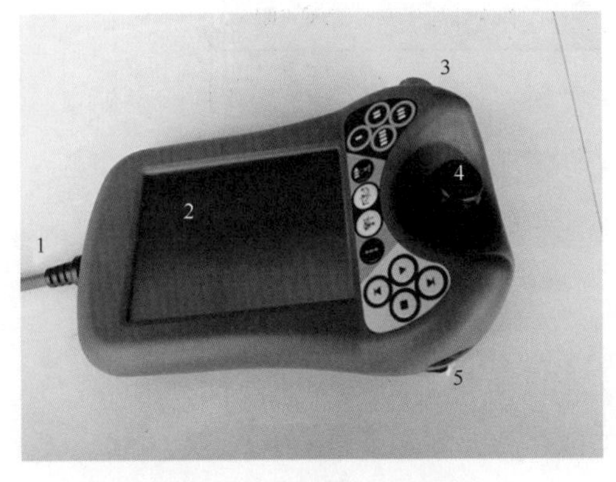

图 3-3　示教器实物正面图

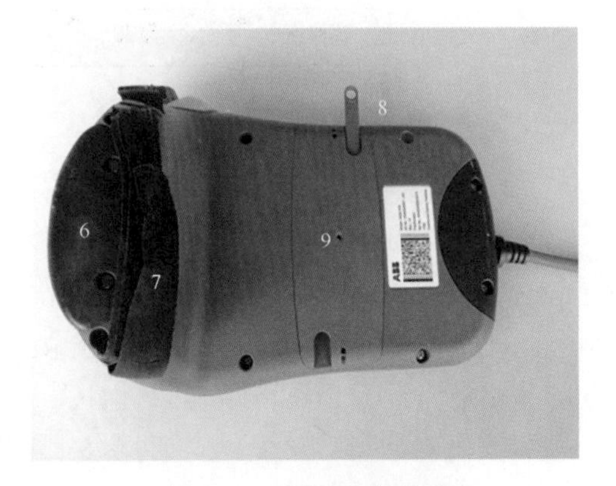

图 3-4　示教器实物反面图

[1] 1bar=0.1MPa。

表 3-3　示教器界面部件的具体说明

序号	部件名称	功能解释
1	示教器电缆	与控制柜通信
2	触摸屏	人机交互窗口
3	紧急停止（急停）按钮	异常情况下停止机器人运动
4	操纵杆	手动操纵机器人运动
5	USB 接口	数据的上传、下载接口
6	使能装置	手动状态下电机上电
7	松紧带	手握安全带调整
8	触控笔	点击触摸屏
9	重置按钮	示教器死机后的重新启动

示教器的触摸屏界面如图 3-5 所示，按图中标注顺序具体介绍如下。

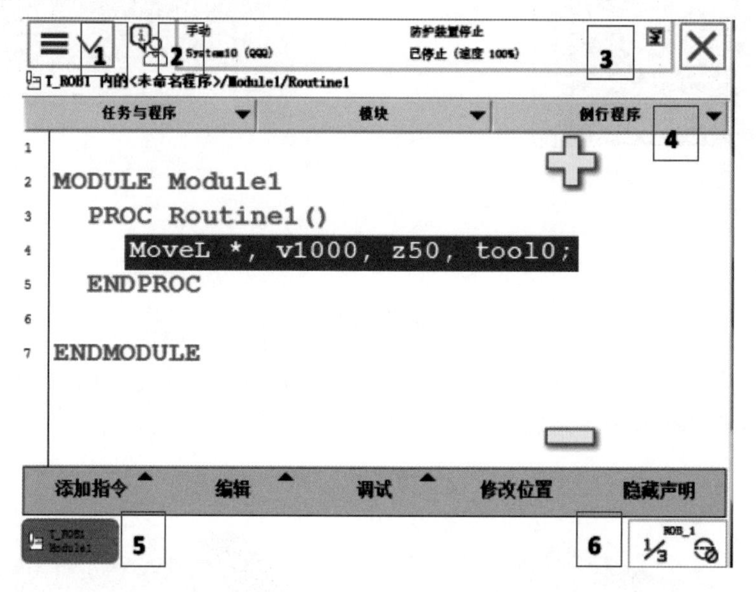

图 3-5　示教器触摸屏界面

① ABB 菜单。可以从 ABB 菜单中选择一下项目，HotEdit（热编辑），Inputs and Outputs（输入和输出），Production Window（自动生产窗口），Program Editor（程序编辑器），Program Data（程序数据），Backup and Restore（备份与恢复），Calibration（校准），Control Panel（控制面板）; Event Log（事件日志）; FlexPendant Explorer（示教器资源管理器）。

② 人机对话窗口。人机对话窗口显示操作者和机器人交互的信息，可以为机器人输出相关信息，也可以允许操作者输入某些信息。

③ 状态栏。状态栏显示与系统状态相关的信息。如操作模式（手动 / 自动）、电机开启与关闭、工作站系统名称、电机工作速度等。

④ 关闭按钮。单击关闭按钮可以关闭当前打开的界面。

⑤ 任务栏。任务栏显示所有打开的视图窗口，并可以在多个视图窗口间进行切换，系统最多可以打开 6 个视图窗口。

⑥ 快捷设置菜单。类似 Windows 系统的开始菜单，通过快捷设置菜单可以微动控制设备。

ABB 工业机器人的示教器提供左手、右手两种操作模式，具体设置如图 3-6 中序号 1 ～ 3 的操作提示所示。

（a）

（b）

图 3-6　示教器操作方式的设定

在外观页面可以进行操作方式、屏幕显示亮度的调节，如图 3-7 中序号 4 ～ 6 的操作提示所示。

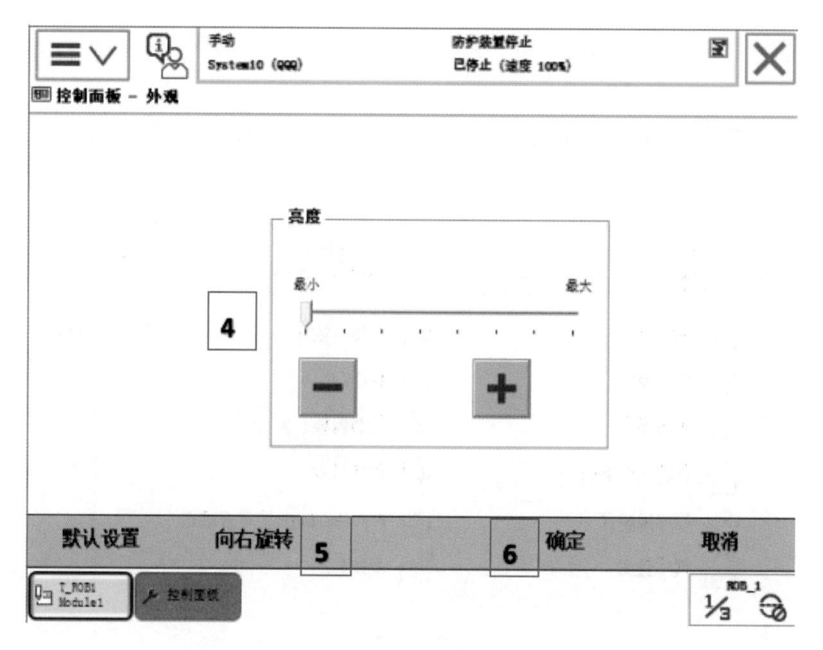

图 3-7　示教器显示亮度的调节

左手、右手操作模式的示意图分别如图 3-8（a）和（b）所示。

图 3-8　左手、右手示教器操作模式

设定示教器的显示语言

1. 设定示教器的显示语言

① 单击示教器左上角 ABB 菜单的图标，进入主菜单界面，如图 3-9 所示，并单击“Control Panel”选项。

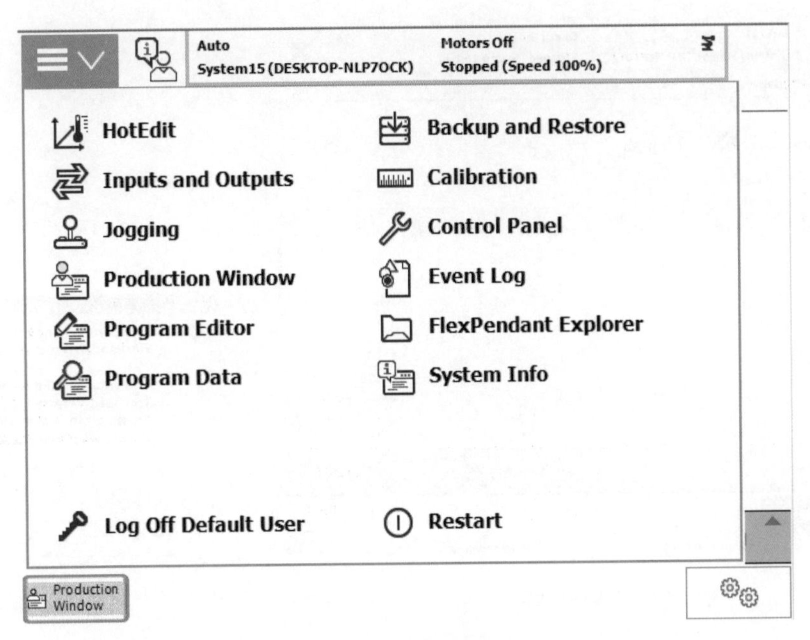

图 3-9　主菜单界面

② 在如图 3-10 所示的界面中，单击“Language”选项。

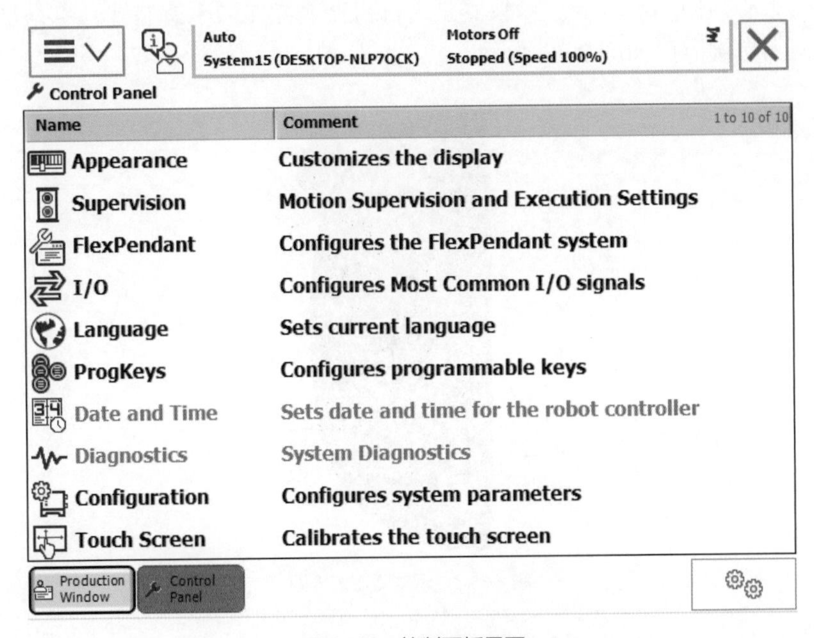

图 3-10　控制面板界面

③ 在如图 3-11 所示的界面中，单击“Chinese”选项。

④ 单击“Yes”按钮，如图 3-12 所示。重新启动示教器，系统的语言变为中文，完成系统语言显示的切换。

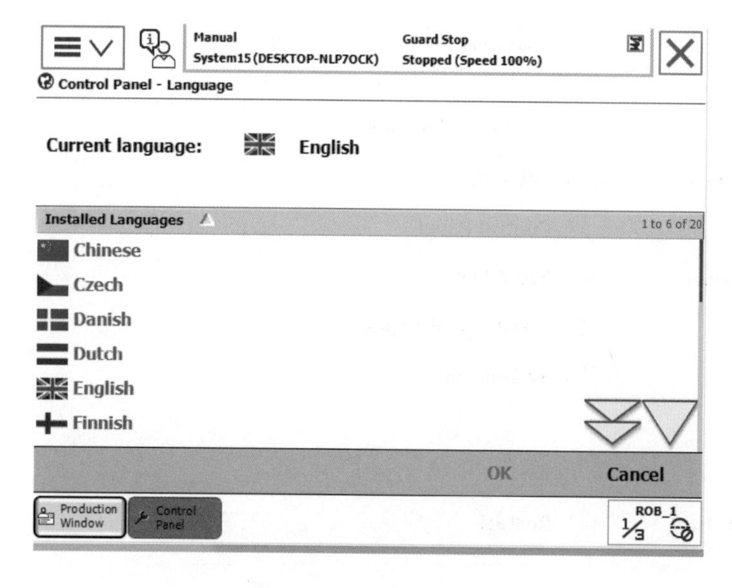

图 3-11　设置语言界面

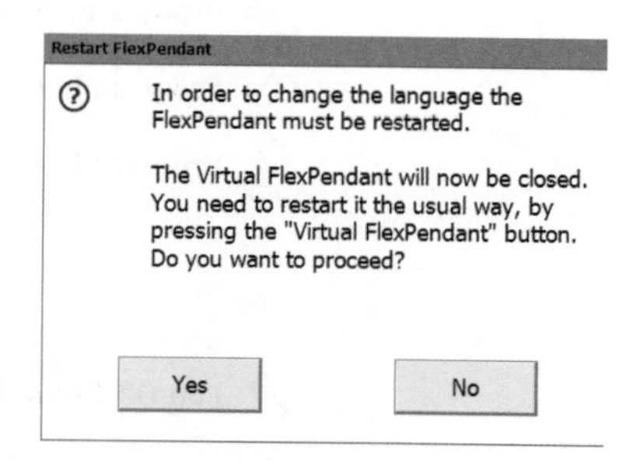

图 3-12　重启界面

2. 认识示教器的按键

操作机器人必须使用示教器。示教器是进行机器人操作的手持装置，也是最常使用的控制装置。示教器按键界面如图 3-13 所示。

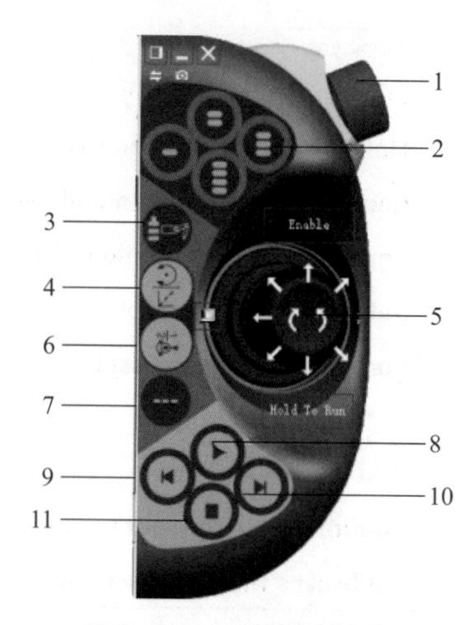

图 3-13　示教器按键界面

1—急停按钮；2—可配置快捷按钮；3—外部轴切换；
4—线性 / 重定位模式切换；5—操纵杆；6—单轴运动切换按钮；
7—增量按钮；8—启动程序按钮；9—Step BACKWARD（步退）按钮；
10—Step FORWARD（步进）按钮；11—停止程序按钮

3. 设置示教器的增量模式

采用增量移动对机器人进行微幅调整，可非常精确地进行定位操作，操作界面如图 3-14

所示。操纵杆偏转一次，机器人就移动一步（增量）。如果操纵杆偏转持续一秒或更长，机器人就会持续移动（速率为每秒10步）。若模式不是增量移动，当操纵杆偏转时，机器人将会持续移动。各个增量的具体值如表3-4所示。

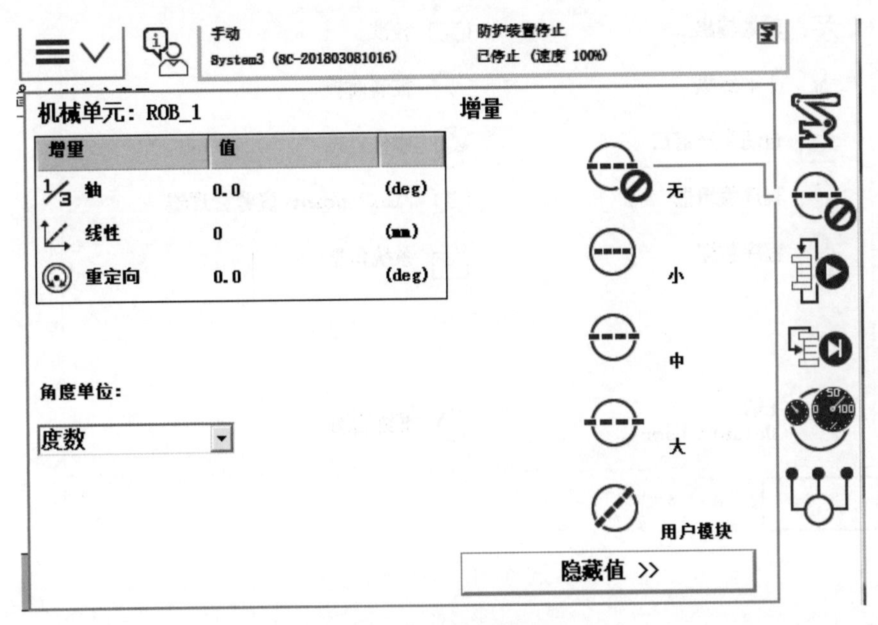

图3-14　增量操作界面

表3-4　各个增量的具体值

增量 动作模式	小	中	大
轴	0.00573°	0.02292°	0.13323°
线性	0.05mm	1mm	5mm
重定向	0.02865°	0.22918°	0.51566°

4. 工业机器人数据的备份与恢复

（1）数据备份的具体操作

工业机器人数据的备份与恢复

① 在主菜单中选择“备份与恢复”，如图3-15所示。

② 单击“备份当前系统…”按钮，如图3-16所示。

图 3-15　主菜单界面

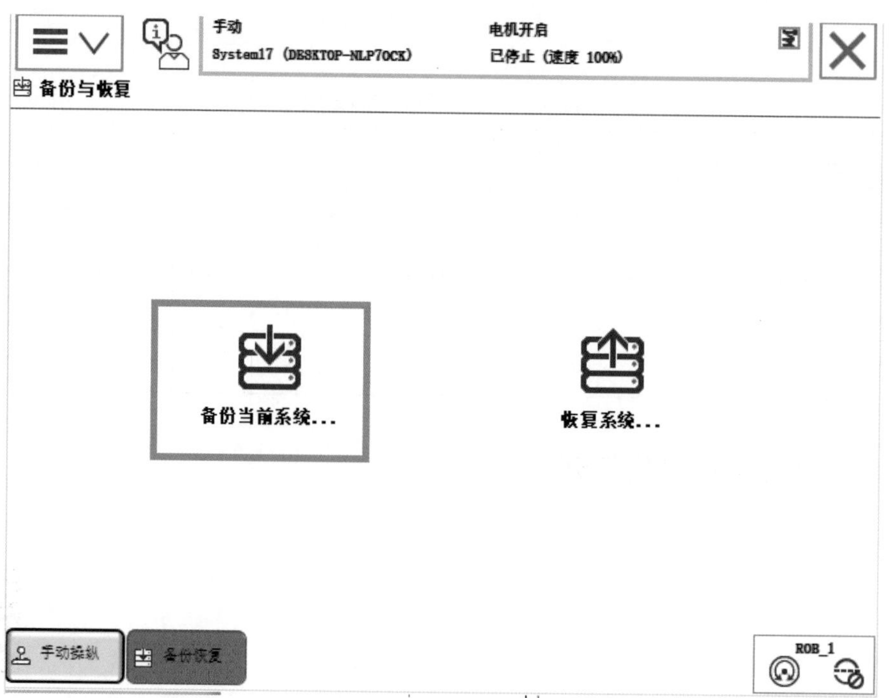

图 3-16　备份与恢复界面

③ 单击“ABC…”按钮，设定存放数据的文件夹；单击“…”按钮，设定备份存放的路径（机器人硬盘或 USB 存储设备）；单击“备份”按钮进行备份操作，如图 3-17 所示。

（2）数据恢复的具体操作

① 在主菜单中选择“备份与恢复”，如图3-18所示。

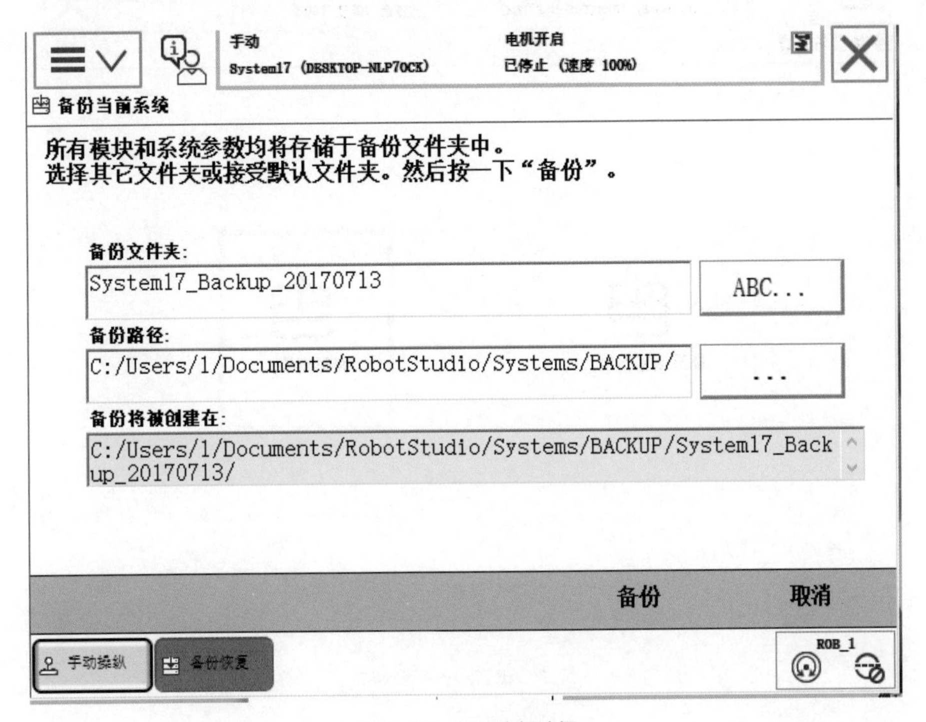

图3-17　备份路径选择

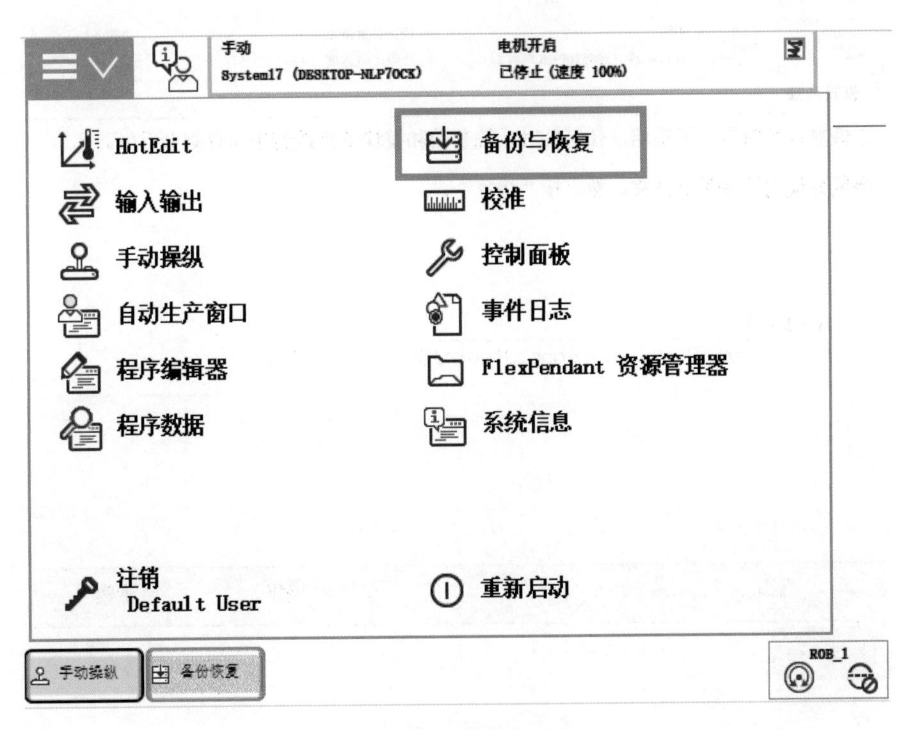

图3-18　备份与恢复

② 单击“恢复系统…”按钮，如图 3-19 所示。

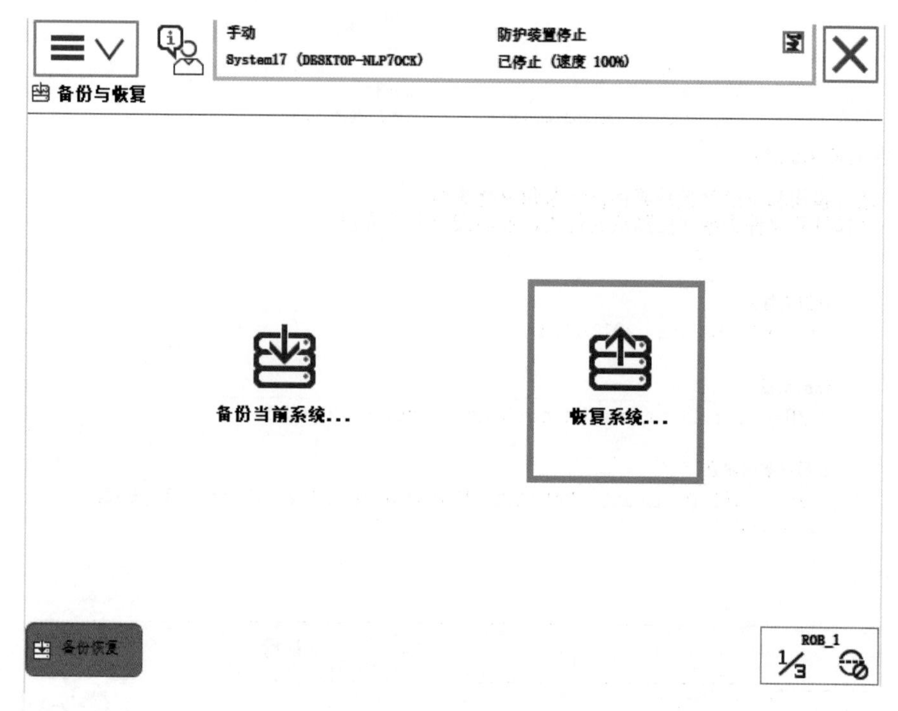

图 3-19　恢复系统选择

③ 单击“…”选择备份存放的文件夹，再单击“恢复”，如图 3-20 所示。

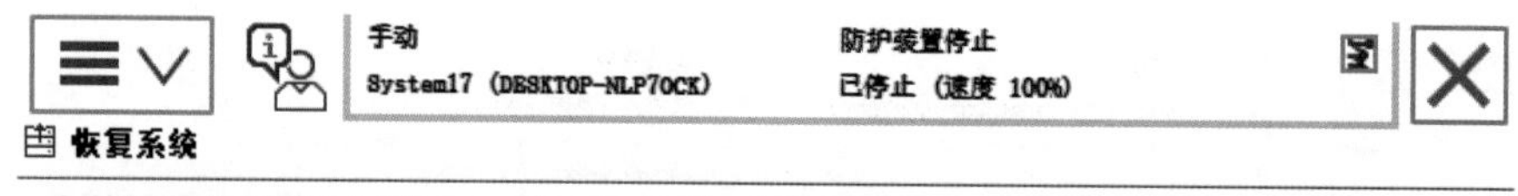

在恢复系统时发生了重启，任何针对系统参数和模块的修改若未保存则会丢失。

浏览要使用的备份文件夹。然后按“恢复”。

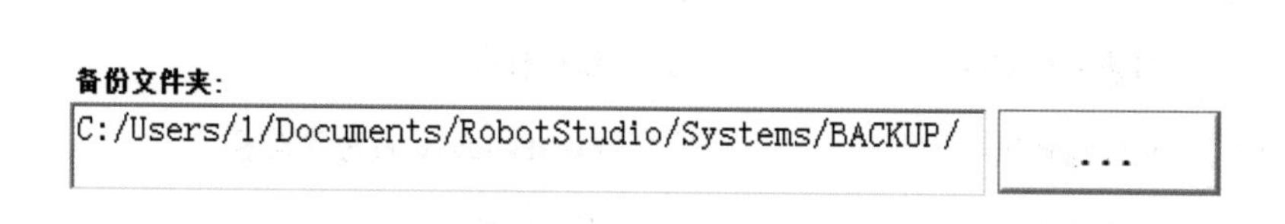

高级...　恢复　取消

图 3-20　恢复路径选择

④ 单击“是”，如图 3-21 所示。

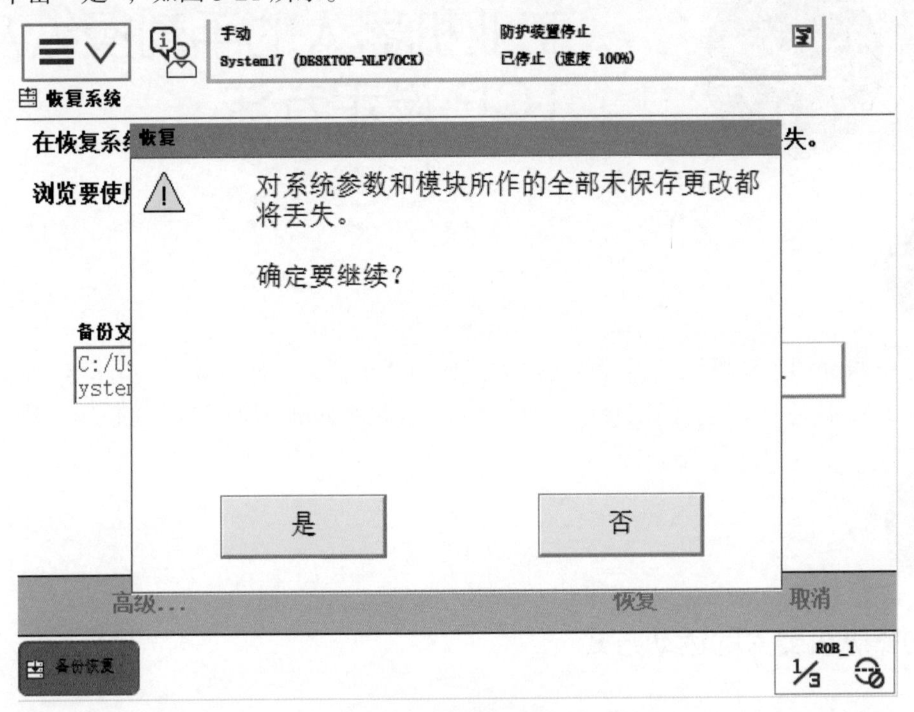

图 3-21　确定界面

⑤ 等待恢复的完成，如图 3-22 所示。

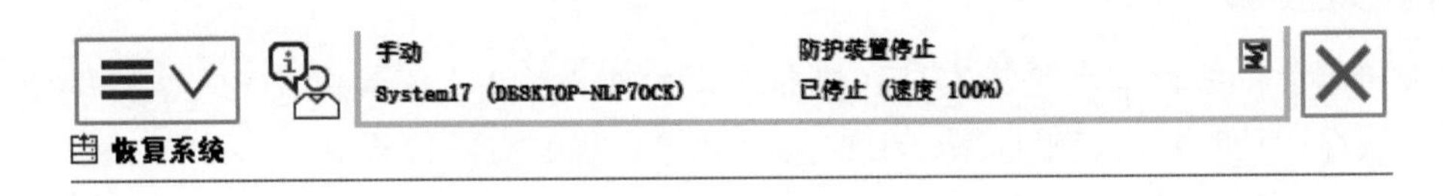

正在恢复系统。
请等待！

图 3-22　等待恢复

工业机器人的手动操纵及TCP设定方法

本任务将介绍手动操纵机器人的各种方式，包括机器人线性运动、关节运动和重定位运动，并介绍机器人工具坐标的工具中心点（Tool Central Point，简称 TCP）设定方法。

1. 手动操纵机器人的运动方式

手动操纵机器人运动包括：线性运动、关节运动和重定位运动。各种运动的操作方法如下所述。

（1）线性运动

工业机器人的线性运动是指安装在机器人第六轴法兰盘上工具的 TCP 在空间中做线性运动。做线性运动时要指定坐标系，工具坐标指定了 TCP 点的位置。

（2）关节运动

以 ABB IRB120 小型工业机器人为例，该工业机器人有六个伺服电机，分别驱动机器人的六个关节轴，各关节轴的位置如图 3-23 所示。操纵关节轴的运动，称为关节运动。

（3）重定位运动

工业机器人的重定位运动是指机器人第六轴法兰盘上的 TCP 点在空间中绕着坐标轴旋转的运动。同时也可以理解成机器人绕着 TCP 点做姿态调整的运动。

说明：TCP 工具坐标系是机器人运动的基准，表示机器人手腕上工具的中心点，用来反映工具的坐标值。

2. 机器人坐标系

机器人坐标系可以分为基坐标、大地坐标、工具坐标和工件坐标几大类。

（1）基坐标

基坐标系在机器人基座有相应的零点，使固定安装的机器人的移动具有可预测性。因此，对于将机器人从一个位置移动到另一个位置，基坐标系有一定帮助。ABB 机器人的基坐标原点在底座上，Z 轴垂直于底座，具体方向如图 3-24 所示。

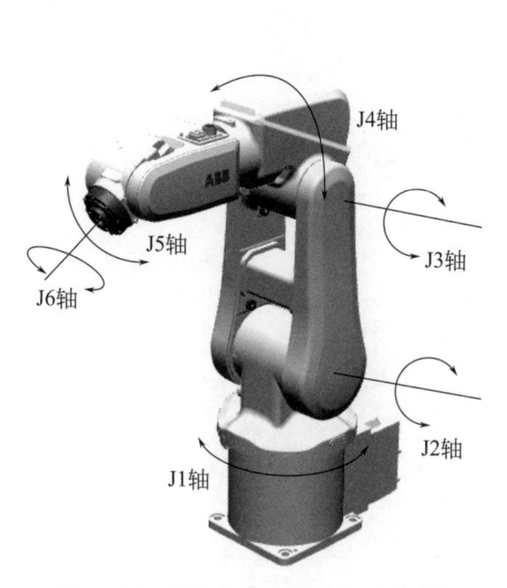

图 3-23　IRB 120 机器人六个关节轴

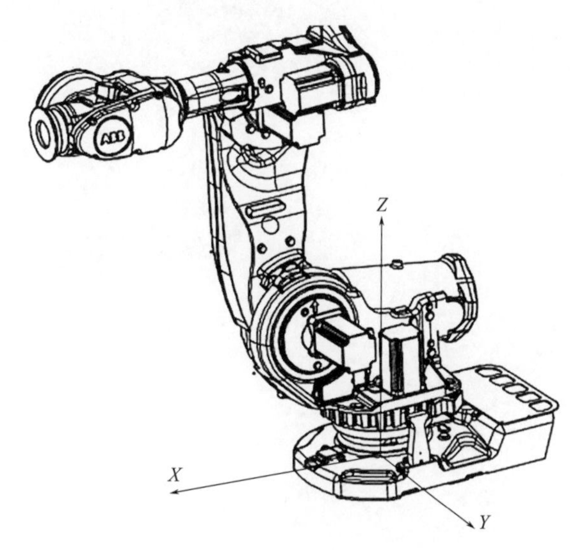

图 3-24　ABB 机器人的基坐标示意图

（2）大地坐标

① 大地坐标系在工作单元或工作站中的固定位置有其相应的零点。这有助于处理若干个机器人或有外轴移动的机器人。

② 在默认情况下，大地坐标系与基坐标系是一致的，如图 3-25 所示。

（3）工具坐标

① 安装在机器人末端的工具坐标系，原点及方向都是随着末端位置与角度不断变化的，该坐标系实际是将基础坐标系通过旋转及位移变化而来的。工具坐标系必须事先进行设定。客户可以根据工具的外形、尺寸等建立与工具相对应的工具坐标系。而工具坐标一般设置 8 ～ 16 个。

② 所有机器人在手腕处都有一个预定义工具坐标系，该原始工具坐标系被称为 tool0。这样就能将一个或多个新工具坐标系定义为 tool0 的偏移量，如图 3-26 所示。

（4）工件坐标

① 机器人工件坐标系由工件原点与坐标方位组成。

② 机器人程序支持多个工件坐标系（Wobj），可以根据当前工作状态进行变换。外部夹具被更换，重新定义 Wobj 后，可以不更改程序，直接运行。

③ 机器人可以拥有若干工件坐标系，或者表示不同工件，或者表示同一工件在不同位置的若干副本。

④ 对机器人进行编程时应该在工件坐标系中创建目标和路径，这具有很多优点。

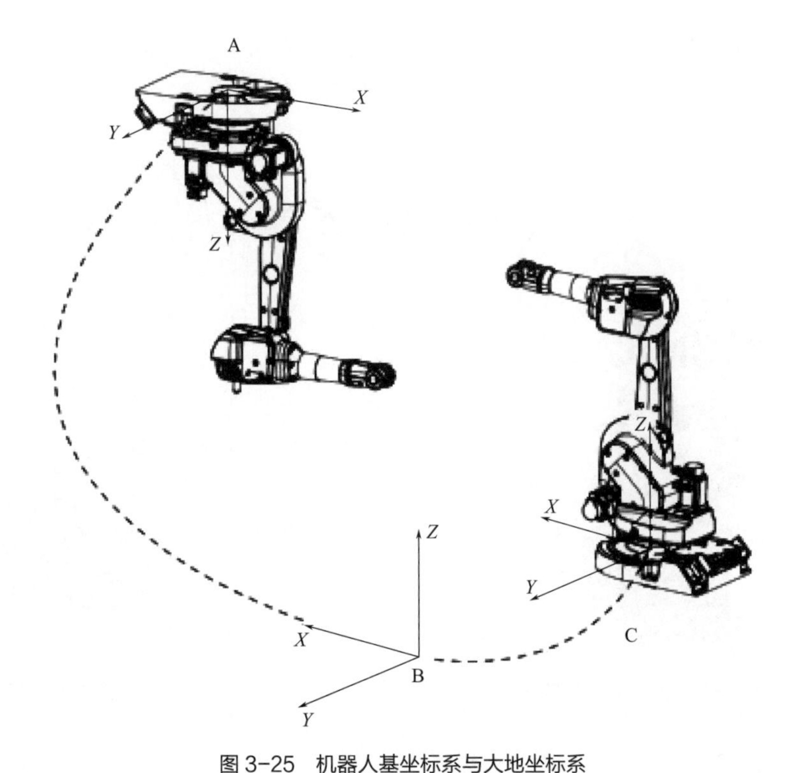

图 3-25　机器人基坐标系与大地坐标系

A—机器人 1 基坐标系；B—机器人 2 大地坐标系；C—机器人 3 基坐标系

⑤ 重新定位工作站中的工件时，只需更改工件坐标系的位置，所有路径将即刻随之更新。

⑥ 允许操作以外轴或传送导轨移动的工件，因为整个工件可连同其路径一起移动，如图 3-27 所示。

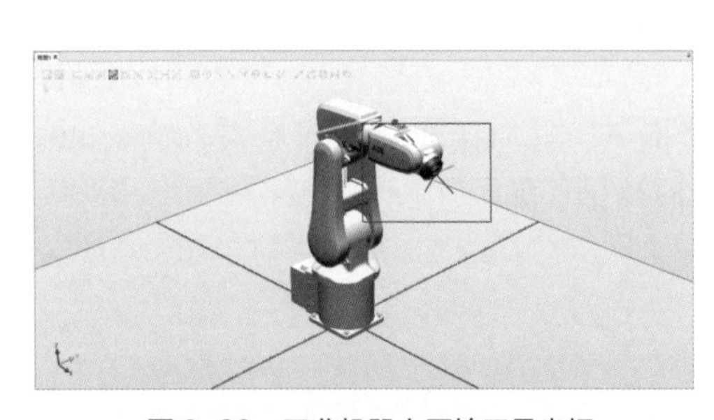

图 3-26　工业机器人原始工具坐标

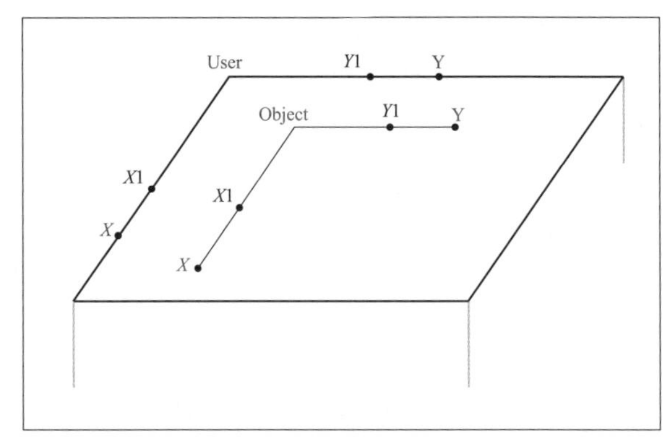

图 3-27　工件坐标位置

3. 工具坐标 TCP 的设定方法

（1）N（$3 \leqslant N \leqslant 9$）点法

机器人的 TCP 通过 N 种不同的姿态与参考点接触，得出多组解，通过计算得出当前

TCP 与机器人安装法兰中心点（Tool0）相应位置，其坐标系方向与 Tool0 一致。

（2）TCP 和 Z 法

在 N 点法基础上，增加 Z 点与参考点的连线为坐标系 Z 轴的方向，改变了 Tool0 的 Z 方向。

（3）TCP 和 Z、X 法

在 N 点法基础上，增加 X 点与参考点的连线为坐标系 X 轴的方向，Z 点与参考点的连线为坐标系 Z 轴的方向，改变了 Tool0 的 X 方向和 Z 方向。

1. 线性运动的手动操纵

线性运动的手动操纵步骤如下。

① 在主菜单中选择“手动操纵”，如图 3-28 所示。

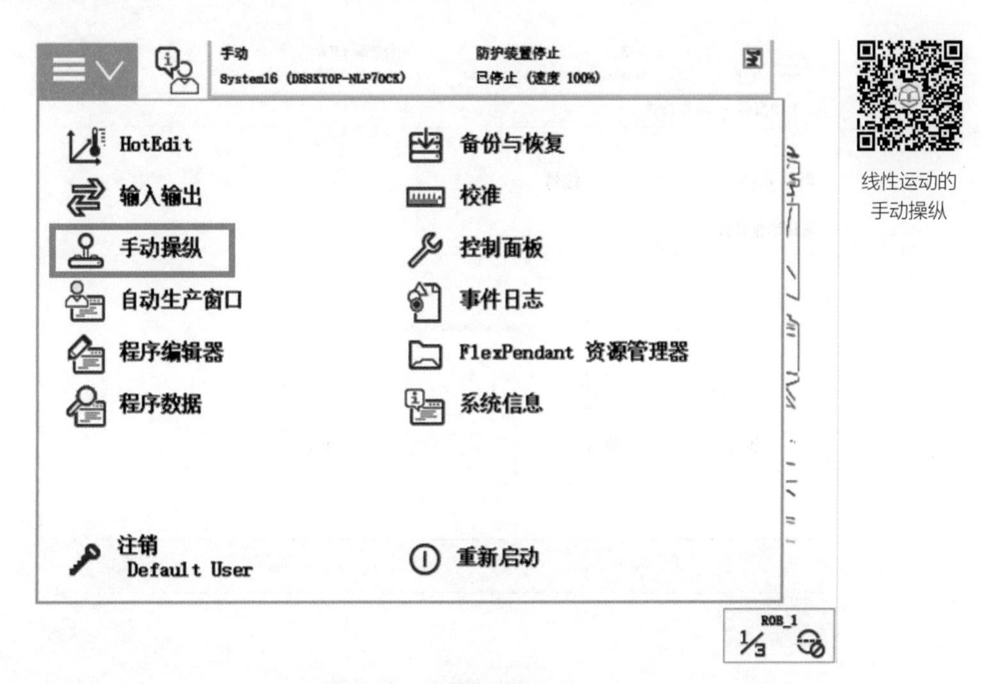

线性运动的手动操纵

图 3-28　主菜单界面

② 选择“动作模式”，如图 3-29 所示。

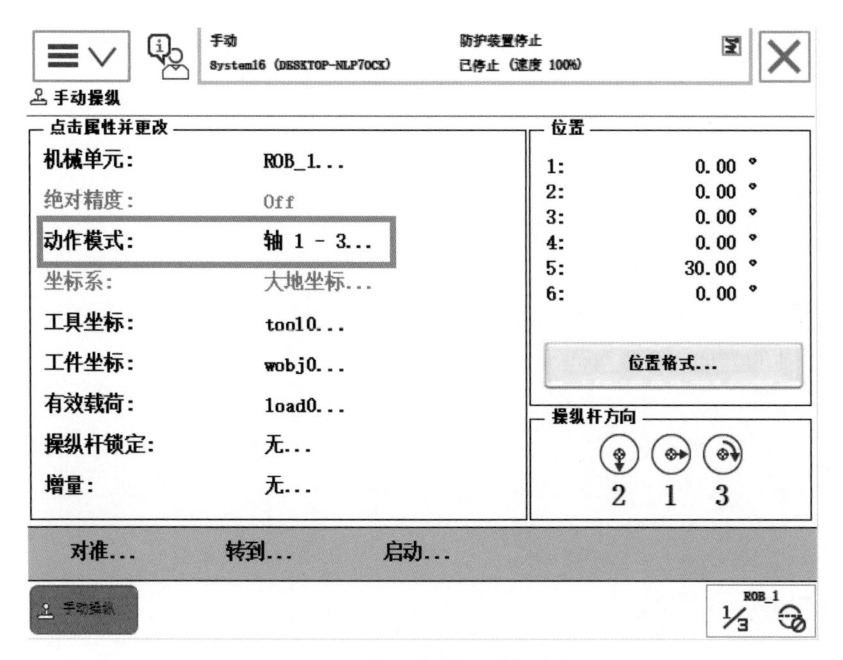

图 3-29　选择“动作模式”界面

③ 选中“线性”，并单击“确定”，如图 3-30 所示。

图 3-30　动作模式选择“线性”

④ 选择“工具坐标：tool0”（该坐标系是系统自带的工具坐标），操纵使能器，电机上电，如图 3-31 所示。

⑤ 操作示教器的操纵杆，工具坐标 TCP 点在空间做线性运动，“操纵杆方向”中 *X*、*Y*、*Z* 的箭头方向代表各个坐标轴运动的正方向，如图 3-32 所示。

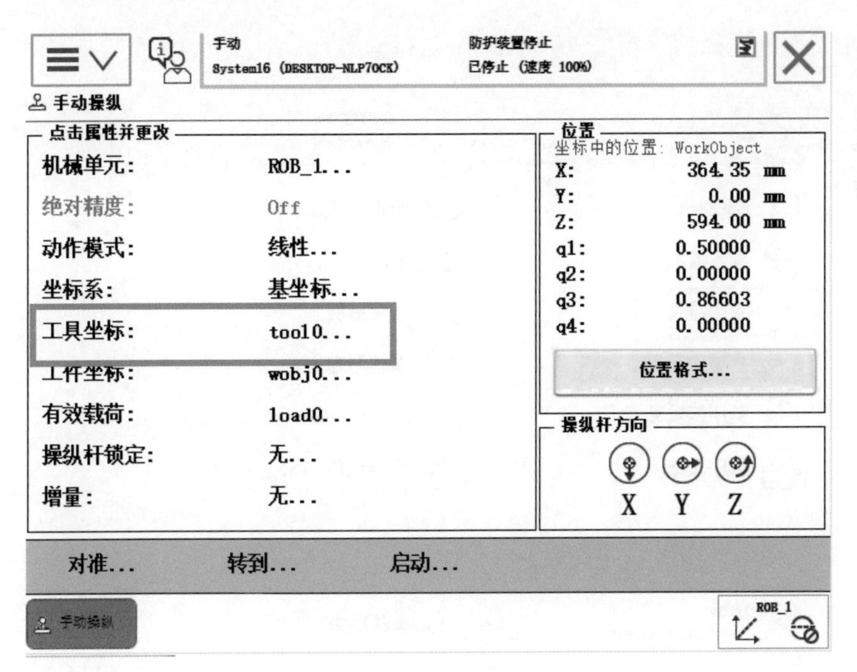

图 3-31 选择“工具坐标”

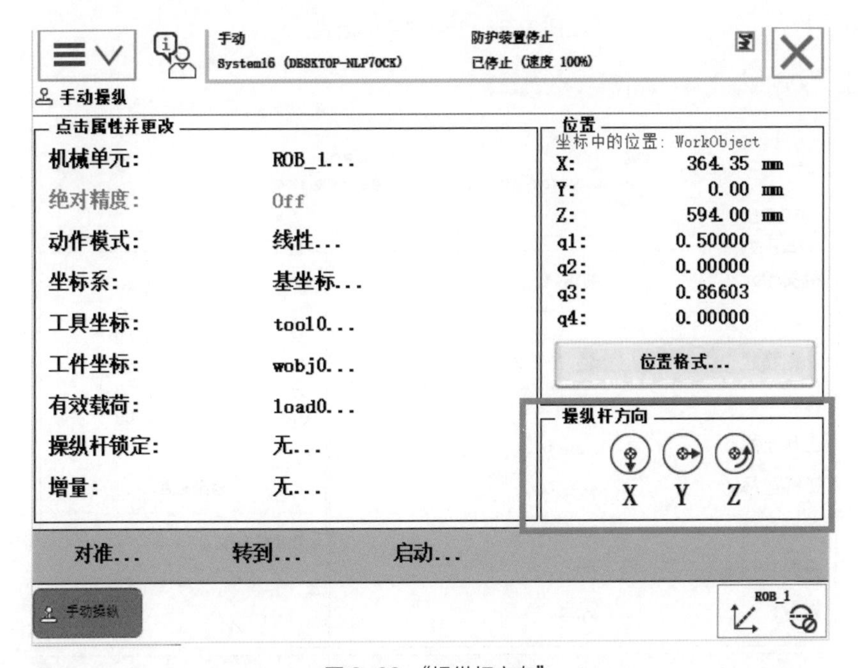

图 3-32 “操纵杆方向”

2. 关节运动的手动操纵

机器人操作中，关节运动的手动操纵具体步骤如下。

① 接通电源，把机器人状态调整至中间的手动状态。

② 在主菜单中选择“手动操纵”，如图 3-33 所示。

关节运动的
手动操纵

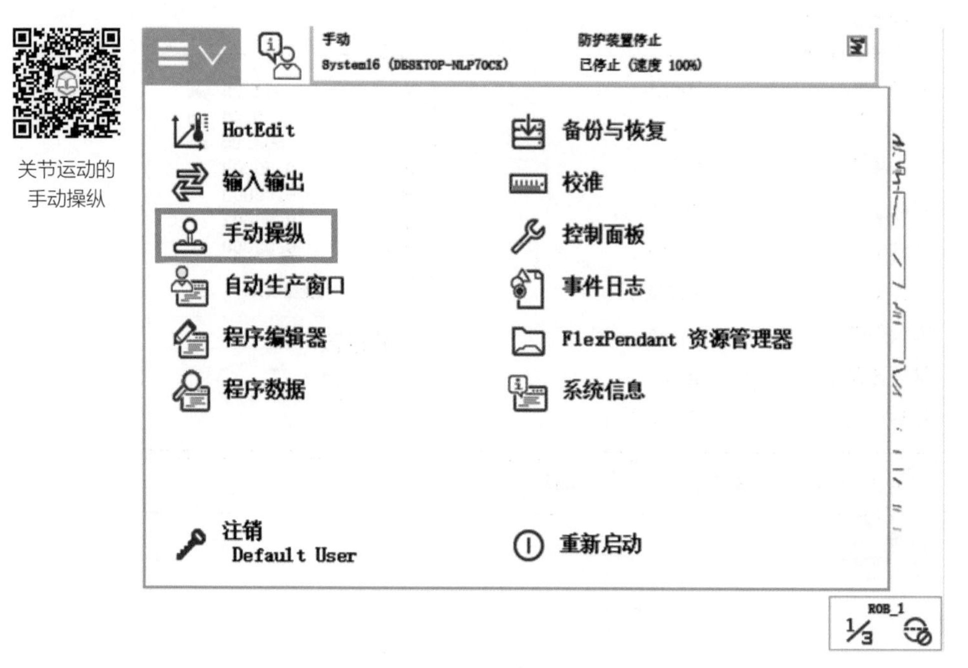

图 3-33　选择“手动操纵”

③ 选择“动作模式”，如图 3-34 所示。

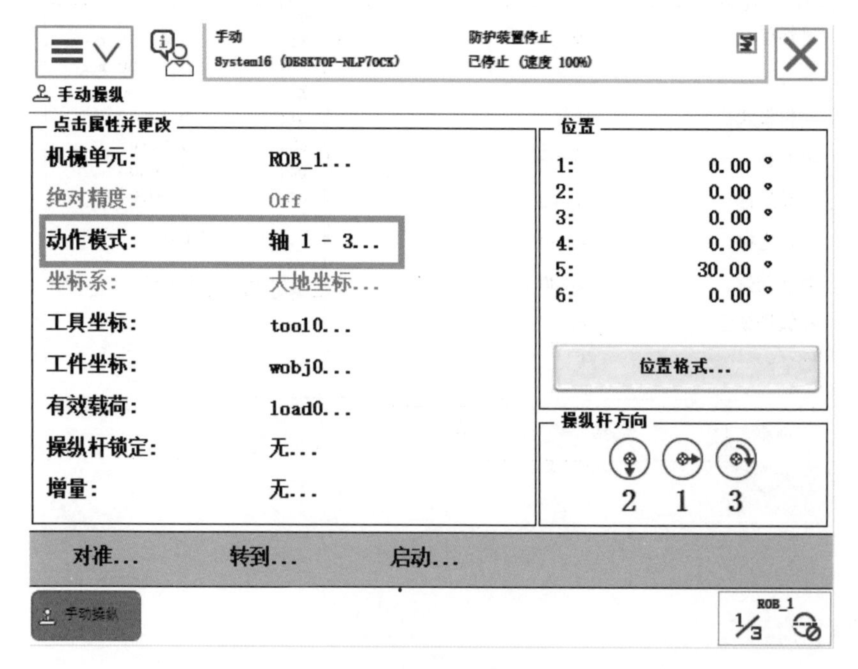

图 3-34　选择“动作模式”

④ 若需要动 1 ～ 3 轴，选中“轴 1-3”，并单击“确定”，如图 3-35 所示。

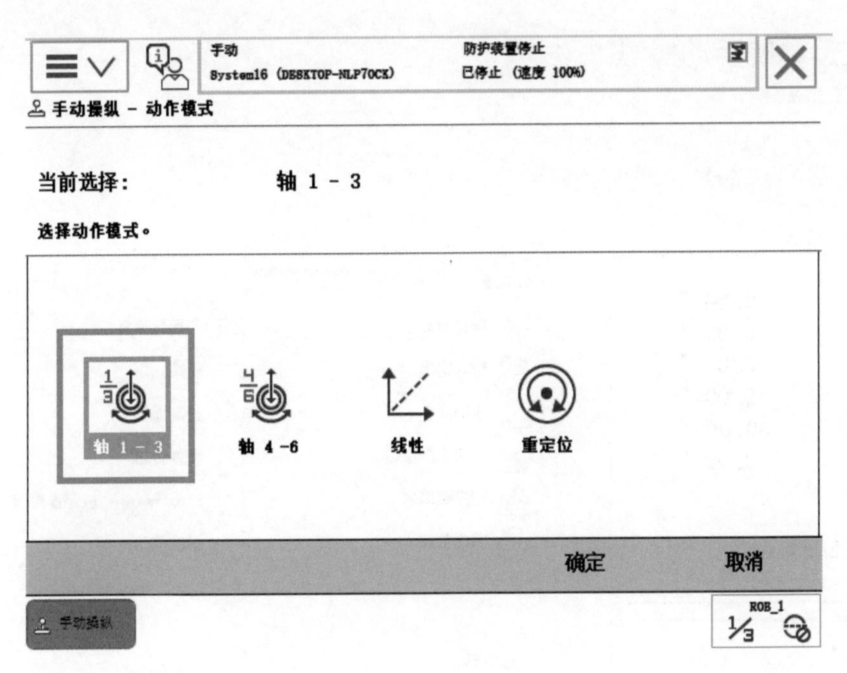

图3-35 选择动作模式“轴1-3”

⑤若需要动4～6轴，选中“轴4-6”，并单击“确定”，如图3-36所示。

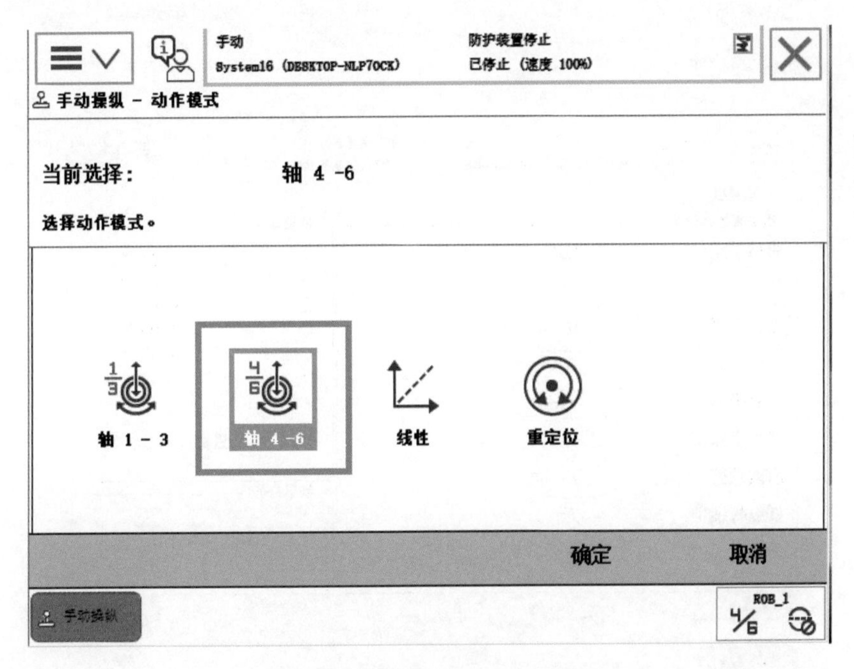

图3-36 选择动作模式“轴4-6”

注意：按下使能按钮，进入电机开启状态，操纵杆的操作幅度越大，机器人的动作速度越快。其中“操纵杆方向”栏中的箭头和数字代表各个轴运动时的正方向（见图3-37）。

3. 重定位运动的手动操纵

重定位运动的手动操纵步骤如下。

① 在主菜单中选择“手动操纵”，如图 3-38 所示。

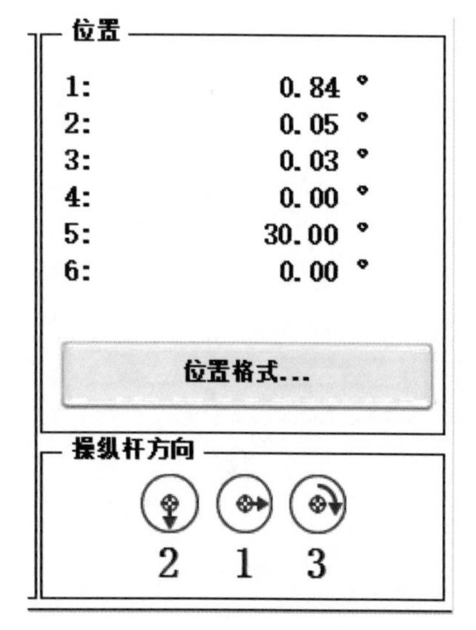

图 3-37 “操纵杆方向”

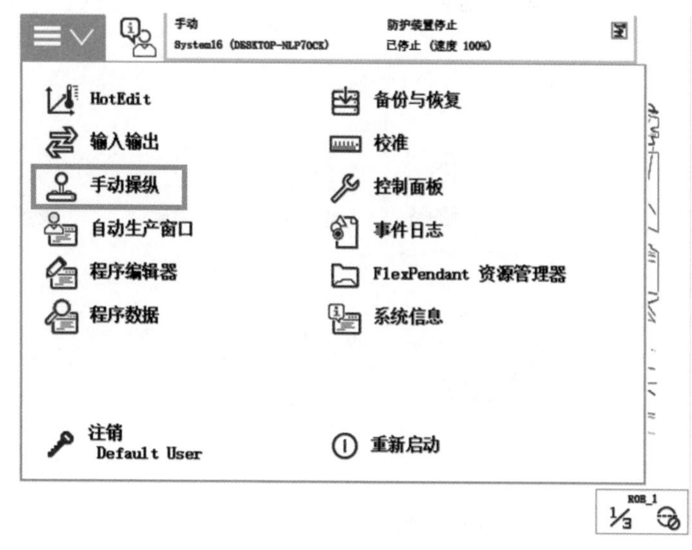

图 3-38 选择“手动操纵”

② 选择“动作模式”，如图 3-39 所示。

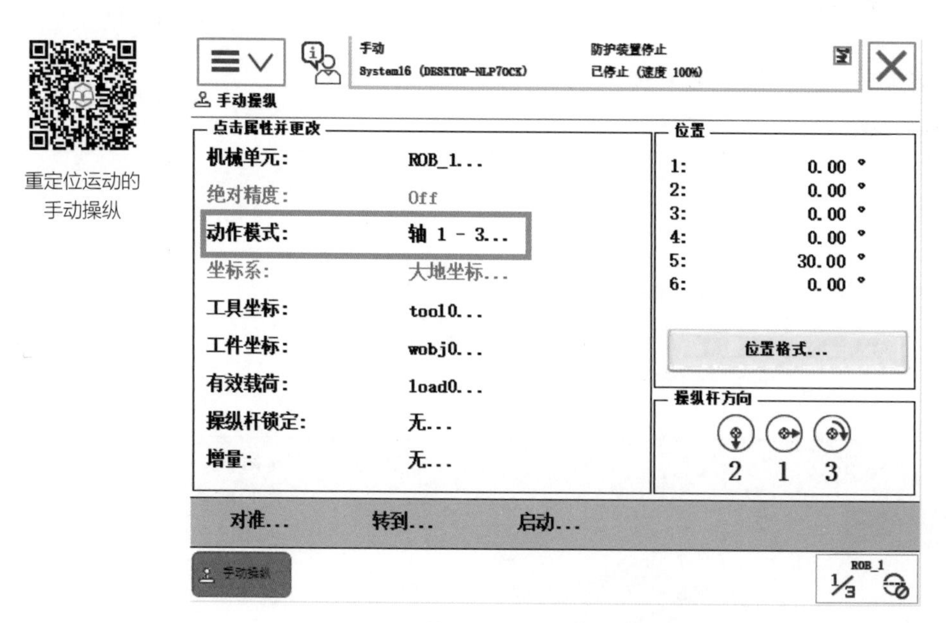

图 3-39 选择“动作模式”

③ 选中“重定位”，单击“确定”，如图 3-40 所示。

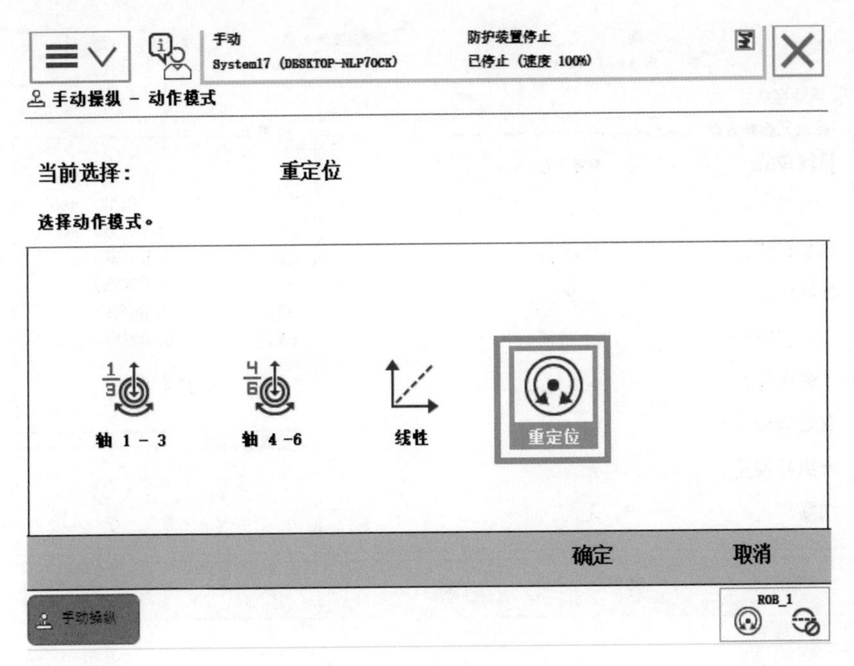

图 3-40　选择“重定位”界面

④ 坐标系选择“工具”，单击“确定”，如图 3-41 所示。

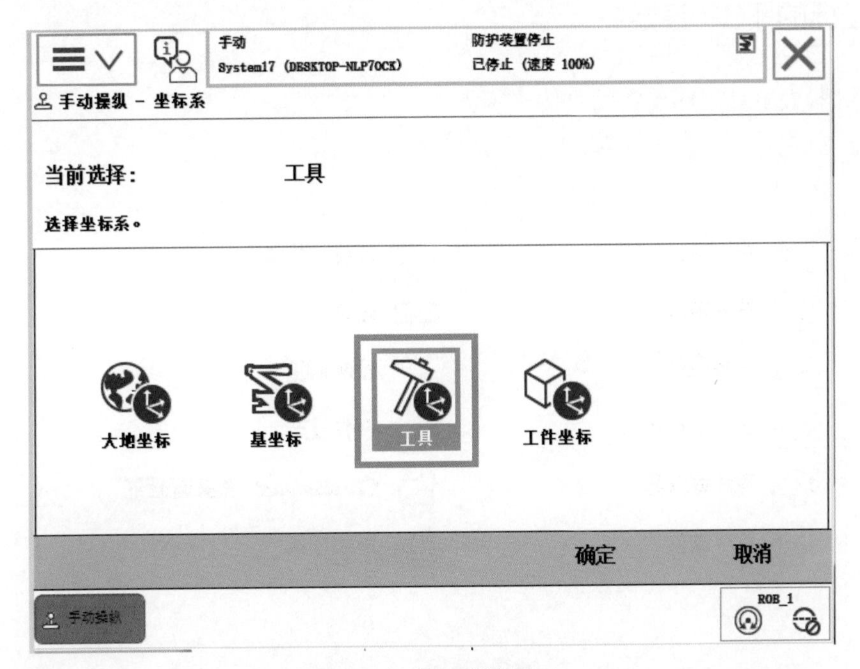

图 3-41　坐标系选择界面

⑤ 用左手按下使能按钮，进入电机开启状态，并在状态栏中单击“确定”。操作示教器上的操纵杆，使机器人绕着工具 TCP 做姿态调整的运动，如图 3-42 所示。

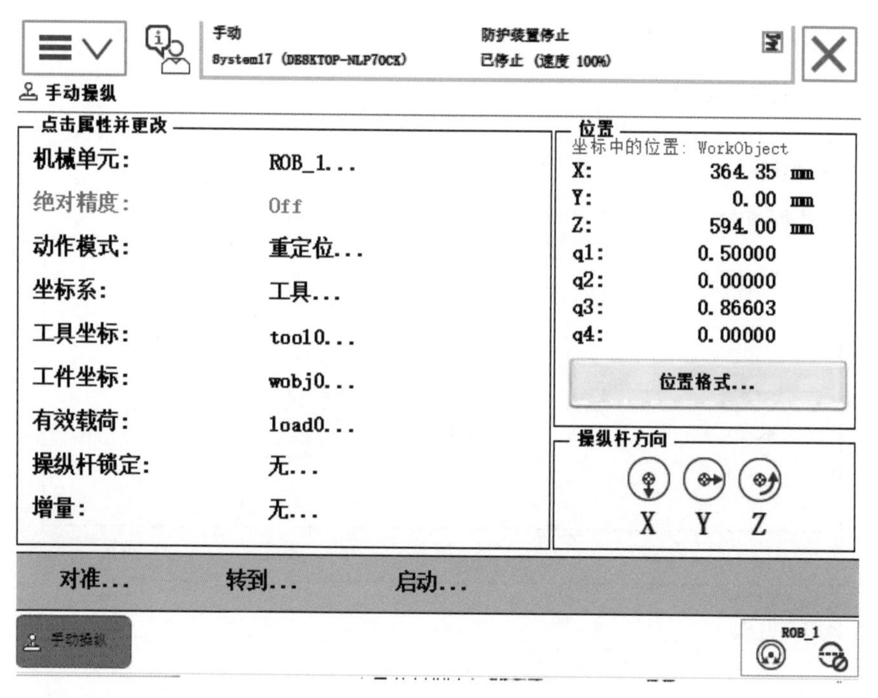

图 3-42 “操纵杆方向”界面

4. 工具坐标的 TCP 设定

ABB 机器人工具坐标设定的具体步骤如下。

① 打开主界面，单击“手动操纵”，如图 3-43 所示。

工具坐标的 TCP 设定

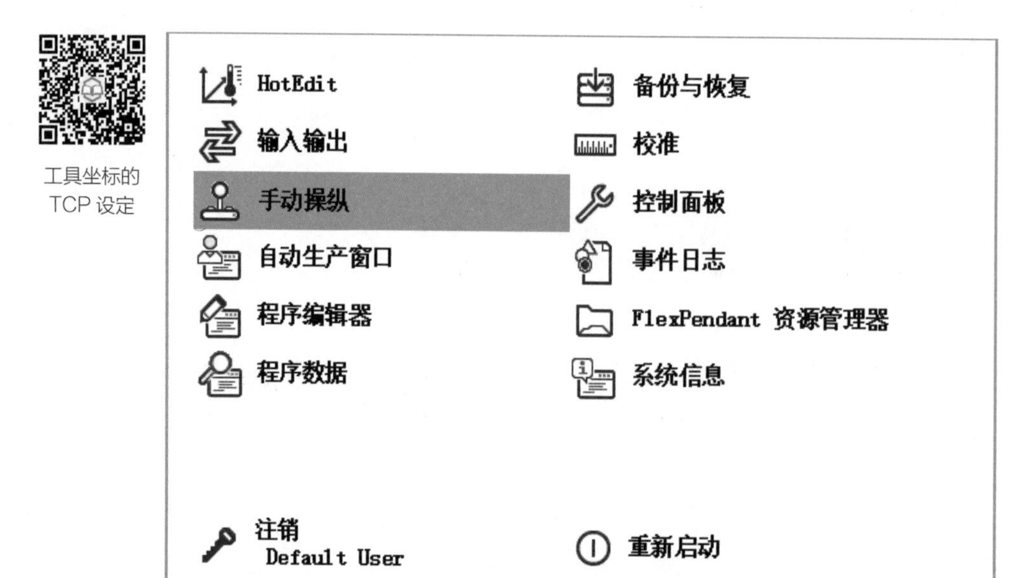

图 3-43 “手动操纵”选择

② 单击“工具坐标”，如图 3-44 所示。

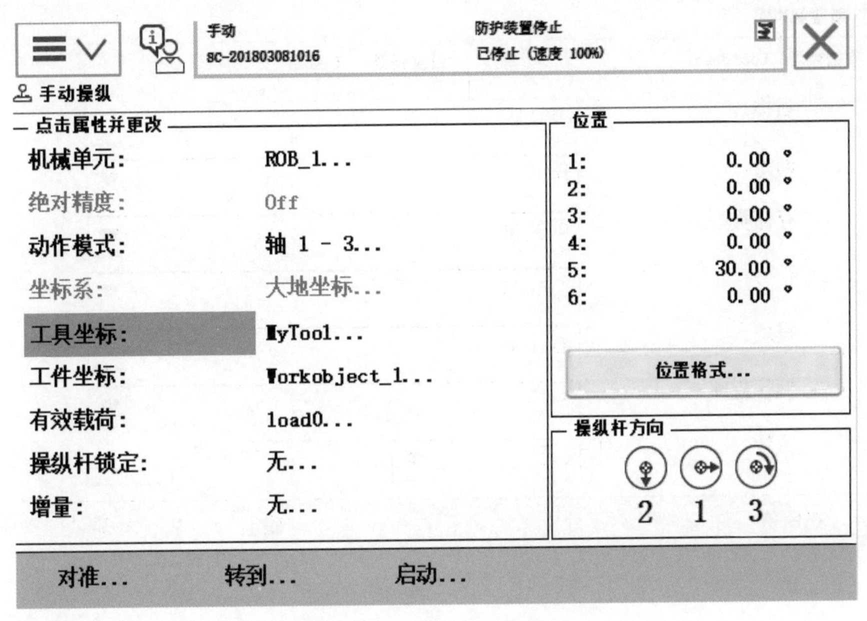

图 3-44 选择“工具坐标”

③ 单击“新建”，如图 3-45 所示。

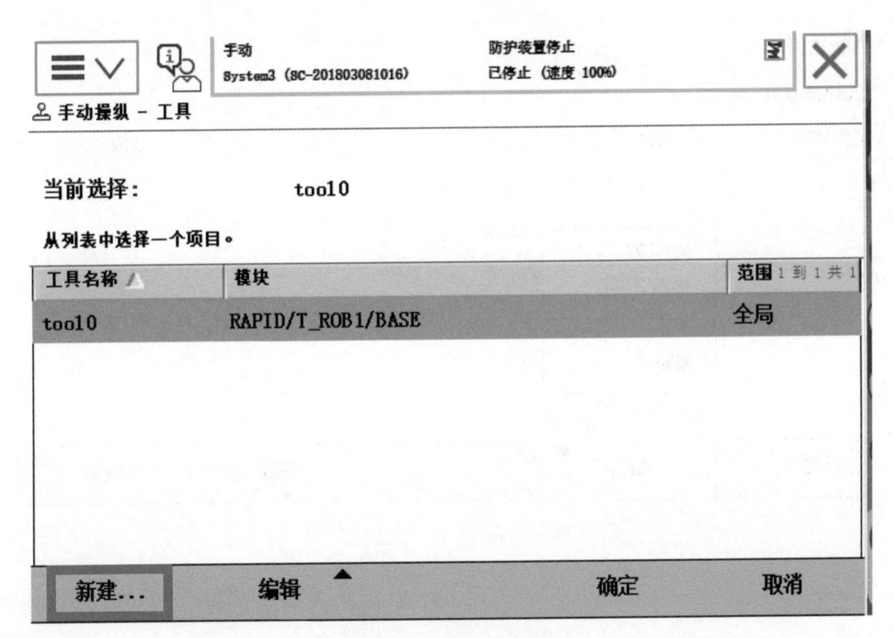

图 3-45 选择“新建”

④ 单击“确定”，如图 3-46 所示。

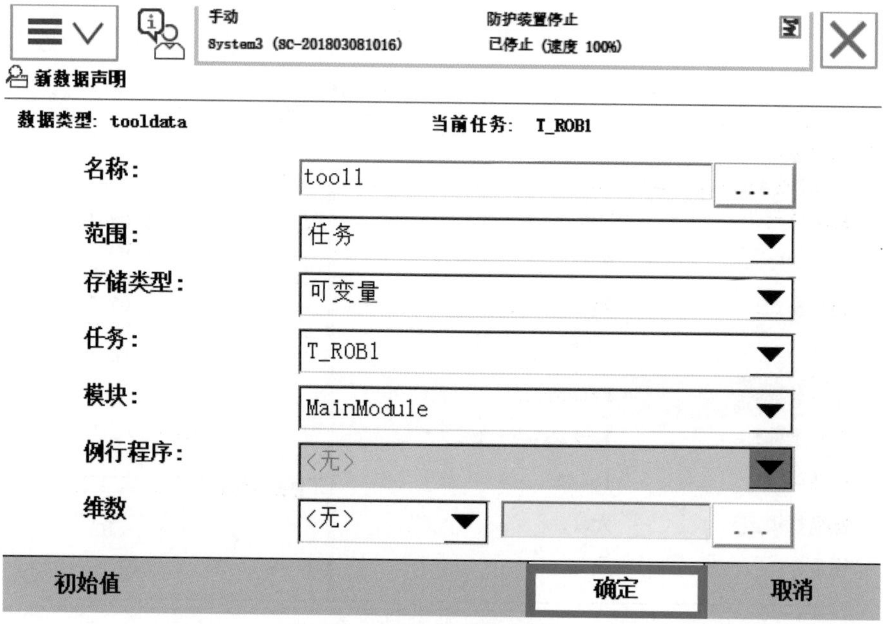

手动
System3 (SC-201803081016)
防护装置停止
已停止 (速度 100%)
新数据声明
数据类型: tooldata
当前任务: T_ROB1
名称:
tool1
范围:
任务
存储类型:
可变量
任务:
T_ROB1
模块:
MainModule
例行程序:
<无>
维数
<无>
初始值
确定
取消

图 3-46　新建工具坐标系 tool1

⑤ 点击“编辑”并选择“定义…”，如图 3-47 所示。

当前选择:
tool1
从列表中选择一个项目。
工具名称
模块
范围 1 到 3 共 3
MyTool
RAPID/T_ROB1/CalibData
全局
tool0
RAPID/T_ROB1/BASE
全局
tool1
/Module1
任务
更改值...
更改声明...
复制
删除
定义...
新建...
编辑
确定
取消

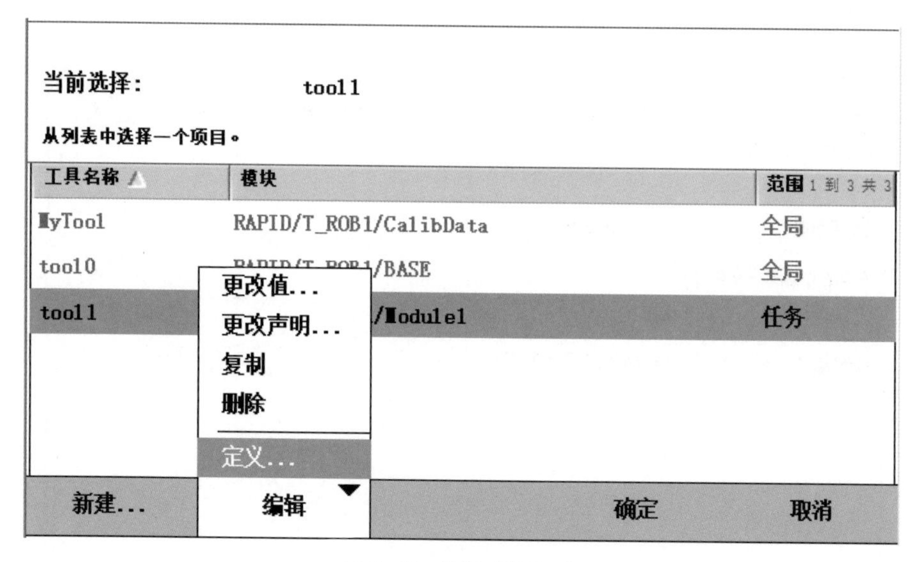

图 3-47　选择“定义…”

⑥ 在定义方法中选择“TCP 和 Z，X”，采用 6 点法来设定 TCP，如图 3-48 所示（以第三种方法为例）。

⑦ 按下使能器，操控机器人使工具参考点接触圆锥的 TCP 参考点，把当前位置作为第一点。确认点击“修改位置”，点 1 状态为“已修改”，如图 3-49 所示。

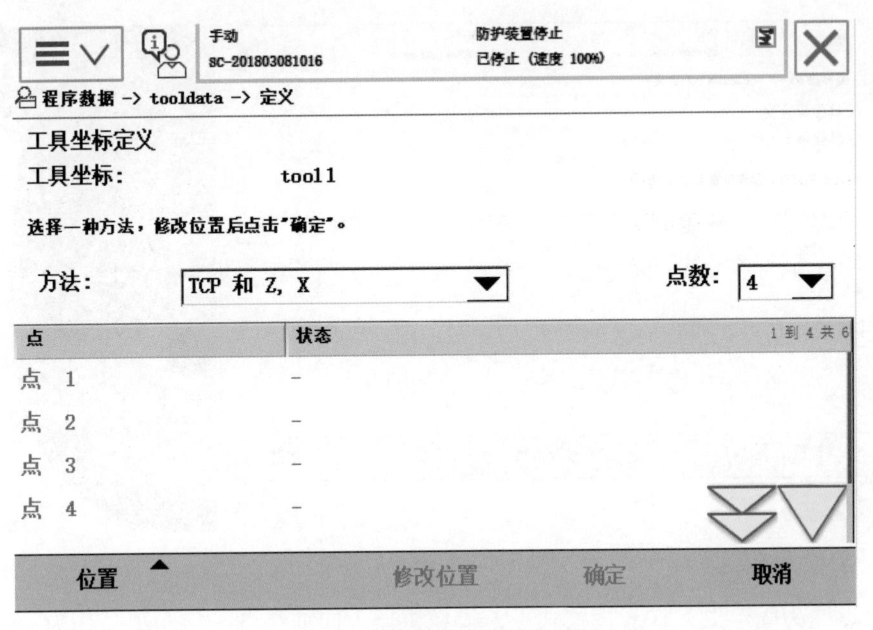

图 3-48　选择“TCP 和 Z，X”

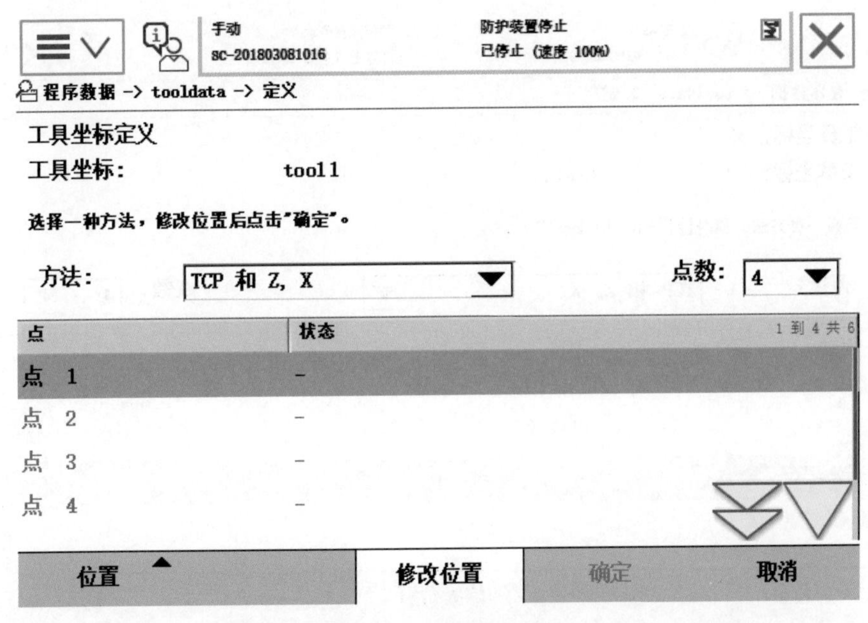

图 3-49　选择第一个点

⑧ 同理，操控机器人变换另一个姿态，使工具参考点靠近并接触上圆锥的 TCP 参考点，把当前位置作为第二点，如图 3-50 所示。

- 以此类推，操控机器人变换另一个姿态，使工具参考点靠近并接触上轨迹路线模块上的 TCP 参考点，把当前位置作为第三点。
- 以此类推，操控机器人变换另一个姿态，使工具参考点靠近并接触上轨迹路线模块上的 TCP 参考点，把当前位置作为第四点。

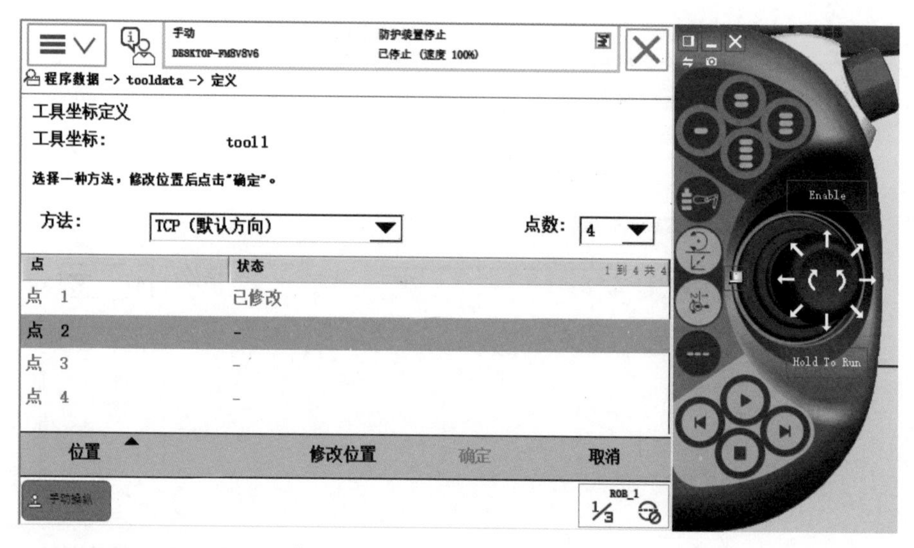

图 3-50　选择第二个点

⑨ 以点 3 为固定点，在线性模式下，操控机器人向前移动一定距离，作为 −*X* 方向，如图 3-51 所示。

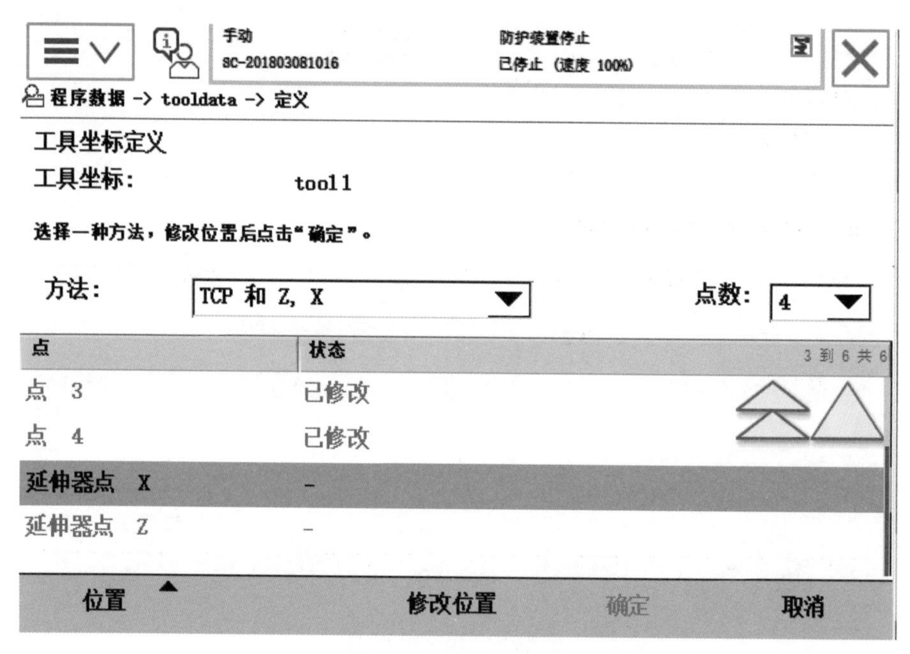

图 3-51　选择 −*X* 方向

⑩ 以点 3 为固定点，在线性模式下，操控机器人向上移动一定距离，作为 −*Z* 方向，如图 3-52 所示。

⑪ TCP 平均误差在 0.5mm 以内时，才可单击“确定”进入下一步，否则需要重新标定 TCP，误差显示如图 3-53 所示。

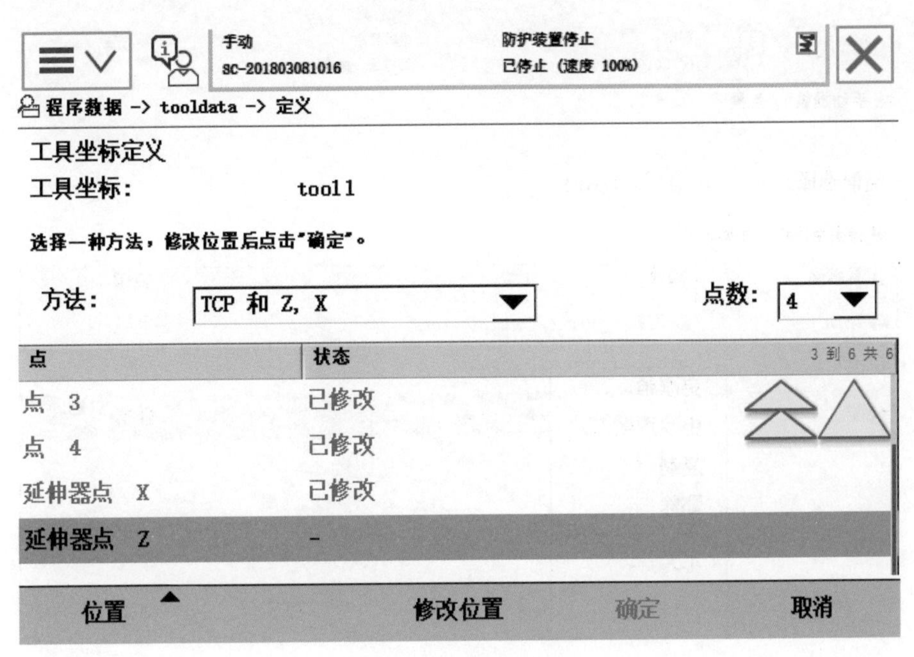

图 3-52 选择 -Z 方向

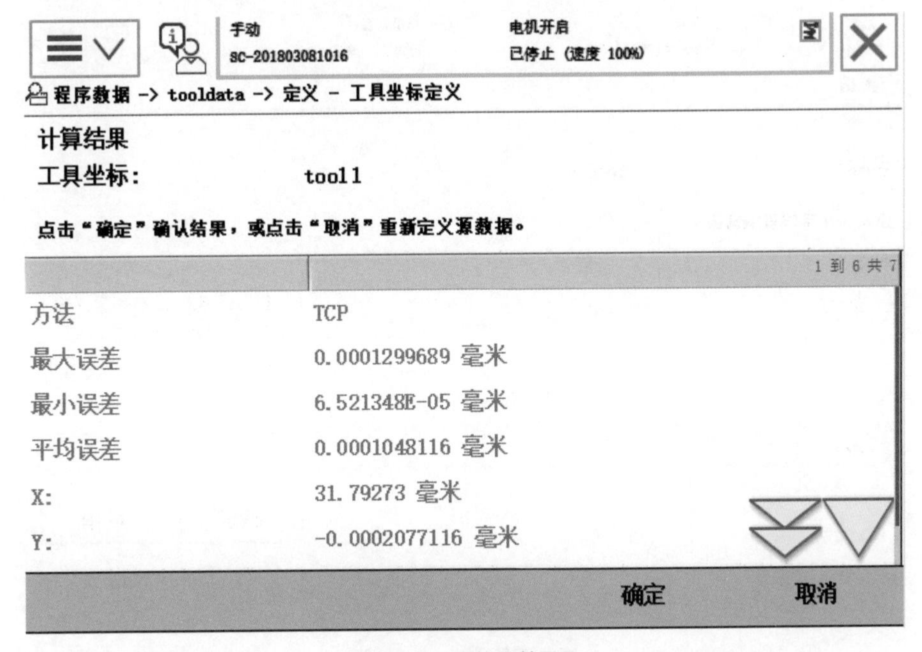

图 3-53 平均误差显示

⑫ 单击“tool1”，接着单击“编辑”，然后选择“更改值...”进入下一步，如图 3-54 所示。

⑬ 单击“mass”，在键盘中输入 1，单击“确定”，如图 3-55 所示。

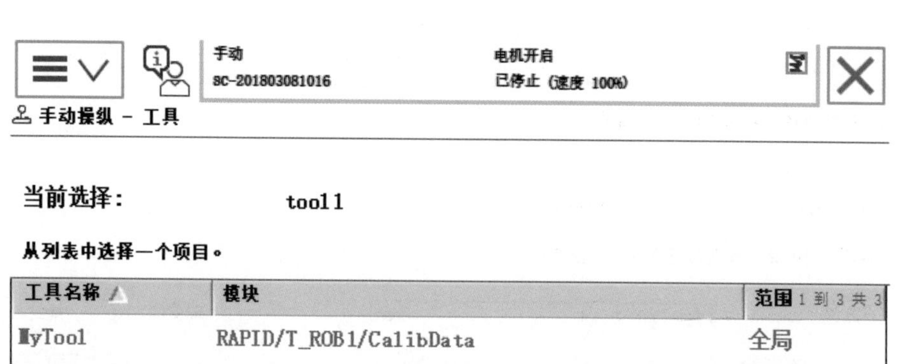

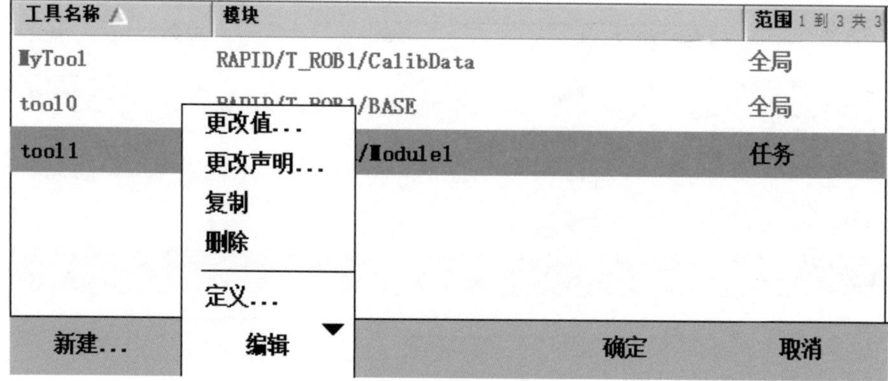

图 3-54　点击“更改值 ...”

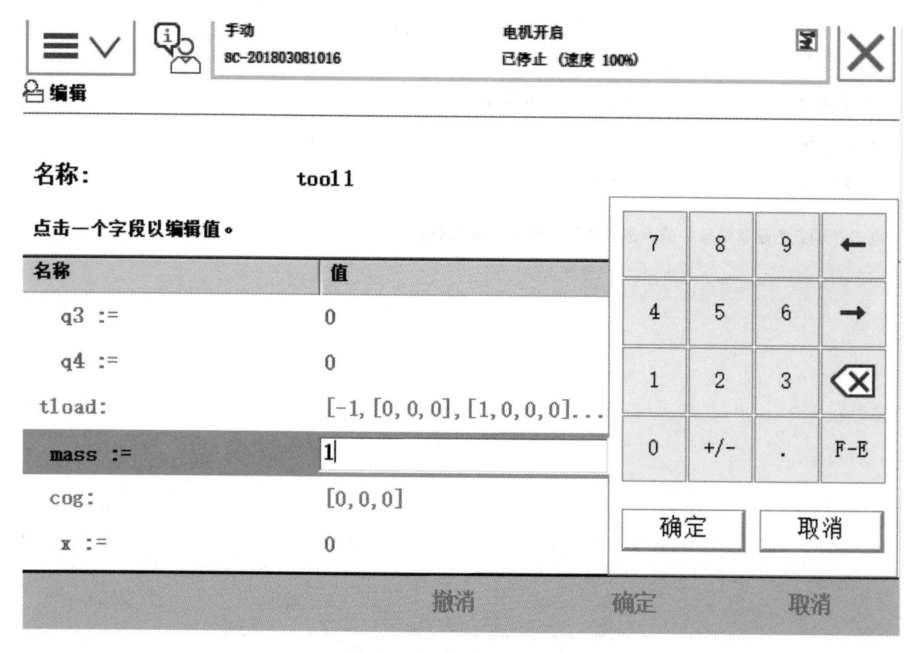

图 3-55　修改 mass 值

⑭ 将 z 的值更改为 38（可随意），然后单击“确定”，如图 3-56 所示。

⑮ 返回到工具坐标系界面，单击“确定”，即完成了 TCP 标定，如图 3-57 所示，并返回手动操纵界面。

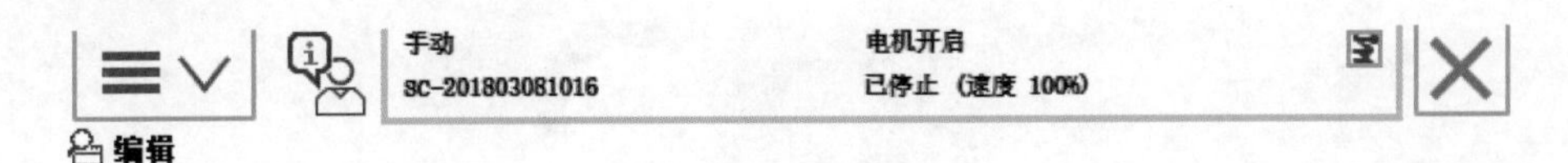

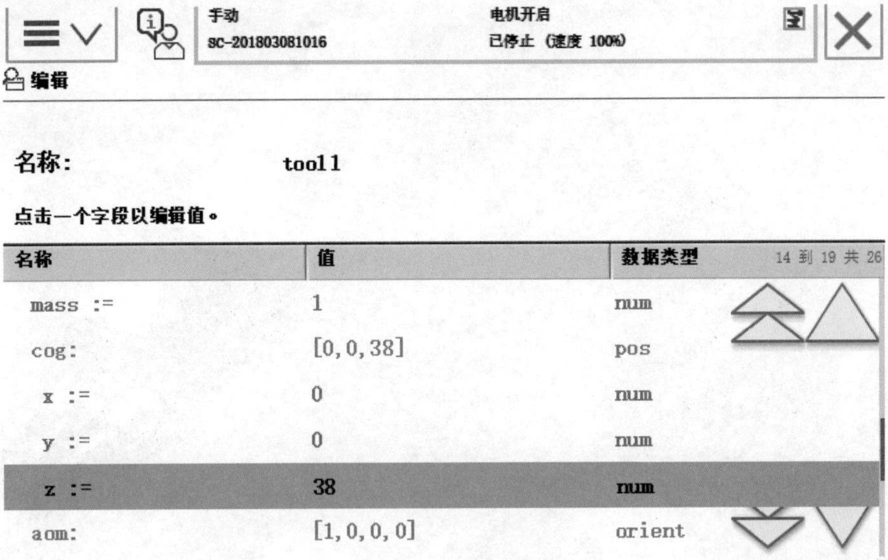

编辑

名称: tool1

点击一个字段以编辑值。

名称	值	数据类型 14 到 19 共 26
mass :=	1	num
cog:	[0,0,38]	pos
x :=	0	num
y :=	0	num
z :=	38	num
aom:	[1,0,0,0]	orient

图 3-56 修改 z 的值

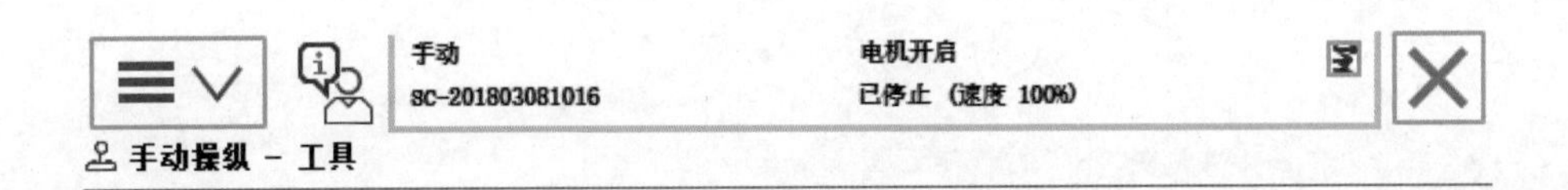

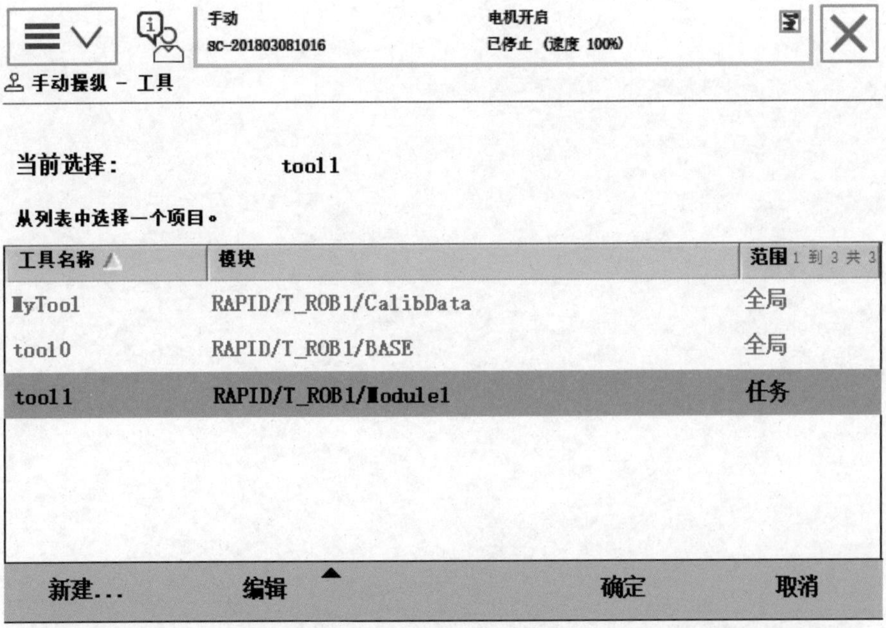

手动操纵 - 工具

当前选择: tool1

从列表中选择一个项目。

工具名称	模块	范围 1 到 3 共 3
MyTool	RAPID/T_ROB1/CalibData	全局
tool0	RAPID/T_ROB1/BASE	全局
tool1	RAPID/T_ROB1/Module1	任务

新建... 编辑 确定 取消

图 3-57 完成 TCP 标定界面

/Administration
/Legal
/Accounting
/Finance
/Marketing
/Publicity
/Promotion
/Research
/Business
/Development
/Engineering
/Manufacturing
/Planning

项目4 常用指令与函数

任务1 运动指令

任务2 工件坐标系的使用

任务3 条件判断指令

任务4 循环指令

任务5 特殊指令

任务 1 / 运动指令

任务描述

本任务介绍 MoveJ、MoveL、MoveC、MoveAbsj 等机器人常用运动指令的使用方法，并通过这些指令完成常规图形的绘制。

知识储备

1. 常用运动指令与函数

（1）MoveJ：关节运动指令

关节运动指令 MoveJ 用在对路径精度要求不高的情况下，将机器人 TCP 快速移动到给定目标点，运动的路径不一定是直线，如图 4-1 所示。

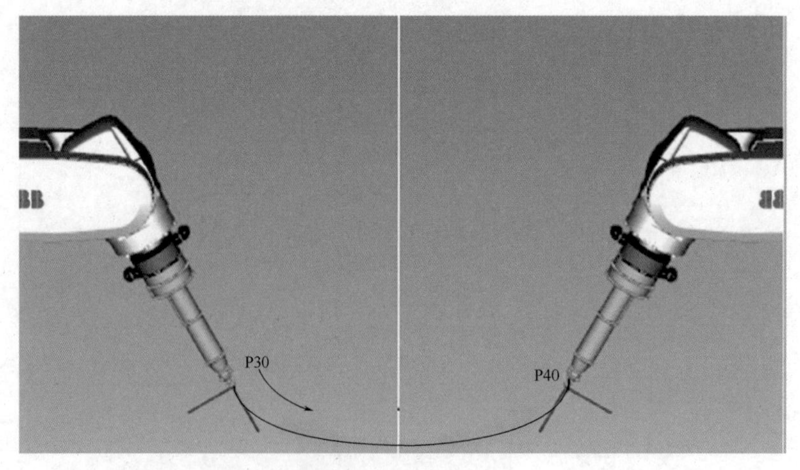

图 4-1　关节运动指令

关节运动指令 MoveJ 的格式如下。

```
MoveJ  p40, v500, z20, tool1\Wobj: =wobj1;
```

注：该处 Wobj：=wobj1 表示机器人采用的是 wobj1 工件坐标系。

指令解析见表 4-1。

表 4-1 关节运动指令程序解析

程序数据	说明
p40	机器人运动目标位置数据
v500	机器人运动速度为 500mm/s
z20	机器人运动转弯及数据，单位为 mm
tool1	机器人工作数据 TCP，定义当前指令使用的工具坐标

（2）MoveL：线性运动指令

线性运动指令 MoveL 用于将机器人 TCP 沿直线移动到给定目标点，一般用在焊接、涂胶等对路径精度要求较高的场合。如图 4-2 所示。

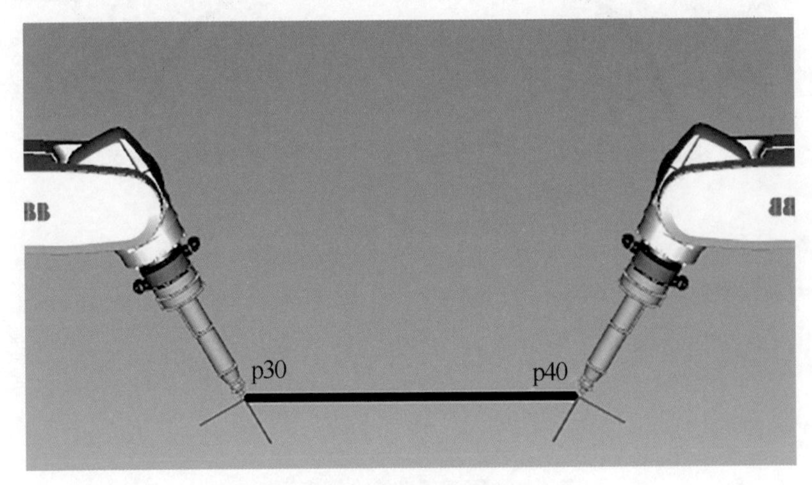

图 4-2 线性运动指令

线性运动指令 MoveL 的格式如下。

```
MoveL p40, v500, fine, tool1\Wobj: =wobj1;
```

指令解析见表 4-2。

表 4-2 线性运动指令程序解析

程序数据	说明
p40	机器人运动目标位置数据
v500	机器人运动速度为 500mm/s
fine	TCP 到达目标点，在目标点速度降为 0
tool1	机器人工作数据 TCP，定义当前指令使用的工具坐标

（3）MoveC：圆弧运动指令

圆弧运动指令 MoveC 用于绘制一段圆弧。该指令需要在机器人可到达的范围内定义三个位置点，第一个点是圆弧的起点，第二个点用于定义圆弧的曲率，第三个点是圆弧的终点。如图 4-3 所示。

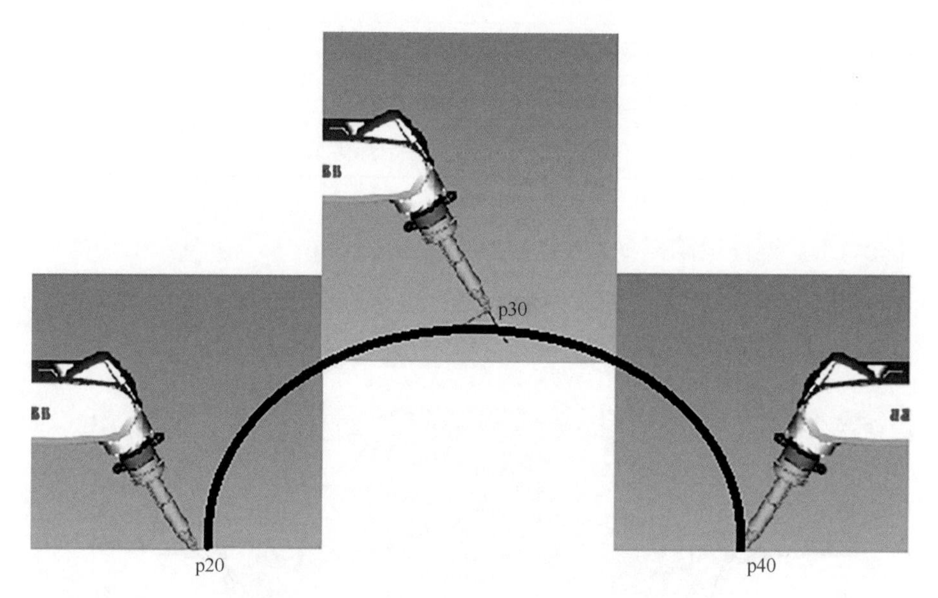

图 4-3　圆弧运动指令

圆弧运动指令 MoveC 的格式如下。

```
MoveL p20, v500, fine, tool1\Wobj: =wobj1;
MoveC p30, p40, v500, z1, tool1\Wobj: =wobj1;
```

指令解析见表 4-3。

表 4-3　圆弧运动指令程序解析

程序数据	说明
p20	圆弧的第一个点
p30	圆弧的第二个点
p40	圆弧的第三个点

（4）MoveAbsj：绝对运动指令

绝对运动指令 MoveAbsj 使用六个内轴和外轴的角度值来定义机器人的目标位置数据，如图 4-4 所示。

例如，定义一个 jointtarget 类型的 home 点。

```
CONST jointtarget
home:=[[0,0,0,0,30,0],[9E+09,9E+09,9E+09,9E+09,9E+09,9E+09]];
```

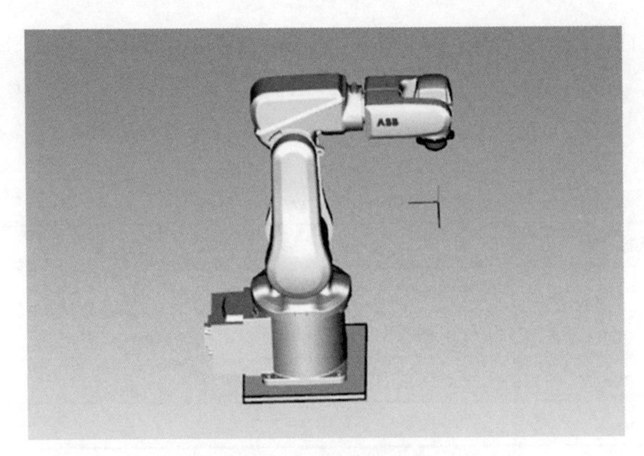

图 4-4　绝对运动指令

上述关节目标点数据中 J5（第五轴）为 30°，其他轴都为 0°。

绝对运动指令 MoveAbsj 的格式如下。

```
MoveAbsj home\NoEOffs, v500, z20, tool1\Wobj:=wobj1;
```

则机器人运动至第五轴为 30°，其他轴都为 0°。

指令解析见表 4-4。

表 4-4　绝对运动指令程序解析

程序数据	说明
home	机器人运动目标位置数据
\NoEOffs	外轴不带偏移数据
v500	机器人运动速度为 500mm/s
z20	机器人运动转弯区数据，单位为 mm
tool1	机器人工作数据 TCP，定义当前指令使用的工具坐标

2. 时间等待指令

时间等待指令 WaitTime 用于程序在等待一个指定的时间以后，再继续向下执行。示例程序如下。

```
WaitTime 4;
MoveL p20, v500, fine, tool1\Wobj:=wobj1;
```

程序解析：等待 4s 以后，程序向下执行 MoveL 指令。

3. 偏移函数

（1）Offs 函数

Offs 指令用来对机器人位置进行偏移，该指令所使用的坐标系与机器人当前工件坐标系一致。

以“MoveL Offs(P10,100,50,0),v100,⋯；”为例，该语句的含义为，在P10点基础上，按照当前的工件坐标系方向，将TCP移动到距离P10点*X*轴偏差量为100mm、*Y*轴偏差量为50mm、*Z*轴偏差量为0的位置。Offs指令相关参数解释如表4-5所示。

表4-5　Offs指令程序解析

名称	数据类型	说明
Point	robtarget	有待移动的位置数据
XOffset	num	工件坐标系中*x*方向的位移
YOffset	num	工件坐标系中*y*方向的位移
ZOffset	num	工件坐标系中*z*方向的位移

（2）RelTool函数

RelTool指令用来对工具的位置和姿态进行偏移或调整。与Offs指令不同的是，RelTool指令所使用的坐标系与机器人当前的工具坐标系一致。

以“Re1Too1(P10,100,50,0\Rx:=30\Ry:=-60\Rz:=45)”为例，该语句的含义为，在P10点基础上，按照当前的工具坐标系方向，将当前的TCP沿*X*轴偏移100m，*Y*轴偏移50mm，*Z*轴偏移0，*X*轴偏转30°，*Y*轴偏转-60°，*Z*轴偏转45°的位置。RelTool指令相关参数解释如表4-6所示。

表4-6　RelTool指令程序解析

名称	数据类型	说明
Point	robtarget	当前的TCP位置
Dx	num	工具坐标系*x*方向的位移
Dy	num	工具坐标系*y*方向的位移
Dz	num	工具坐标系*z*方向的位移
[\Rx]	num	围绕工具坐标系*x*轴的旋转角度
[\Ry]	num	围绕工具坐标系*y*轴的旋转角度
[\Rz]	num	围绕工具坐标系*z*轴的旋转角度

1. 绘制一个长方形

通过机器人基本运动指令的学习，结合偏移函数指令的应用，完成一个长方形的绘制，如图4-5所示。

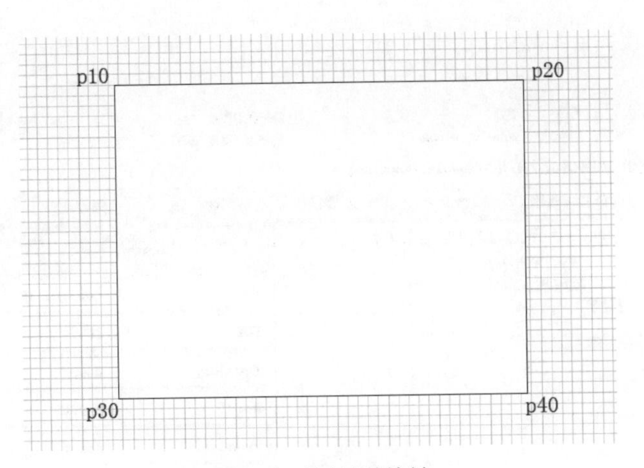

图 4-5　长方形的绘制

（1）任务分析

要完成该任务中长方形的绘制，需要通过以下 4 个基本步骤来完成：

① 机器人拾取涂胶工具。

② 示教长方形的四个顶点（图中 4-5 所标识的 p10、p20、p30、p40）。

③ 机器人绘制图形程序的设计。

④ 机器人放下涂胶工具。

（2）操作步骤

① 在主菜单操作界面中单击“程序编辑器”，如图 4-6 所示。

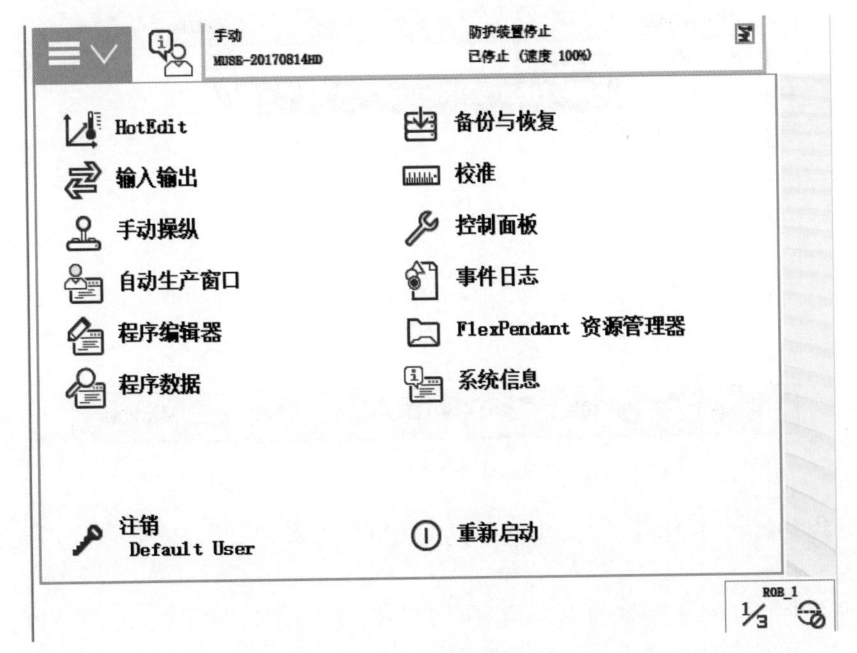

图 4-6　操作界面

② 在例行程序里点击“添加指令”并找到 Set 指令，如图 4-7 所示。

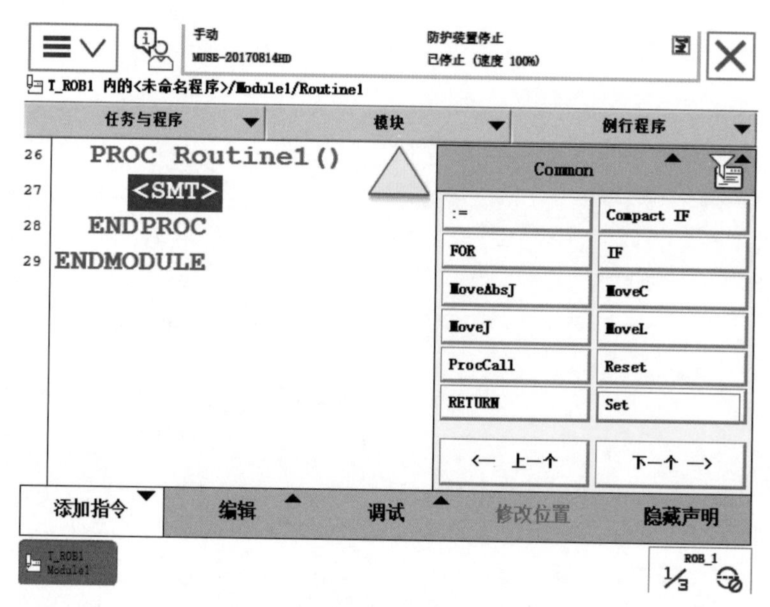

图 4-7　Set 指令

③ 利用 Set 指令将快换信号（HandChange_Start）置位为 1，拾取涂胶工具，如图 4-8 所示。

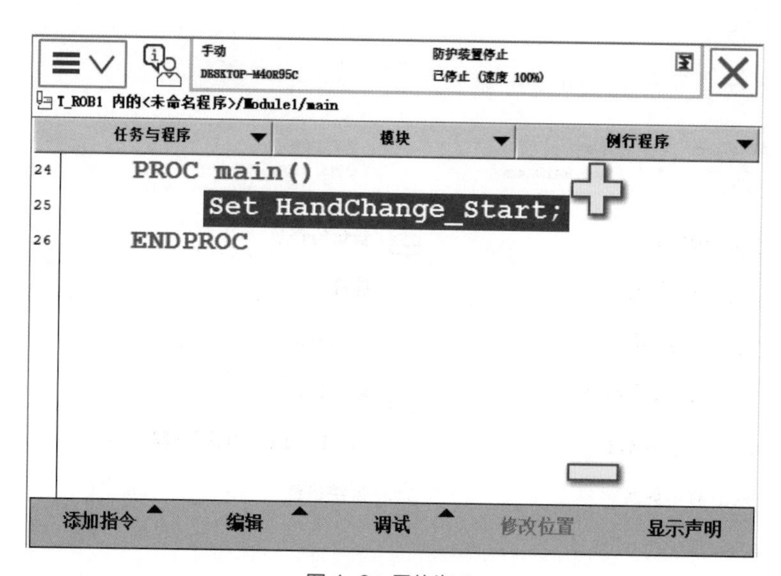

图 4-8　置位为 1

④ 利用 Reset 指令将快换信号（HandChange_Start）置位为 0，放下涂胶工具，如图 4-9 所示。

⑤ 创建 5 个 robtarget 类型的点，其中四个为长方形的顶点 (p10、p20、p30、p40)，一个为涂胶笔点（tjb），并对以上点进行示教，如图 4-10 所示。

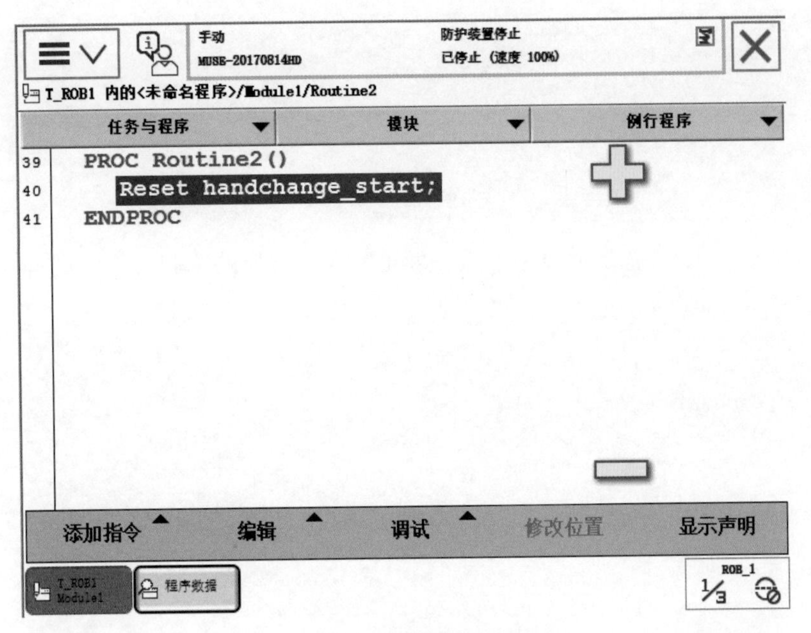

图 4-9　置位为 0

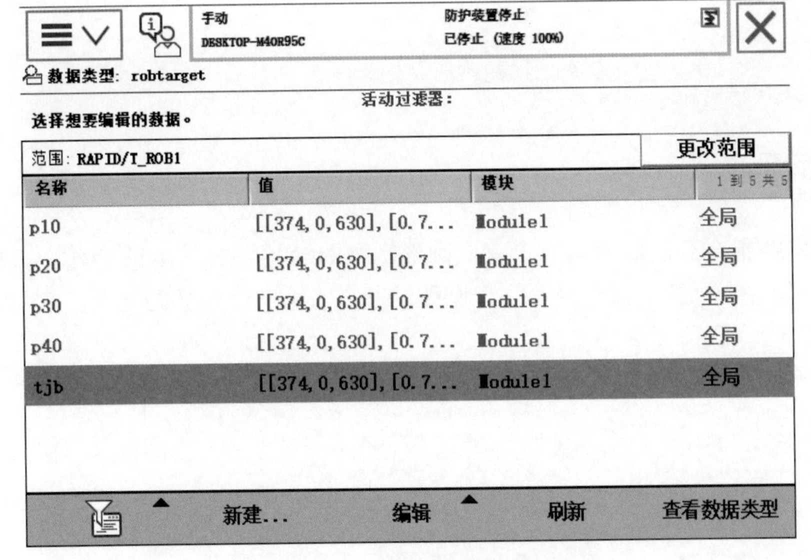

图 4-10　长方形各顶点与涂胶笔点

⑥ 通常，可以利用示教的长方形四个顶点来绘制长方形，具体的程序代码如下：

```
PROC changfang()
        MoveAbsJ HOME\NoEOffs, v1000, fine, tool0;      ! 机器人移动到 Home 点位置
        MoveL tjb, v400, fine, tool0;                   ! 机器人移动到 tjb 点位置
        Set HandChange_Start;                           ! 利用 Set 指令拾取涂胶笔
        MoveAbsJ HOME\NoEOffs, v1000, fine, tool0;      ! 机器人移动到 Home 点位置
        MoveL p10, v400, fine, tool0;                   ! 机器人移动到 p10 点位置
        MoveL p20, v400, fine, tool0;                   ! 机器人移动到 p20 点位置
        MoveL p30, v400, fine, tool0;                   ! 机器人移动到 p30 点位置
```

```
        MoveL p40, v400, fine, tool0;                     ! 机器人移动到 p40 点位置
        MoveL p10, v400, fine, tool0;                     ! 机器人移动到 p10 点位置
        MoveAbsJ HOME \NoEOffs, v1000, fine, tool0;       ! 机器人移动到 Home 点位置
        MoveL tjb, v400, fine, tool0;                     ! 机器人移动到 tjb 点位置
        ReSet HandChange_Start;                           ! 利用 ReSet 指令放下涂胶笔
        MoveAbsJ HOME \NoEOffs, v1000, fine, tool0;       ! 机器人移动到 Home 点位置
ENDPROC
```

⑦ 利用 Offs，可以只需要示教一个点，即可完成长方形的绘制，具体的程序代码如下：

```
PROC changfang()
        MoveAbsJ HOME\NoEOffs, v1000, fine, tool0;        ! 机器人移动到 Home 点位置
        MoveL tjb, v400, fine, tool0;                     ! 机器人移动到 tjb 点位置
        Set HandChange_Start;                             ! 利用 Set 指令拾取涂胶笔
        MoveAbsJ HOME\NoEOffs, v1000, fine, tool0;        ! 机器人移动到 Home 点位置
        MoveL p10, v400, fine, tool0;                     ! 机器人移动到 p10 点位置
        MoveL offs(p10, 100, 0, 0), v400, fine, tool0;
        ! 机器人移动到 p10 点 X 轴偏移 100mm 位置
        MoveL offs(p10, 100, -50, 0), v400, fine, tool0;
        ! 机器人移动到 p10 点 X 轴偏移 100mm、Y 轴偏移 -50mm 位置
        MoveL offs(p10, 0, -50, 0), v400, fine, tool0;
        ! 机器人移动到 p10 点 Y 轴偏移 -50mm 位置
        MoveL p10, v400, fine, tool0;                     ! 机器人移动到 p10 点位置
        MoveAbsJ HOME \NoEOffs, v1000, fine, tool0;       ! 机器人移动到 Home 点位置
        MoveL tjb, v400, fine, tool0;                     ! 机器人移动到 tjb 点位置
        ReSet HandChange Start;                           ! 利用 ReSet 指令放下涂胶笔
        MoveAbsJ HOME\NoEOffs, v1000, fine, tool;         ! 机器人移动到 Home 点位置
ENDPROC
```

2. 绘制一个圆形

通过 MoveC 指令绘制两段圆弧，完成圆形图案的绘制，如图 4-11 所示。其中，第二个圆弧的起点为第一个圆弧的终点，第一个圆弧的起点为第二个圆弧的终点。

绘制圆形

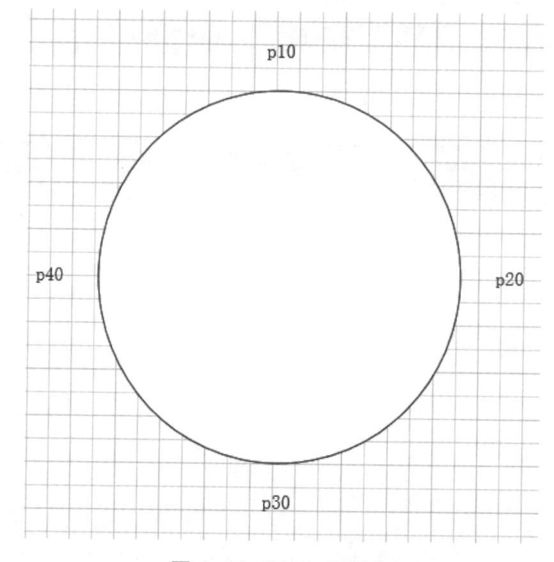

图 4-11　MoveC 指令

要完成该任务中圆的绘制，需要在圆形图案上均布示教 4 个点，然后编写程序，具体如下。

① 在程序数据中创建四个点，并进行示教，如图 4-12 所示。

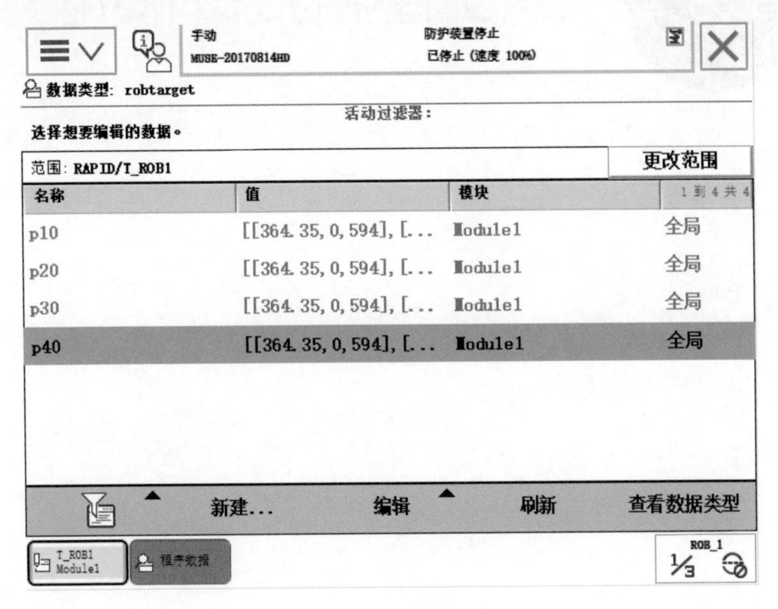

图 4-12 创建四个点

② 利用两种不同的方法完成圆形的绘制，参考程序如下。

方法一

```
PROC yuan()
        MoveAbsJ HOME\NoEOffs, v1000, fine, tool0;        ! 机器人移动到 Home 点位置
        MoveL p10, v500, fine, tool0;                     ! 机器人移动到 p10 点位置
        WaitTime 2;                                       ! 等待时间 2 秒
        MoveC p20, p30, v40, z20, tool0;                  ! 机器人移动到圆弧 p20、p30 点位置
        WaitTime 2;                                       ! 等待时间 2 秒
        MoveC p30, p40, v40, z20, tool0;                  ! 机器人移动到圆弧 p30、p40 点位置
        WaitTime 2;                                       ! 等待时间 2 秒
        MoveC p40, p10, v40, z20, tool0;                  ! 机器人移动到圆弧 p40、p10 点位置
        WaitTime 2;                                       ! 等待时间 2 秒
        MoveAbsJ HOME \NoEOffs, v1000, fine, tool0;       ! 机器人移动到 Home 点位置
ENDPROC
```

方法二

```
PROC yuan()
        MoveAbsJ HOME\NoEOffs, v1000, fine, tool0;            ! 机器人移动到 Home 点位置
        MoveL p10, v500, fine, tool0;                         ! 机器人移动到 p10 点位置
        WaitTime 2;                                           ! 等待时间 2 秒
        MoveC offs(p10, 50, 50, 0), offs(p10, 100, 0, 0), v40, z20, tool0;
        ! 机器人移动到 p10 点 X 轴偏移 50mm、Y 轴偏移 50mm, p10 点 X 轴偏移 100mm 位置
        WaitTime 2;                                           ! 等待时间 2 秒
        MoveC offs(p10, 50, -50, 0),p10, v40, z20, tool0;
        ! 机器人移动到圆弧机器人移动到 p10 点 X 轴偏移 50mm、Y 轴偏移 -50mm, p10 点位置
        MoveAbsJ HOME \NoEOffs, v1000, fine, tool0;           ! 机器人移动到 Home 点位置
ENDPROC
```

任务 2 工件坐标系的使用

任务描述

本任务介绍创建工件坐标系的方法，并通过使用工件坐标系完成两个全等长方形的绘制。

知识储备

创建工件坐标系

（1）工件坐标系的设定方法

设定工件坐标系时，通常采用 3 点法。其设定原理如图 4-13 所示。

① 手动操纵机器人，在工件表面或边缘角的位置找到一点 X1，作为工件坐标系的原点。

② 手动操纵机器人，沿着工件表面或边缘找到一点 X2，X1、X2 确定工件坐标系的 x 轴的正方向。X1 和 X2 距离越远，定义的坐标系轴向越精确。

③ 手动操纵机器人，在 xy 平面上 y 值为正的方向找到一点 Y1，确定坐标系 y 轴的正方向。

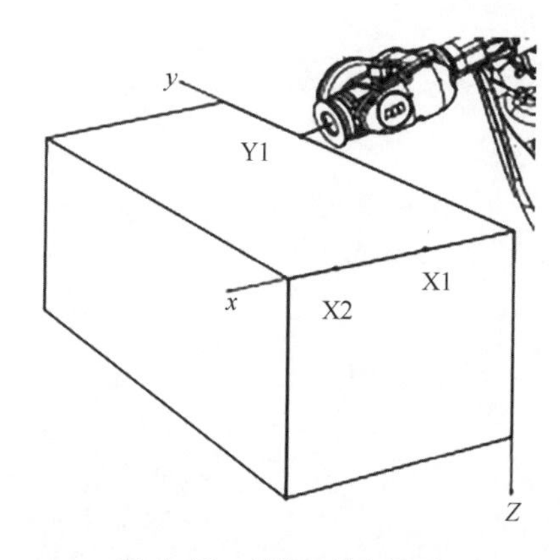

图 4-13　创建工件坐标系

（2）ABB 机器人工件坐标系设定的具体操作

① 在“手动操纵”面板中选择“工件坐标”，如图 4-14 所示。

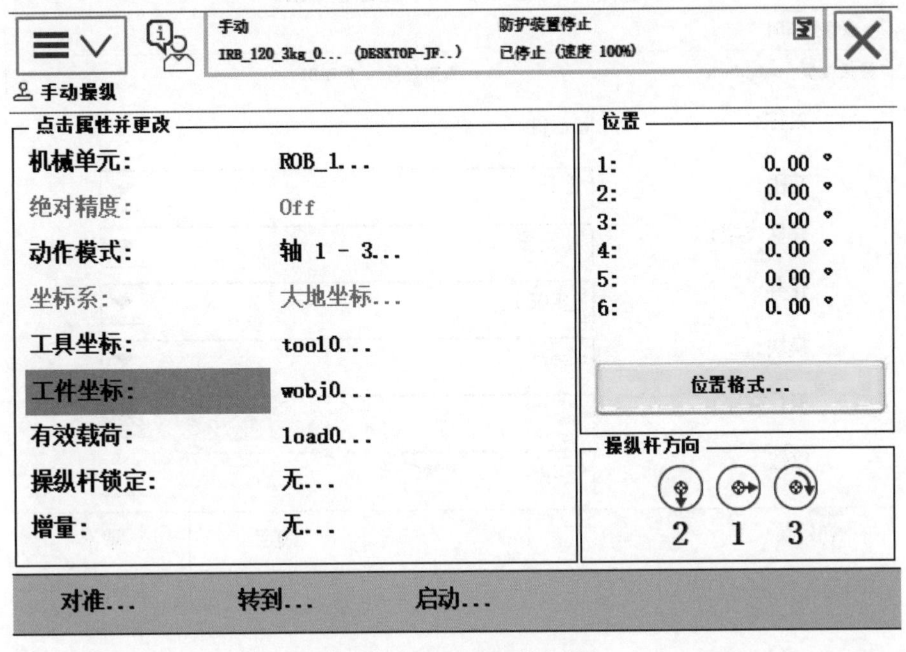

图 4-14 “手动操纵”面板

② 单击“新建 ...”，如图 4-15 所示。

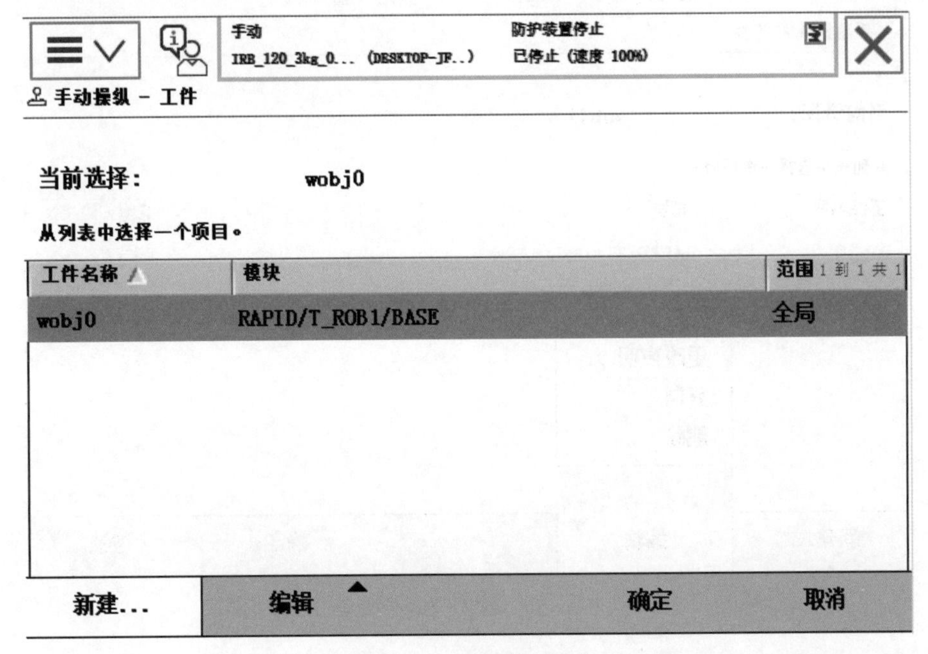

图 4-15 选择“新建 ...”

③ 完成对工件数据属性的设定后，单击“确定”，如图 4-16 所示。

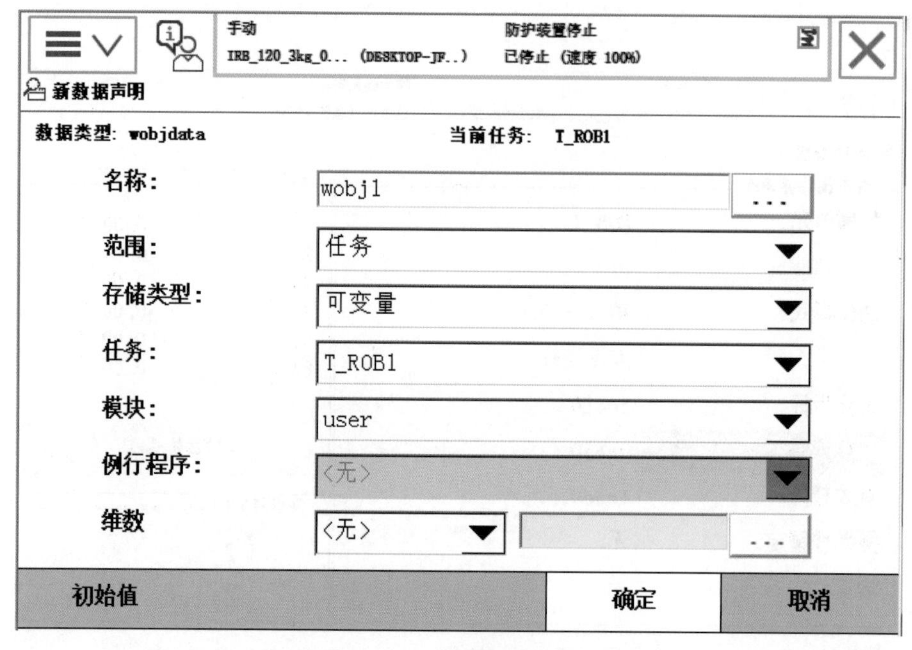

图 4-16　对工件数据属性进行设定

④ 打开“编辑”菜单，选择“定义 ...”，如图 4-17 所示。

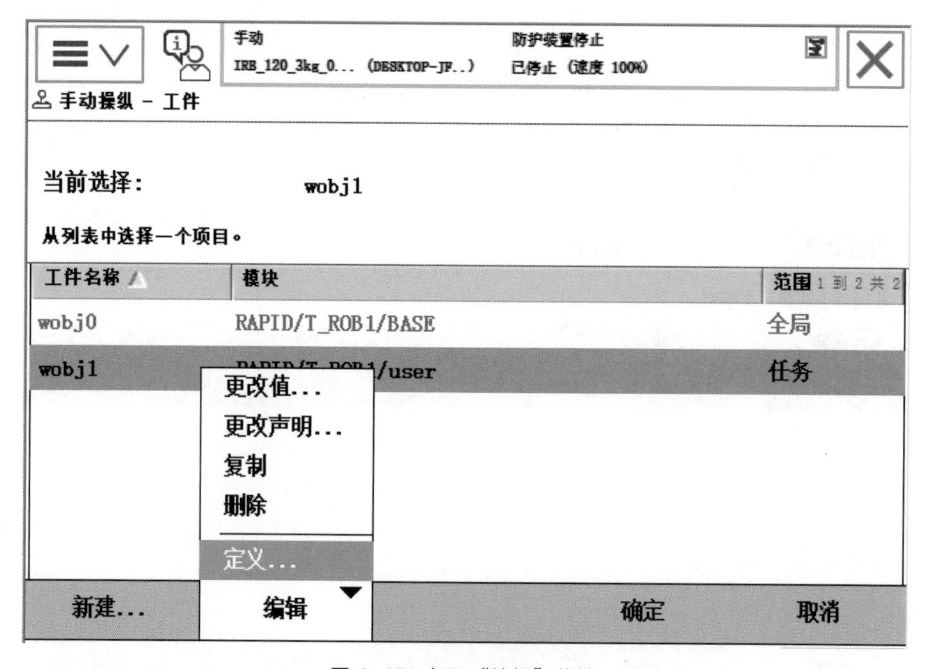

图 4-17　打开“编辑”菜单

⑤ 在显示的工件坐标定义界面中，将用户方法设定为“3 点”，如图 4-18 所示。

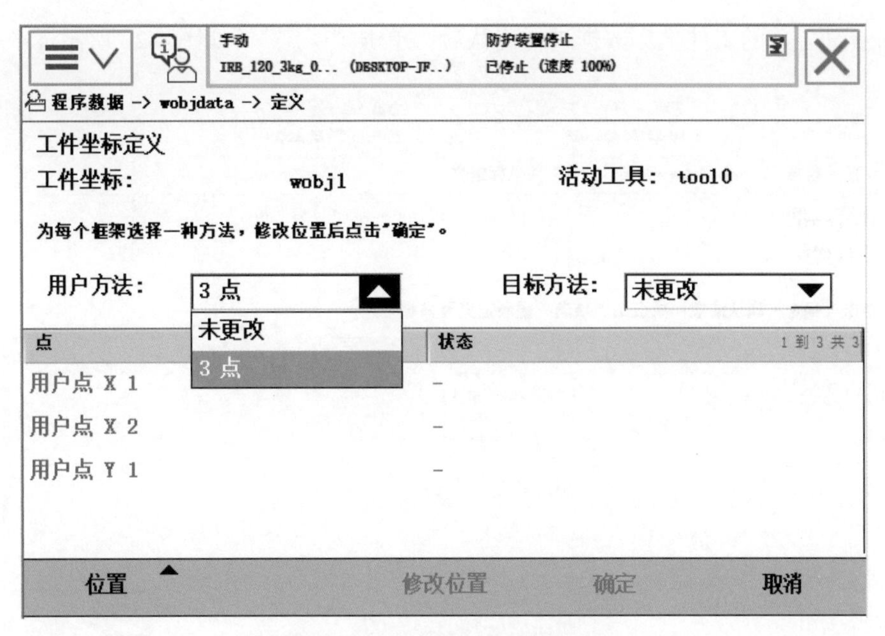

图 4-18　显示的工件坐标定义界面

⑥ 手动操纵机器人的工具参考点靠近定义工件坐标的 X1 点。选中界面中“用户点 X1”，单击“修改位置”，将 X1 点记录下来，如图 4-19 所示。

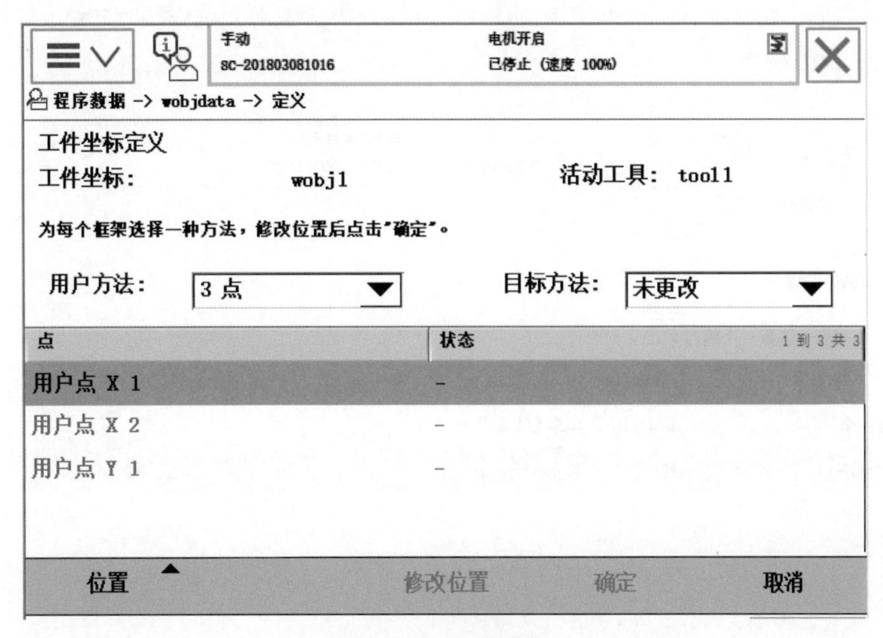

图 4-19　修改位置

⑦ 手动操纵机器人的工具参考点靠近定义工件坐标的 X2 点，在示教器中完成位置修改。

⑧ 手动操纵机器人的工具参考点靠近定义工件坐标的 Y1 点，在示教器中完成位置修改。三点位置修改完成，在窗口中单击“确定”。

⑨ 对自动生成的工件坐标数据进行确认后，单击“确定”，如图 4-20 所示。

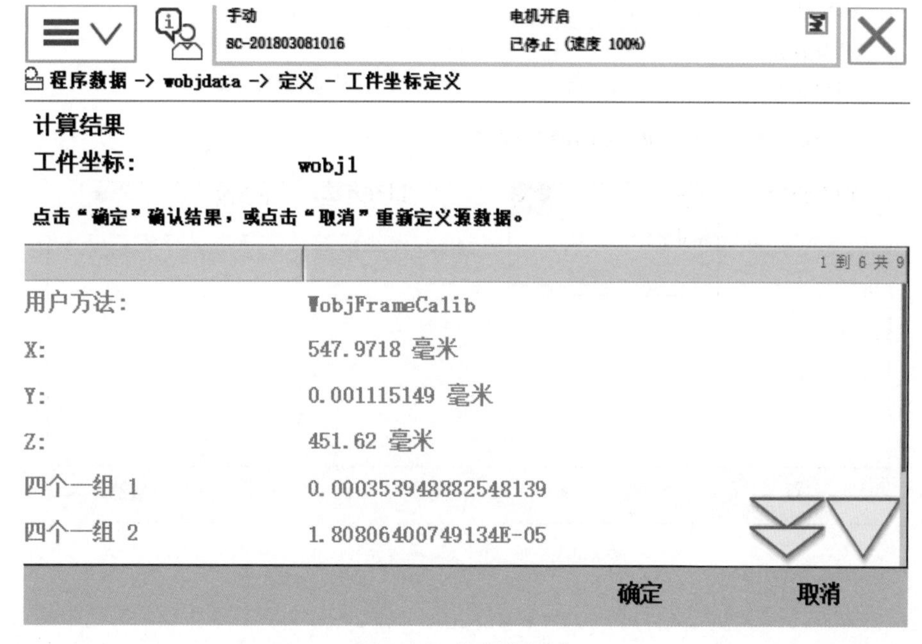

图 4-20　单击“确定”

⑩ 确定后，在工件坐标系界面中，选中 wobj1，然后单击“确定”，完成工件坐标系的标定，如图 4-21 所示。

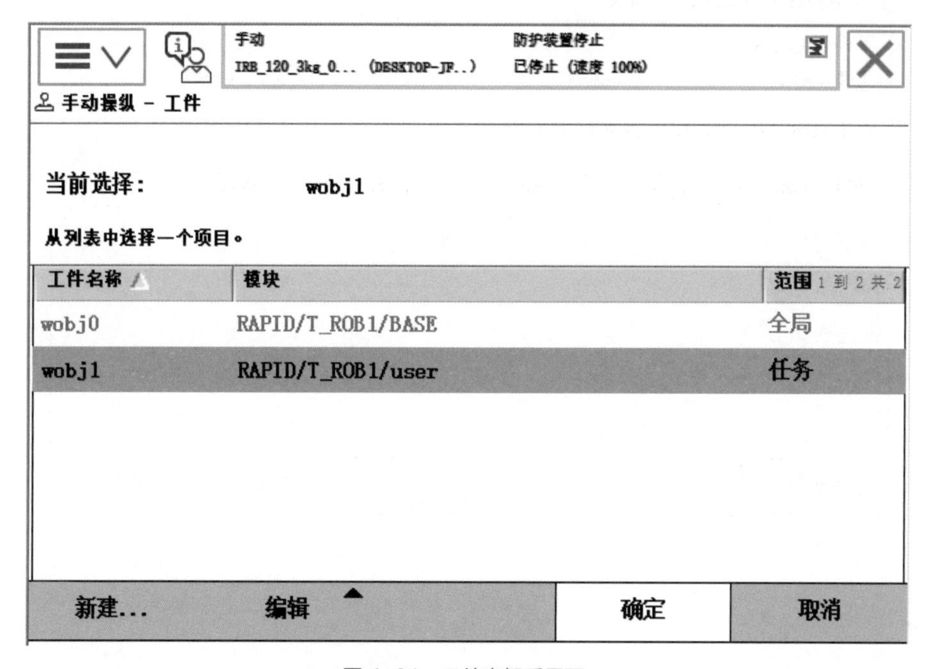

图 4-21　工件坐标系界面

绘制两个全等的长方形

通过在示教器中建立工件坐标系，并利用创建的工件坐标系示教其中一个长方形的四个顶点，最后在运动指令中更改工件坐标系，实现两个全等长方形的绘制。

绘制两个全等的长方形

（1）任务分析

要完成该任务中长方形的绘制，需要通过以下 3 个基本步骤来完成：

① 创建两个全等长方形的工件坐标系。

② 示教长方形的四个顶点（如图 4-22 所标识的 p10、p20、p30、p40）。

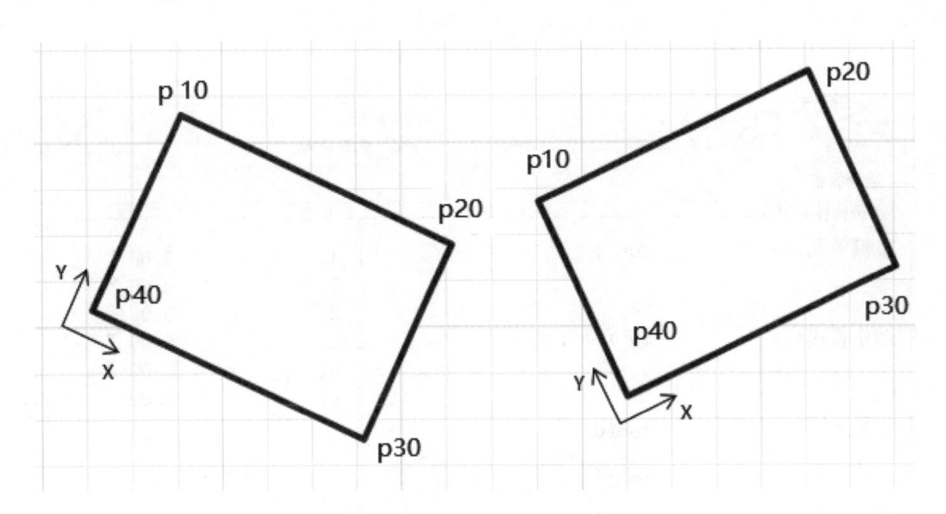

图 4-22　两个全等长方形的绘制

③ 设计机器人绘制图形的程序。

（2）操作步骤

① 创建并定义两个工件坐标系，分别命名为 wobj1、wobj2，如图 4-23 所示。

② 选择其中一个坐标系示教四个顶点，如图 4-24 所示。四个顶点分别命名为 p10、p20、p30、p40，如图 4-25 所示。

③ 在机器人运动指令中添加已经建立的工件坐标系。

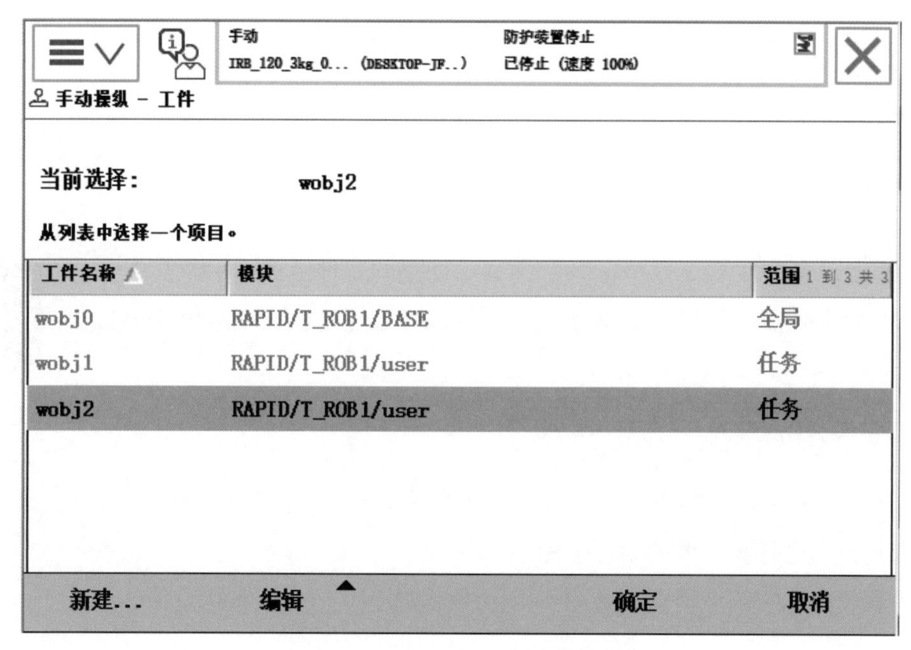

图 4-23　创建并定义两个工件坐标系

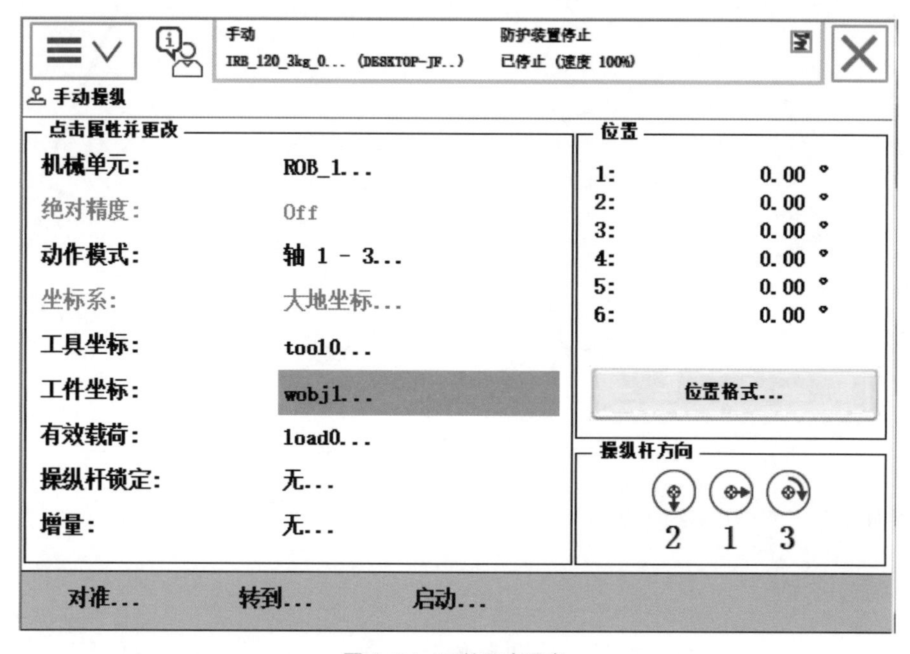

图 4-24　示教四个顶点

④ 双击需要修改工件坐标系的机器人运动指令，如图 4-26 所示。进入“可选变量”界面，单击“可选变量”，如图 4-27 所示。

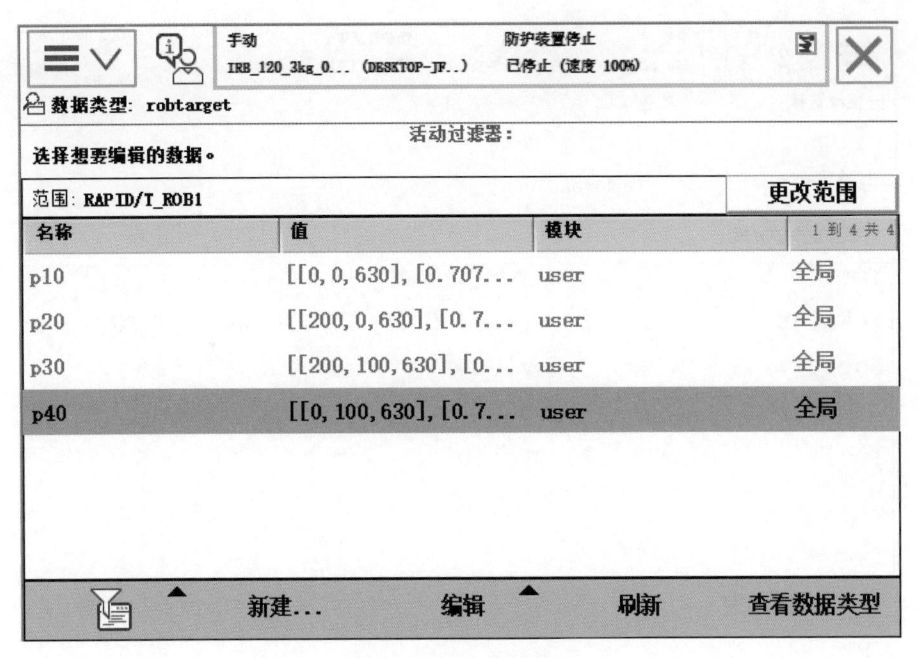

图 4-25　命名四个顶点

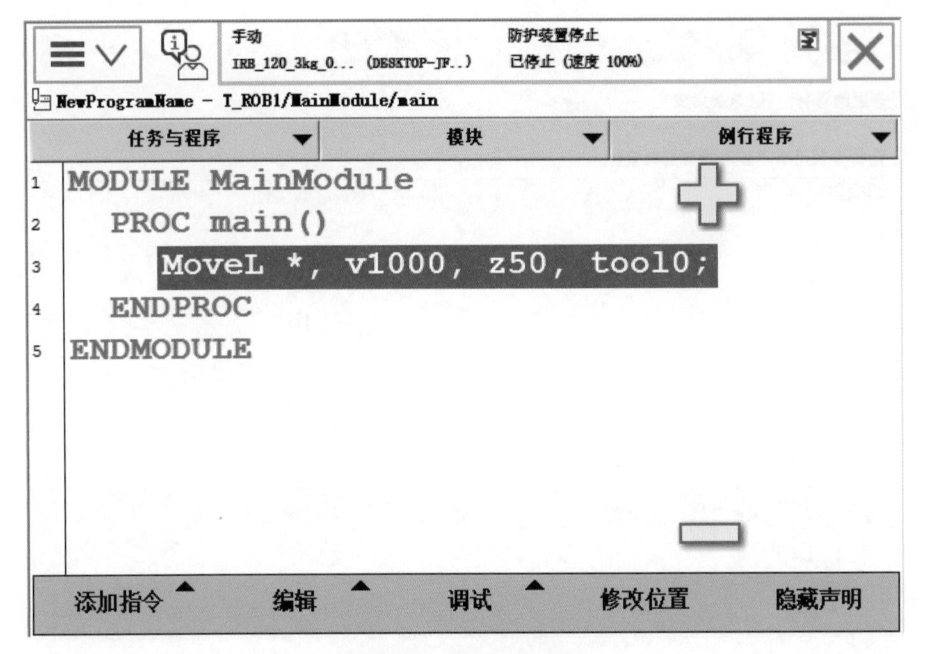

图 4-26　修改工件坐标系

⑤ 单击选择 [\Wobj]，单击“使用”，如图 4-28 所示。

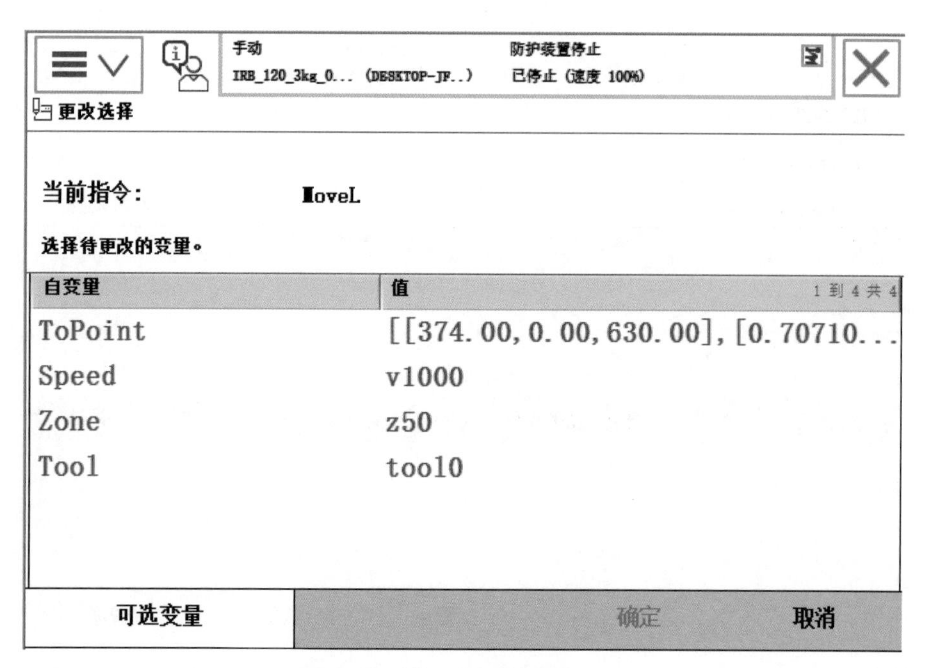

图 4-27 进入“可选变量”界面

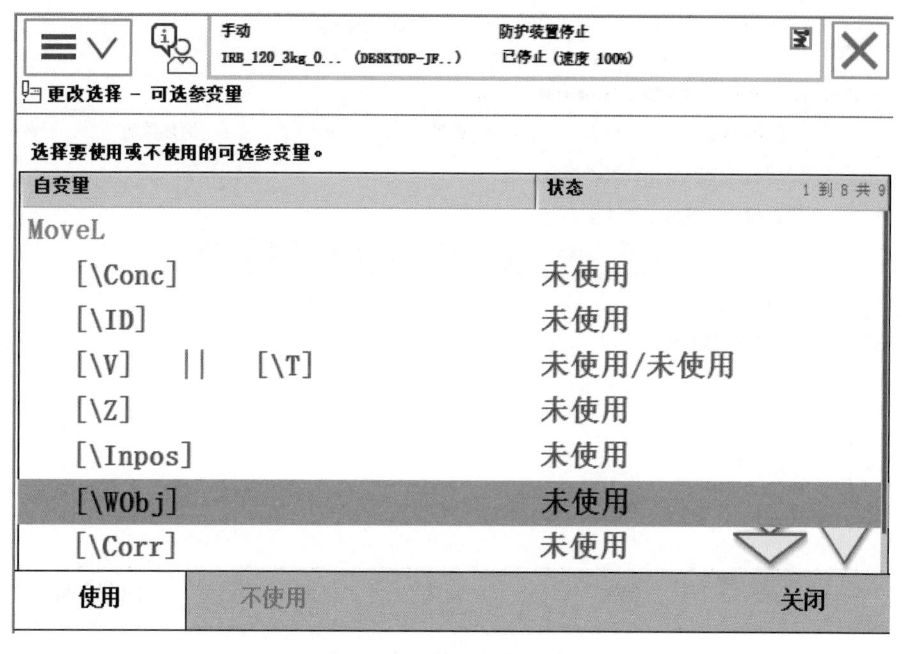

图 4-28 选择“[\Wobj]”

⑥ 单击“关闭”，如图 4-29 所示。

⑦ 单击“Wobj”，如图 4-30 所示。

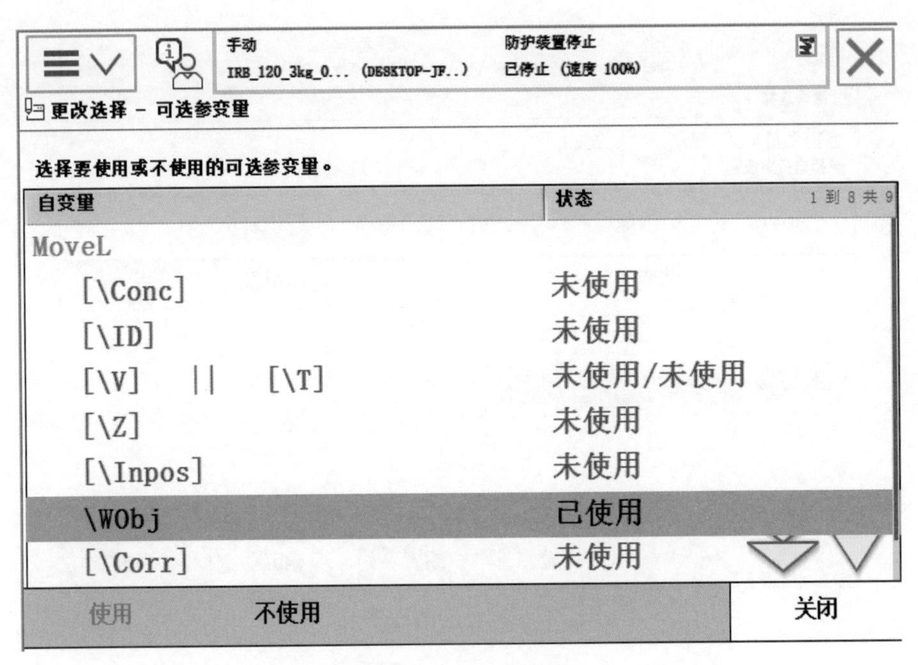

图 4-29 单击“关闭”

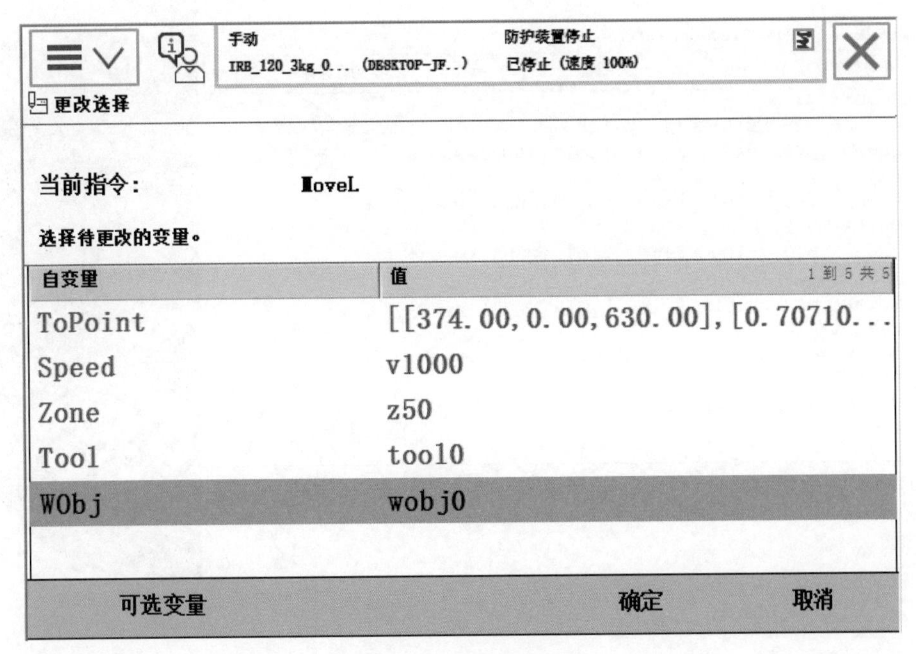

图 4-30 单击“Wobj”

⑧ 选择创建的工件坐标系，单击“确定”，如图 4-31 所示。

⑨ 完成全等图形绘制机器人程序设计，参考程序如图 4-32 和图 4-33 所示。

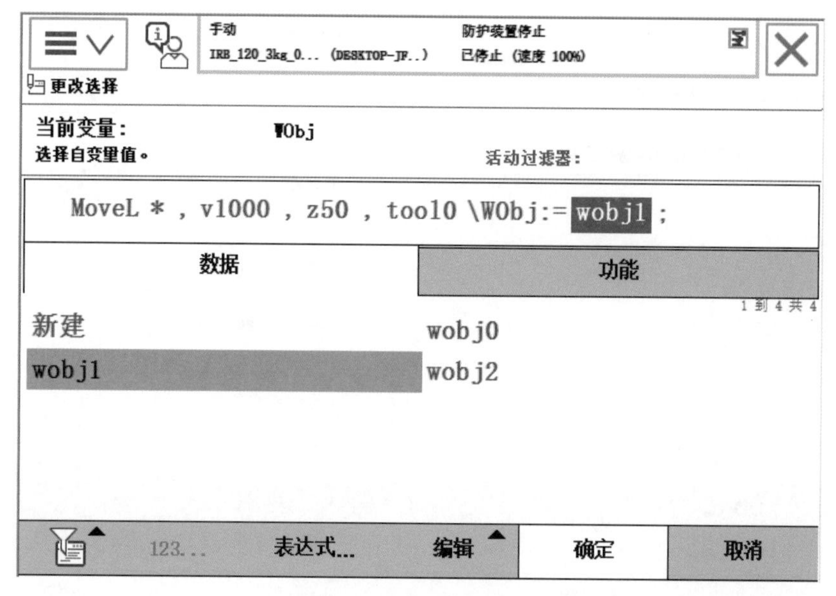

图 4-31　选择工件坐标系

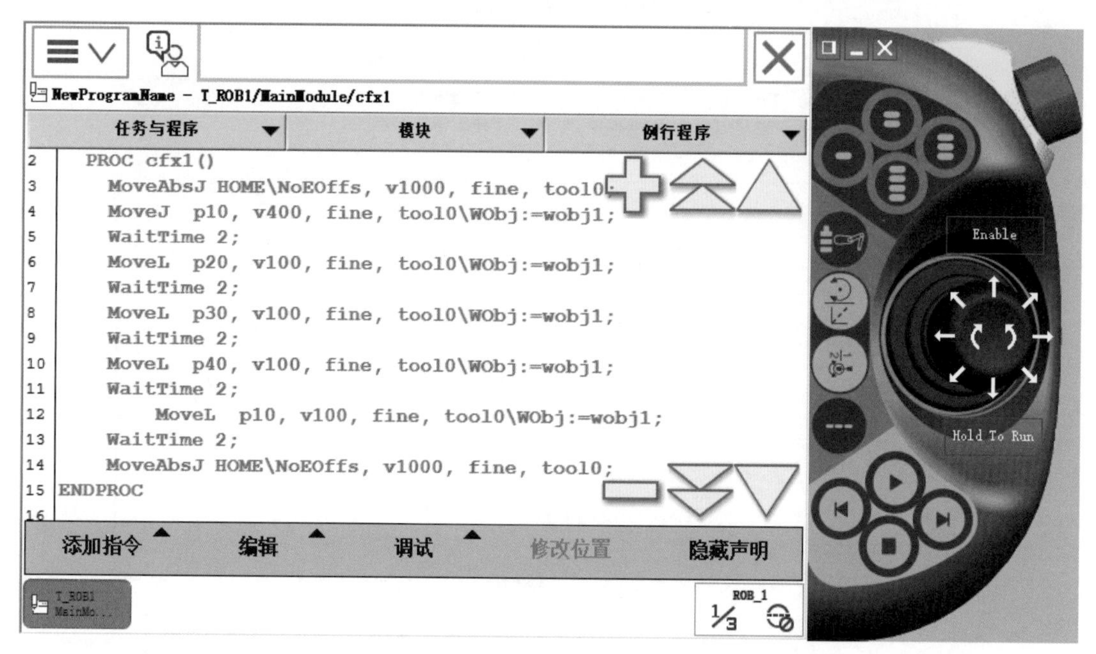

图 4-32　cfx1 程序

cfx1 程序解释如下。

```
PROC cfx1()
    MoveAbsJ HOME\NoEOffs, v1000, fine, tool0; ！机器人移动到 Home 点位置
    MoveJ  p10, v400, fine, tool0\WObj:=wobj1;
    ！机器人使用 wobj1 工件坐标移动到 p10 点位置
    WaitTime 2;                                         ！等待时间为 2 秒
    MoveL  p20, v100, fine, tool0\WObj:=wobj1;
    ！机器人使用 wobj1 工件坐标移动到 p20 点位置
```

```
        WaitTime 2;                                         ! 等待时间为 2 秒
        MoveL  p30, v100, fine, tool0\WObj:=wobj1;
        ! 机器人使用 wobj1 工件坐标移动到 p30 点位置
        WaitTime 2;                                         ! 等待时间为 2 秒
        MoveL  p40, v100, fine, tool0\WObj:=wobj1;
        ! 机器人使用 wobj1 工件坐标移动到 p40 点位置
        WaitTime 2;                                         ! 等待时间为 2 秒
        MoveL  p10, v100, fine, tool0\WObj:=wobj1;
        ! 机器人使用 wobj1 工件坐标移动到 p10 点位置
        WaitTime 2;                                         ! 等待时间为 2 秒
        MoveAbsJ HOME\NoEOffs, v1000, fine, tool0;          ! 机器人移动到 Home 点位置
ENDPROC
```

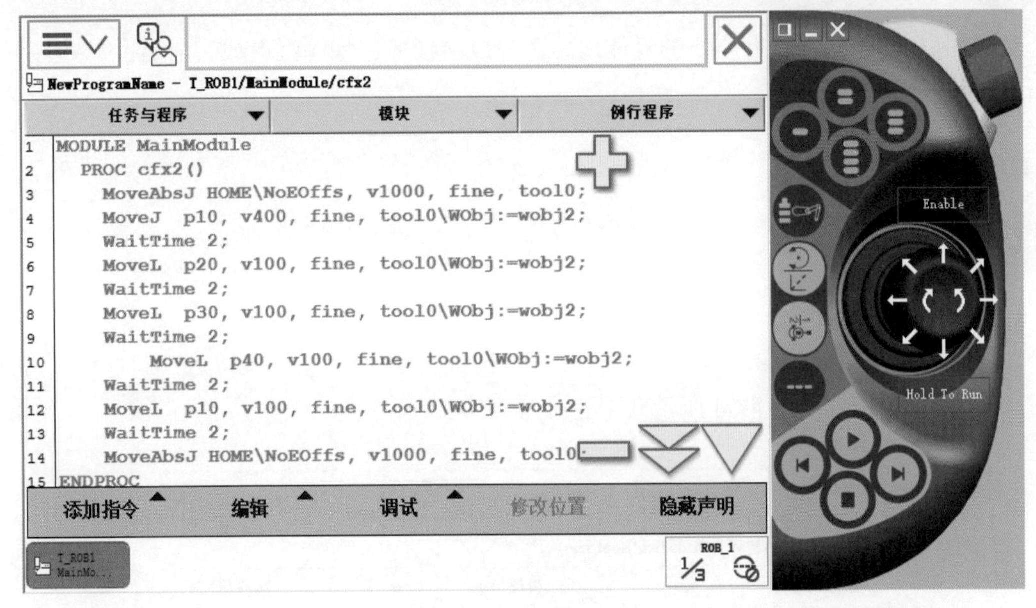

图 4-33 cfx2 程序

cfx2 程序解释如下。

```
PROC cfx2()
        MoveAbsJ HOME\NoEOffs, v1000, fine, tool0;          ! 机器人移动到 Home 点位置
        MoveJ  p10, v400, fine, tool0\WObj:=wobj2;
        ! 机器人使用 wobj2 工件坐标移动到 p10 点位置
        WaitTime 2;                                         ! 等待时间 2 秒
        MoveL  p20, v100, fine, tool0\WObj:=wobj2;
        ! 机器人使用 wobj2 工件坐标移动到 p20 点位置
        WaitTime 2;                                         ! 等待时间 2 秒
        MoveL  p30, v100, fine, tool0\WObj:=wobj2;
        ! 机器人使用 wobj2 工件坐标移动到 p30 点位置
        WaitTime 2;                                         ! 等待时间 2 秒
        MoveL  p40, v100, fine, tool0\WObj:=wobj2;
        ! 机器人使用 wobj2 工件坐标移动到 p40 点位置
        WaitTime 2;                                         ! 等待时间 2 秒
        MoveL  p10, v100, fine, tool0\WObj:=wobj2;
        ! 机器人使用 wobj2 工件坐标移动到 p10 点位置
        WaitTime 2;                                         ! 等待时间 2 秒
        MoveAbsJ HOME\NoEOffs, v1000, fine, tool0; ! 机器人移动到 Home 点位置
ENDPROC
```

任务 3 / 条件判断指令

本任务介绍了条件判断指令的具体内容。完成本任务，程序将更加简洁明了，并且可以进行逻辑判断。

指令介绍

Compact IF 指令如图 4-34 所示，IF 指令如图 4-35 所示。

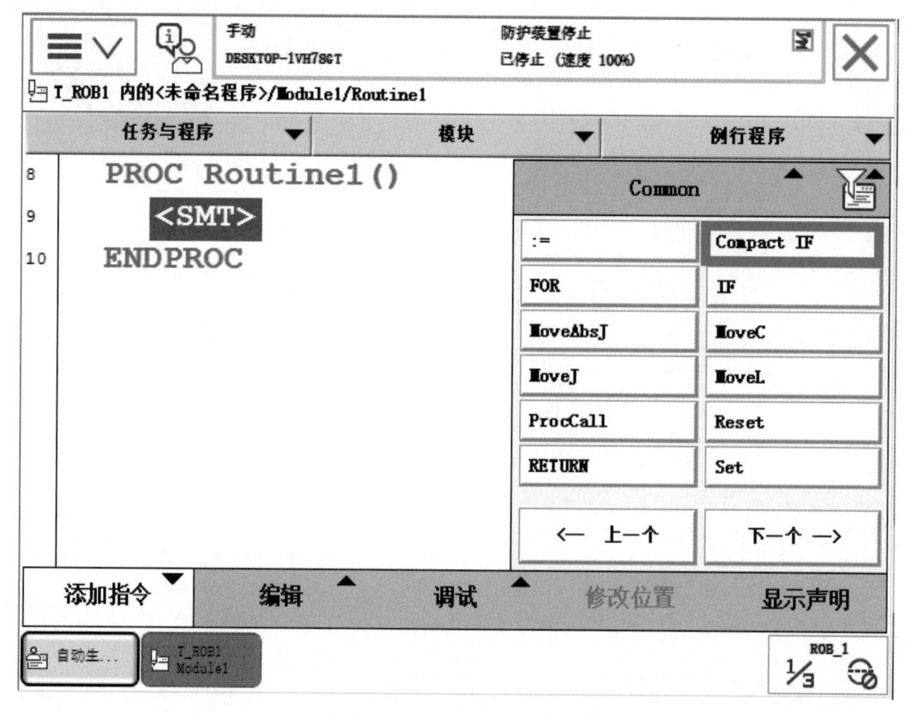

图 4-34　Compact IF 指令

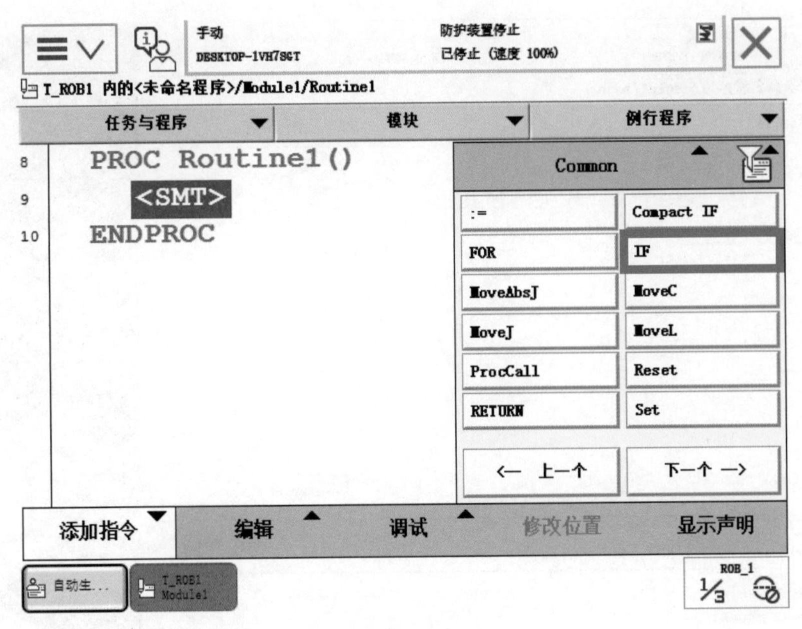

图 4-35 IF 指令

Compact IF 指令与 IF 指令的定义与用法如表 4-7 所示。

表 4-7 Compact IF 指令与 IF 指令

指令	Compact IF 指令	IF 指令
定义	如果满足条件，那么……（一个指令）	如果满足条件，那么……；否则……
用法	当单个指令仅在满足给定条件的情况下执行时，使用 Compact IF	如果将执行不同的指令，则根据是否满足特定条件，使用 IF 指令

语法	IF <conditional expression> (<instruction> | <SMT>) ';'	IF <conditional expression> THEN
		<statement list>
		{ ELSEIF <conditional expression> THEN
		<statement list> | <EIT> }
		[ELSE
		<statement list>]
		ENDIF

指令示例

（1）Compact IF 指令的使用示例

【例 1】如果 reg1 大于 5，置位 do1，如图 4-36 所示。

```
IF reg1 > 5 Set do1;
```

图 4-36　Compact IF 指令的示例（一）

【例 2】如果 reg1 小于 5，置位 do2，如图 4-37 所示。

```
IF reg1 < 5 Reset do2;
```

图 4-37　Compact IF 指令的示例（二）

（2）IF 指令的使用示例

【例 1】仅当 reg1 大于 5 时，置位 do1 和 do2，如图 4-38 所示。

```
IF reg1 > 5 THEN
Set do1;
Set do2;
ENDIF
```

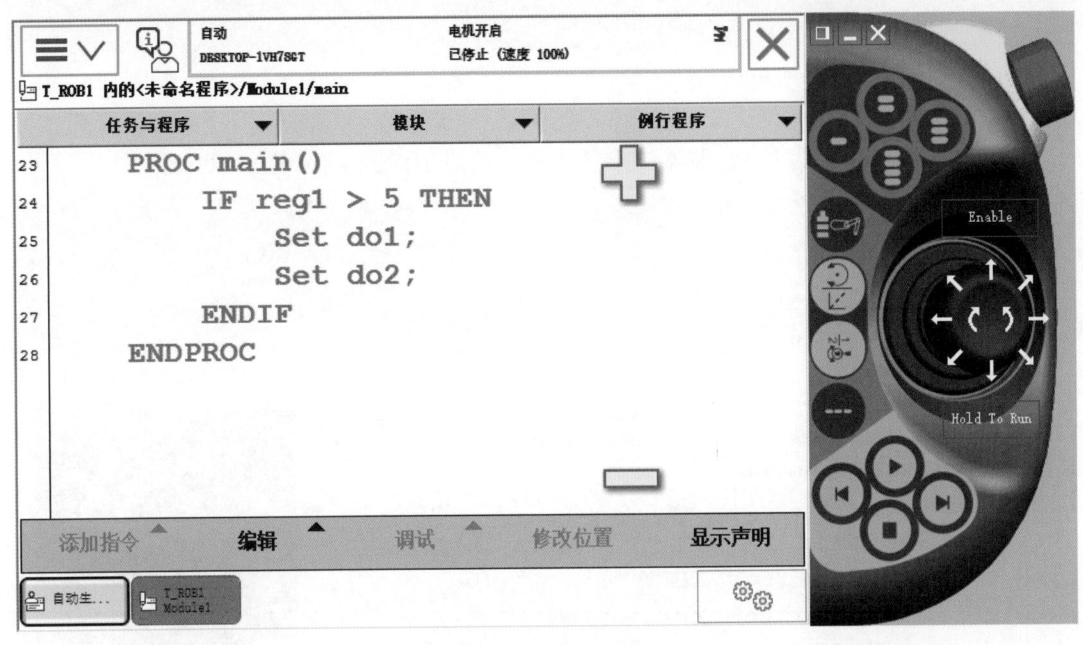

图 4-38　IF 指令的示例（一）

【例 2】根据 reg1 是否大于 5，设置或重置信号 do1 和 do2，如图 4-39 所示。

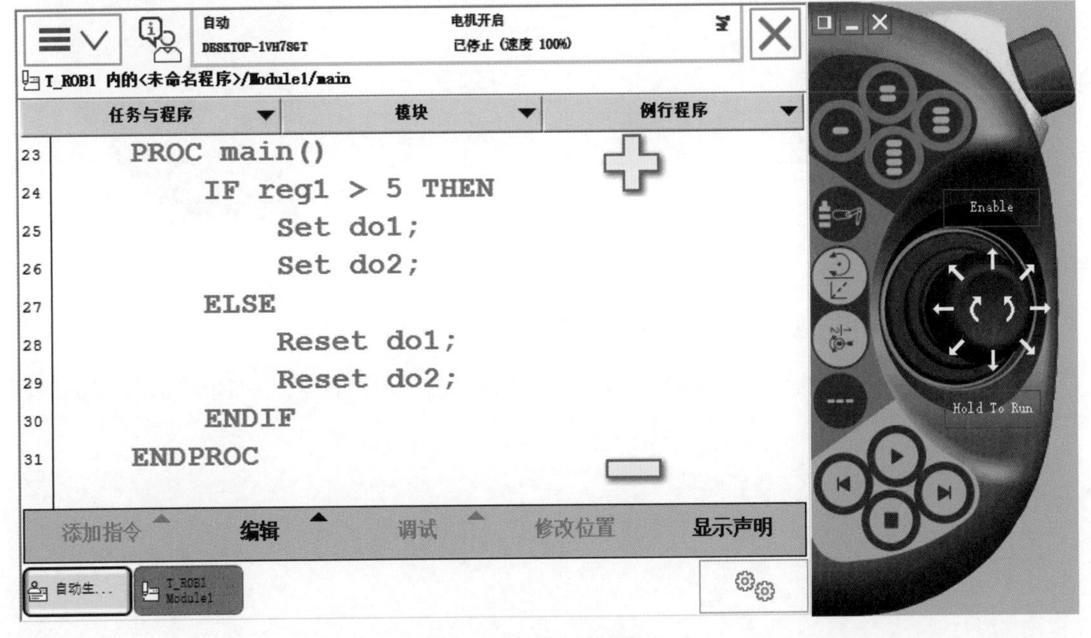

图 4-39　IF 指令的示例（二）

```
IF reg1 > 5 THEN
   Set do1;
   Set do2;
ELSE
   Reset do1;
   Reset do2;
ENDIF
```

（3）IF 指令的应用

根据 reg1 的值是否为 0，绘制不同形状图形（长方形或圆），如图 4-40 所示。

```
IF reg1=0 THEN
   Write_rectangle;
ELSE
   Write_circle;
ENDIF
```

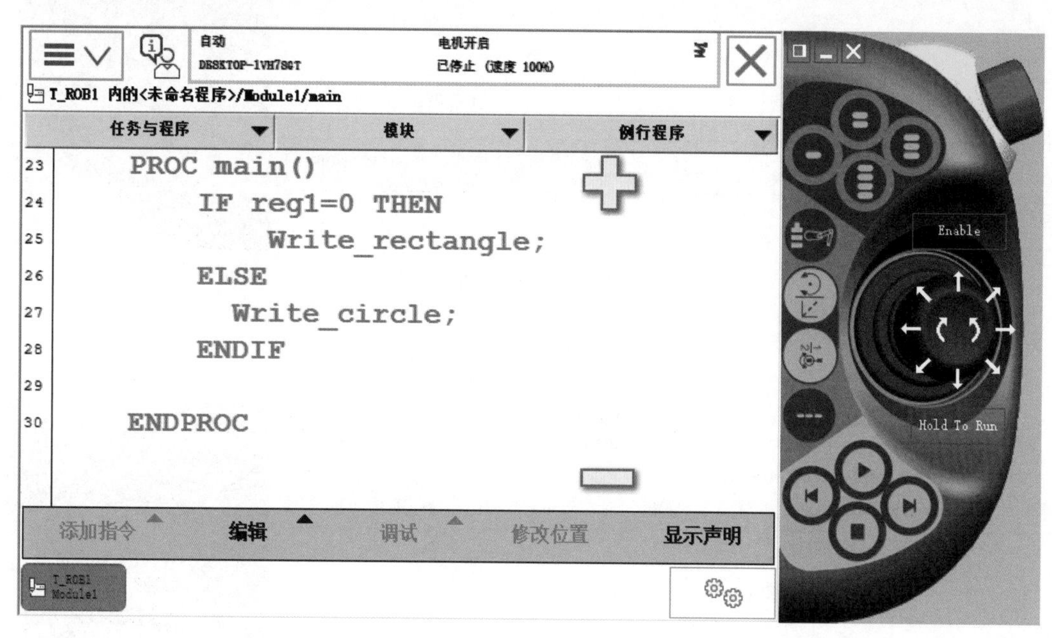

图 4-40　绘制图形

（4）TEST 指令（如图 4-41 所示）的应用

根据表达式或数据的值，当有待执行不同的指令时，使用 TEST。如果没有太多的替代选择，亦可使用 IF 指令。

```
TEST <expression>
    { CASE <test value> { ',' <test value> } ':'
    <statement list> }
    [ DEFAULT ':'
    <statement list> ]
ENDTEST
```

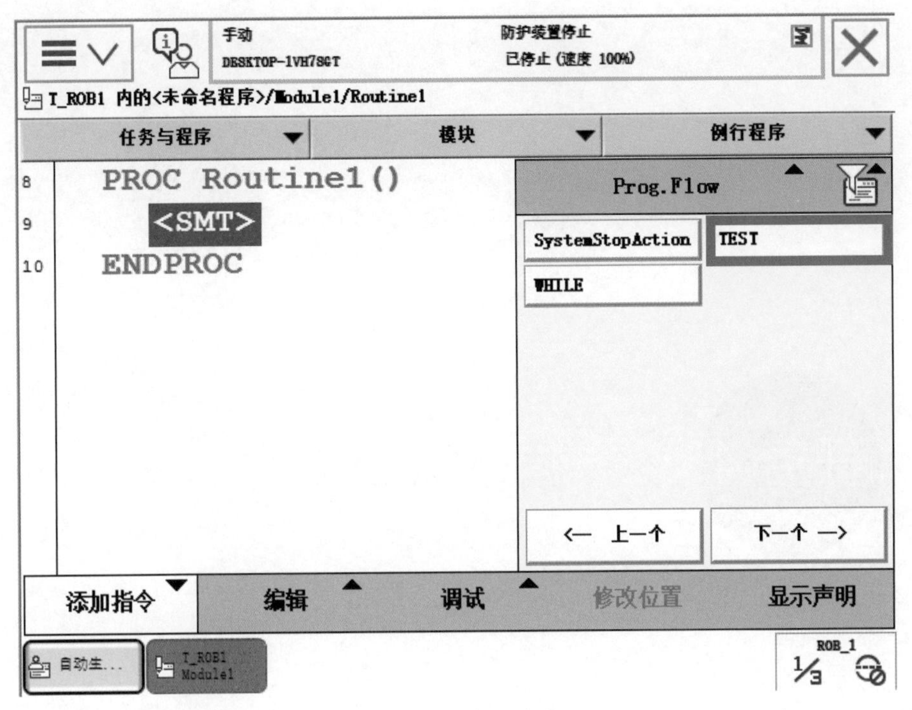

图 4-41　TEST 指令

（5）TEST 指令的使用示例

根据 reg1 的值，执行不同的指令。如果该值为 1、2、3 时，则置位 do1；如果该值为 4，则复位 do1；否则，置位 do2，如图 4-42 所示。

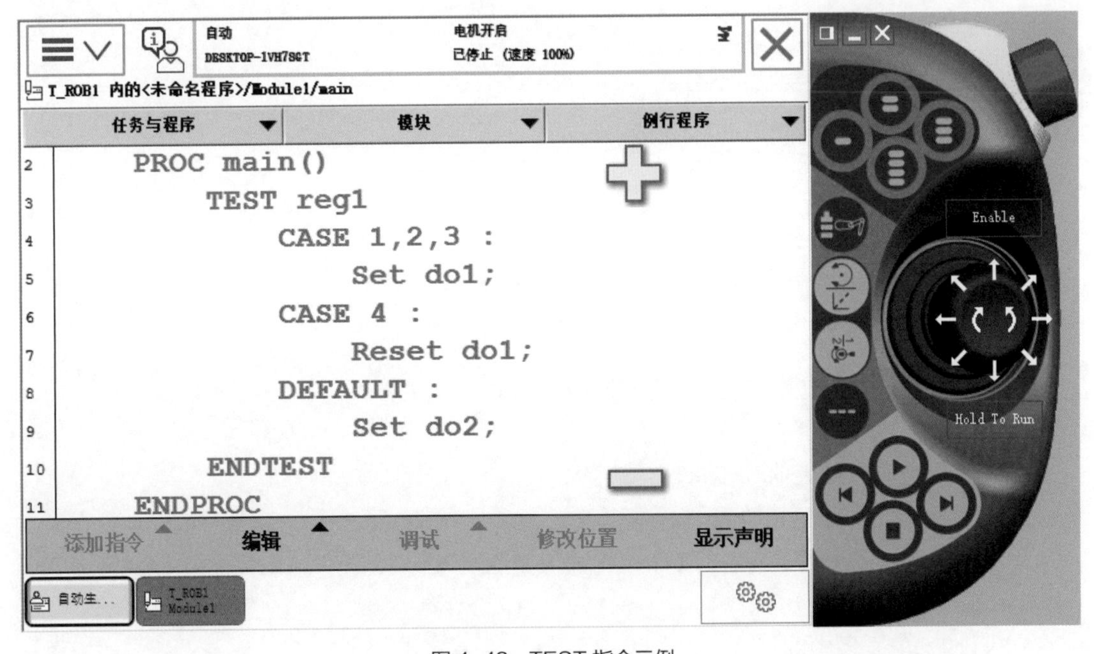

图 4-42　TEST 指令示例

```
TEST reg1
     CASE 1,2,3 :
     Set do1;
     CASE 4 :
     Reset do1;
     DEFAULT :
     Set do2;
ENDTEST
```

任务 4 ╱ 循环指令

本任务介绍了循环指令的具体内容。完成本任务，程序将更加简洁明了，并且可以进行重复循环。

指令介绍

（1）FOR 指令（重复给定的次数，见图 4-43）

用法：

当一个或多个指令重复多次时，使用 For 指令。

程序执行：

① 评估起始值、结束值和步进值的表达式。

② 向循环计数器分配起始值。

③ 检查循环计数器的数值，以查看其数值是否介于起始值和结束值之间，或者是否等于起始值或结束值。

④ 执行 FOR 循环中的指令。

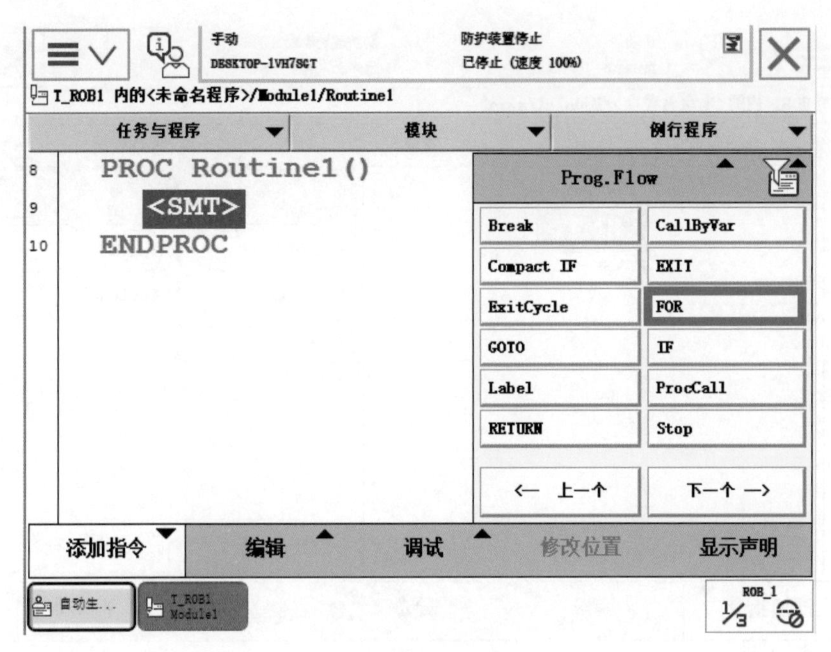

图4-43　FOR指令

⑤ 按照步进值，使循环计数器增量（或减量）。

⑥ 重复FOR循环，从步骤③开始。

⑦ 如果循环计数器的数值在起始值到结束值的范围之外，则FOR循环停止，且程序继续执行紧接ENDFOR的指令。

限制：

仅可在FOR循环内评估循环计数器（数据类型为num），随之隐藏其他具有相同名称的数据和路径。其仅可通过FOR循环中的指令来进行读取（未更新）。无法使用起始值、结束值或停止值的小数值，以及FOR循环的确切终止条件（不确定最后的循环是否在运行中）。

语法：

```
FOR <loop variable> FROM <expression> TO <expression>
[ STEP <expression> ] DO
<statement list>
ENDFOR
```

（2）WHILE指令（只要……便重复，见图4-44）

用法：

只要给定条件表达式评估为TRUE值，当重复一些指令时，则使用WHILE指令。

程序执行：

① 评估条件表达式。如果表达式评估为TRUE值，则执行WHILE块中的指令。

② 再次评估条件表达式，且如果该评估结果为TRUE，则再次执行WHILE块中的指令。

③ 步骤②继续，直至表达式评估结果成为FALSE。随后，终止迭代，并在WHILE块后，根据本指令，继续执行程序。如果表达式评估结果在开始时为FALSE，则不执行WHILE块中的指令，且程序控制立即转移至WHILE块后的指令。

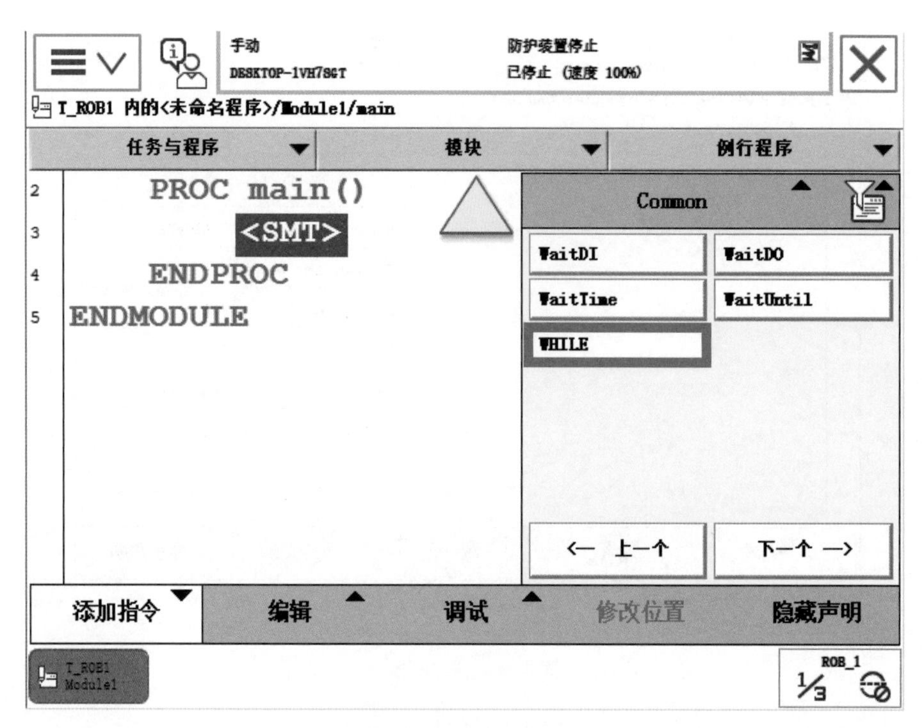

图 4-44　WHILE 指令

语法：

```
WHILE <conditional expression> DO
      <statement list>
ENDWHILE
```

指令示例

（1）FOR 指令的示例

【例 1】重复 routine1 无返回值程序 10 次，如图 4-45 所示。

```
FOR i FROM 1 TO 10 DO
    routine1;
ENDFOR
```

【例 2】将 reg1 依次赋值为 10，9，8，…，1，如图 4-46 所示。

```
FOR i FROM 10 TO 1 DO
    reg1: =i;
ENDFOR
```

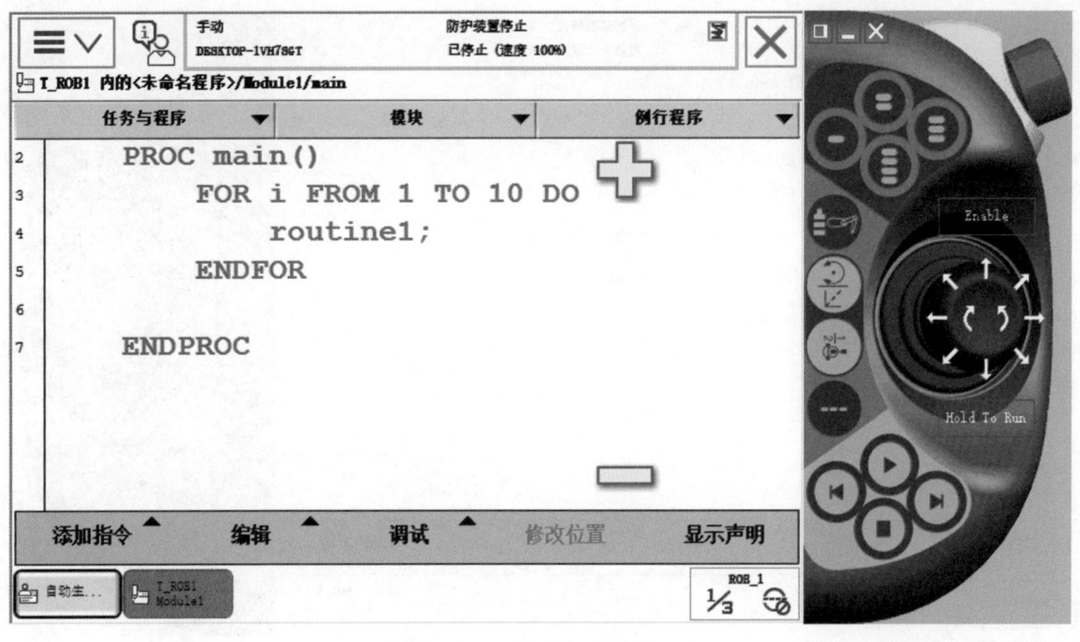

图 4-45　FOR 指令的示例（一）

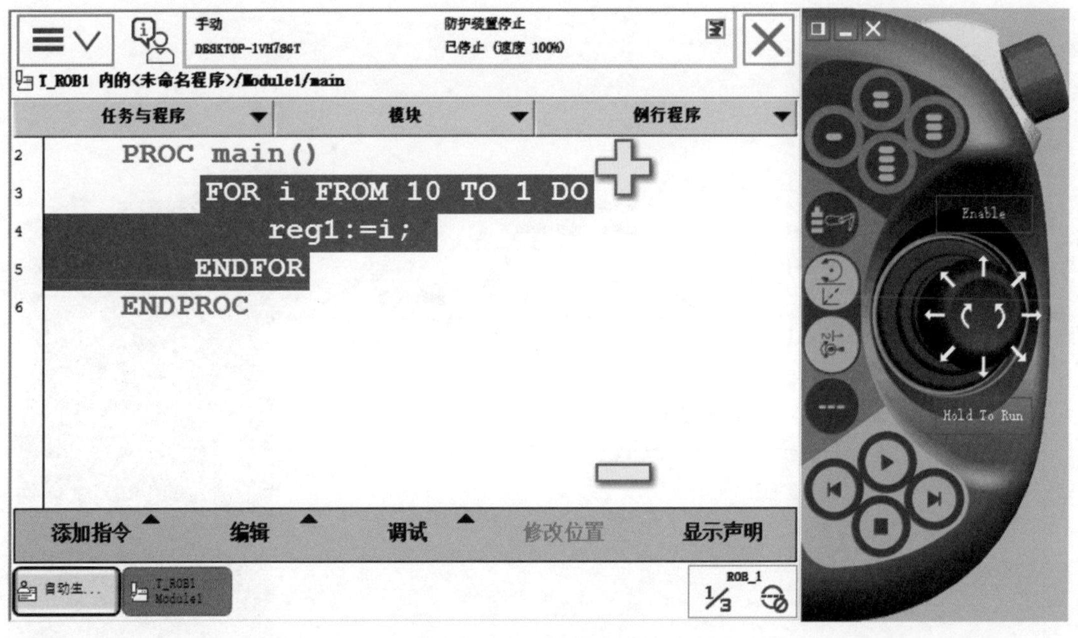

图 4-46　FOR 指令的示例（二）

（2）WHILE 指令的示例

【例 1】只要 reg1 < reg2，则重复自增 reg1，如图 4-47 所示。

```
WHILE reg1 < reg2 DO
      reg1 := reg1 + 1;
ENDWHILE
```

图 4-47　WHILE 指令的示例（一）

【例 2】一直重复自增 reg1，如图 4-48 所示。

```
WHILE true DO
      reg1 := reg1 + 1;
ENDWHILE
```

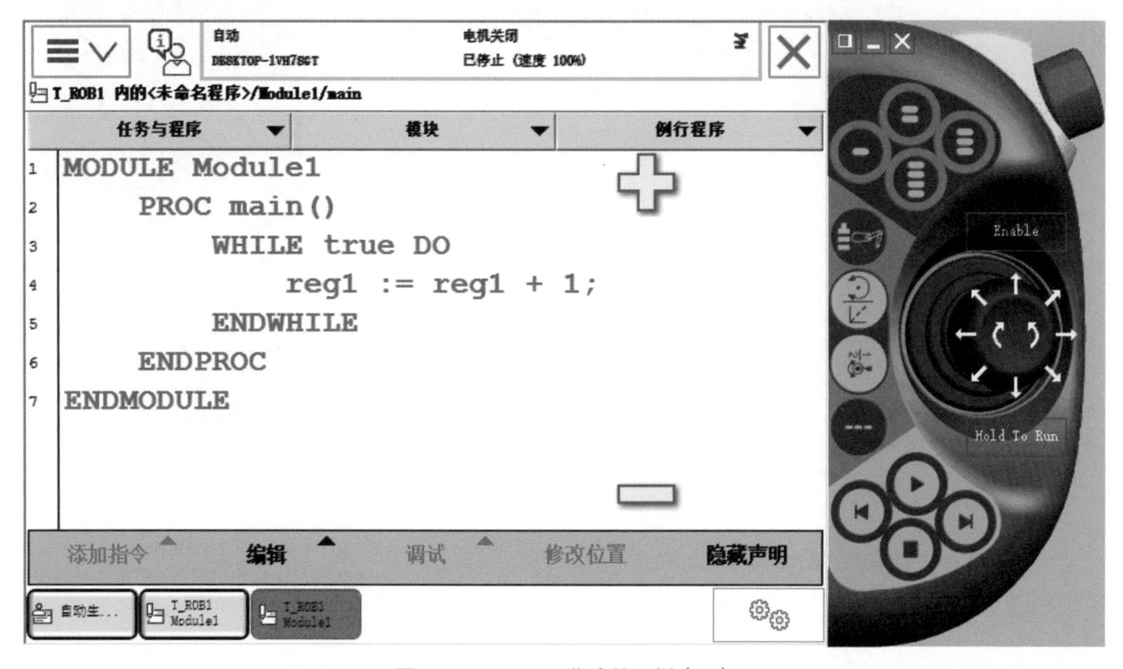

图 4-48　WHILE 指令的示例（二）

任务 5 / 特殊指令

本任务介绍了调用例行程序指令、跳转指令的具体内容。完成本任务，程序将更加简洁明了，并且可以跳转、调用程序。

1. 调用例行程序指令

（1）ProcCall 指令（调用新的无返回值程序，如图 4-49 所示）

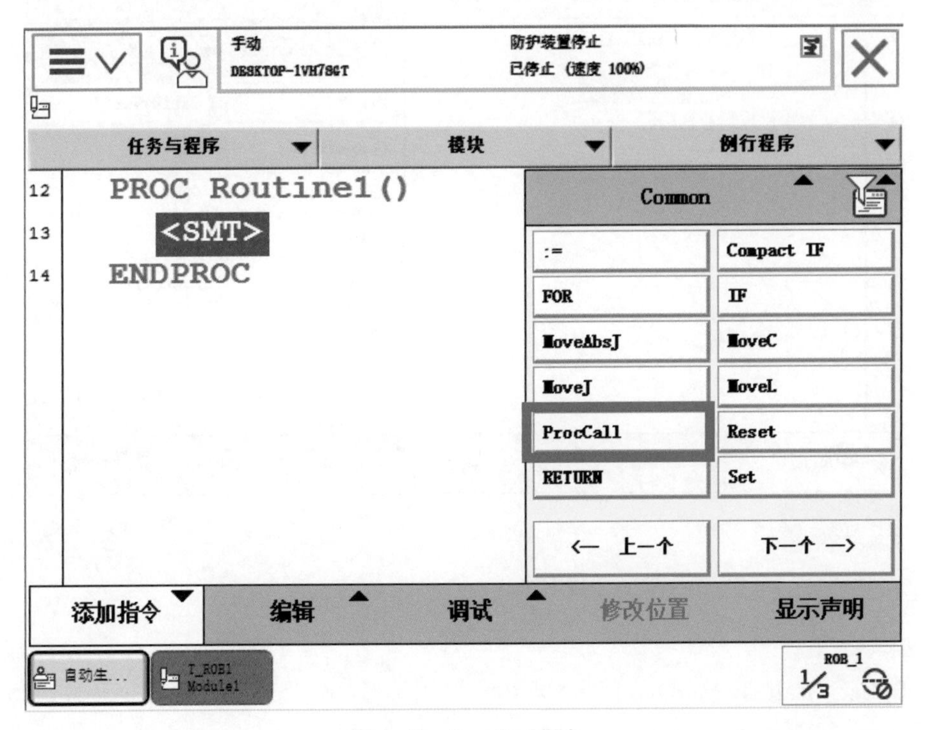

图 4-49 ProcCall 指令

用法：

ProcCall 指令将程序执行转移至另一个无返回值程序。当充分执行本无返回值程序时，程序执行将继续过程调用后的指令。通常有可能将一系列参数发送至新的无返回值程序。其控制无返回值程序的行为，并使相同无返回值程序可能用于不同的事项。

语法：

```
<procedure> [ <argument list> ] ';'
```

限制：

① 无返回值程序的参数必须符合其参数。

② 必须包括所有的强制参数。

③ 必须以相同的顺序进行放置。

④ 必须采用相同的数据类型。

⑤ 必须采用有关于访问模式（输入、变量或永久数据对象）的正确类型。

程序可相互调用，并反过来调用另一个程序。程序亦可自我调用，即递归调用。允许的程序等级取决于参数数量。通常允许 10 级以上。

（2）CallByVar 指令（调用新的无返回值程序，如图 4-50 所示）

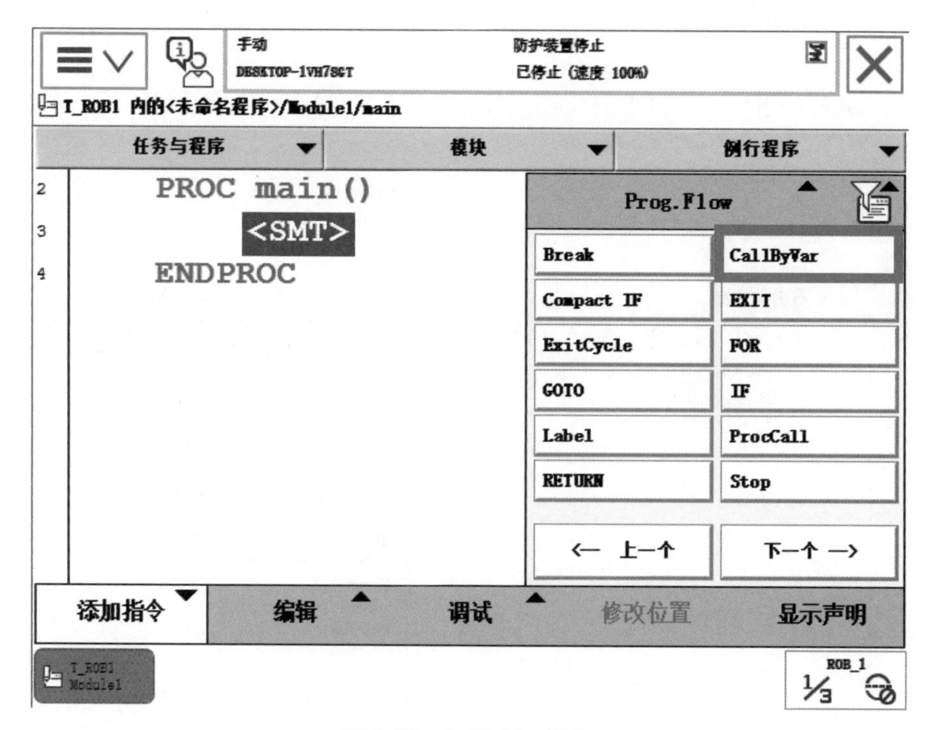

图 4-50　CallByVar 指令

用法：

CallByVar（Call By Variable）指令可用于调用具有特定名称的无返回值程序，例如，经由变量的 proc_name1, proc_name2, proc_name3，⋯，proc_namex。

语法：

```
CallByVar
[Name ':='] <expression (IN) of string>','
[Number ':='] <expression (IN) of num>';'
```

限制：

CallByVar 仅可用于调用不带参数的无返回值程序，无法用于调用局部无返回值程序。执行 CallByVar，将花费比执行普通程序调用略长的时间。

2. 跳转指令

（1）GOtO 指令（转到新的指令，如图 4-51 所示）

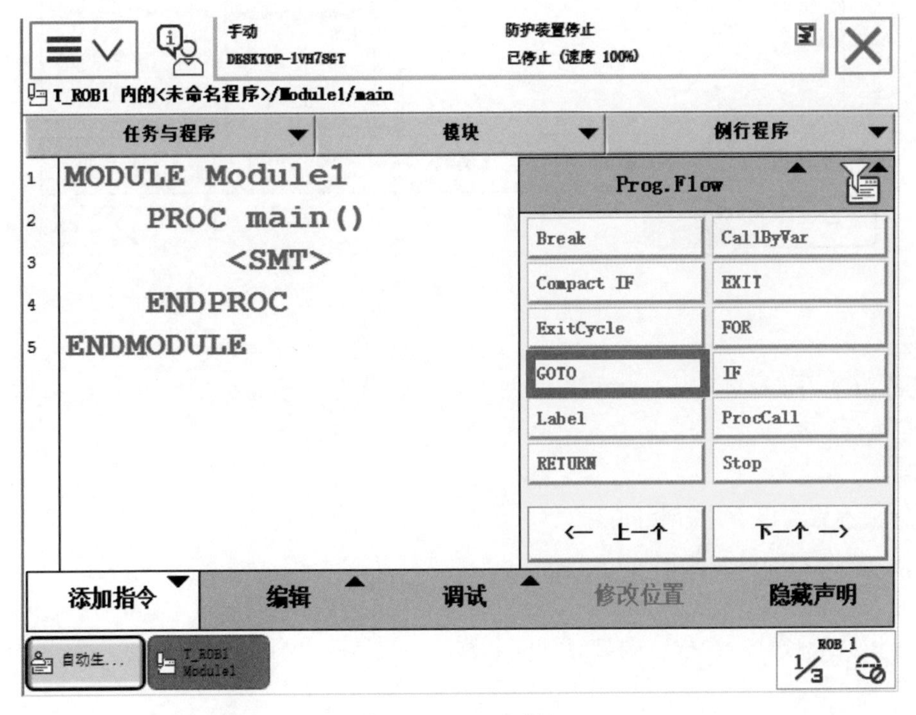

图 4-51　GOtO 指令

用法：

GOTO 指令用于将程序执行转移到相同程序内的另一线程（标签）。

限制：

GOTO 指令仅可能将程序执行转移到相同程序内的一个标签。如果 GOTO 指令亦位于该指令的相同分支内，则仅可能在 IF 或 TEST 指令内，将程序执行转移至标签。如果 GOTO 指令亦位于该指令内，则仅可能在 FOR 或 WHILE 指令内，将程序执行转移至标签。

语法：

```
GOTO <identifier>';'
```

（2）Label 指令（线程名称，如图 4-52 所示）

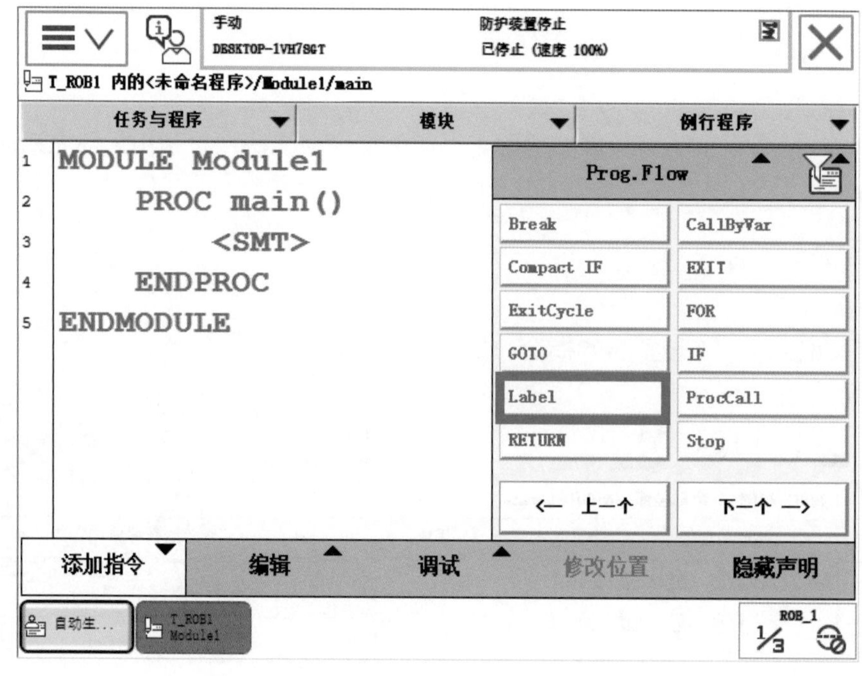

图 4-52 Label 指令

用法：

Label 指令用于命名程序中的程序。使用 GOTO 指令，该名称随后可用于移动相同程序内的程序执行。

限制：

① 标记不得与以下内容相同。

a. 同一程序内的所有其他标记。

b. 同一程序内的所有数据名称。

② 标记会隐藏其所在程序内具有相同名称的全局数据和程序。

语法：

```
<identifier>':
```

GOTO 指令示例

如果 reg1 大于 100，则将程序执行转移至标签 highvalue，否则，将程序执行转移至标签 lowvalue，如图 4-53 和图 4-54 所示。

```
IF reg1>100 THEN
GOTO highvalue;
ELSE
GOTO lowvalue;
ENDIF
lowvalue:
GOTO ready;
highvalue:
ready:
```

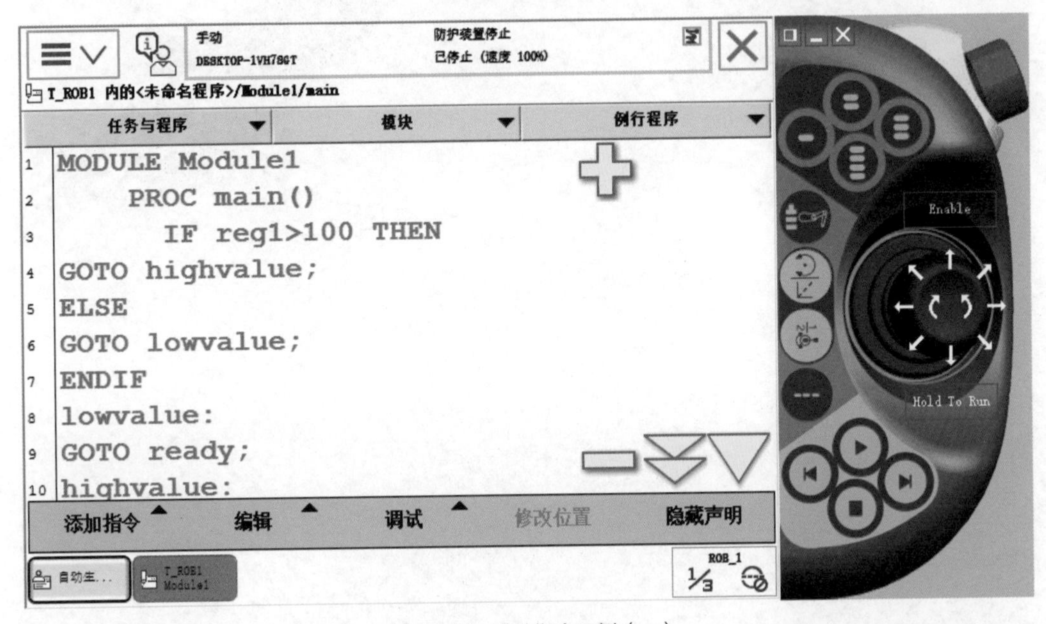

图 4-53　跳转指令示例（一）

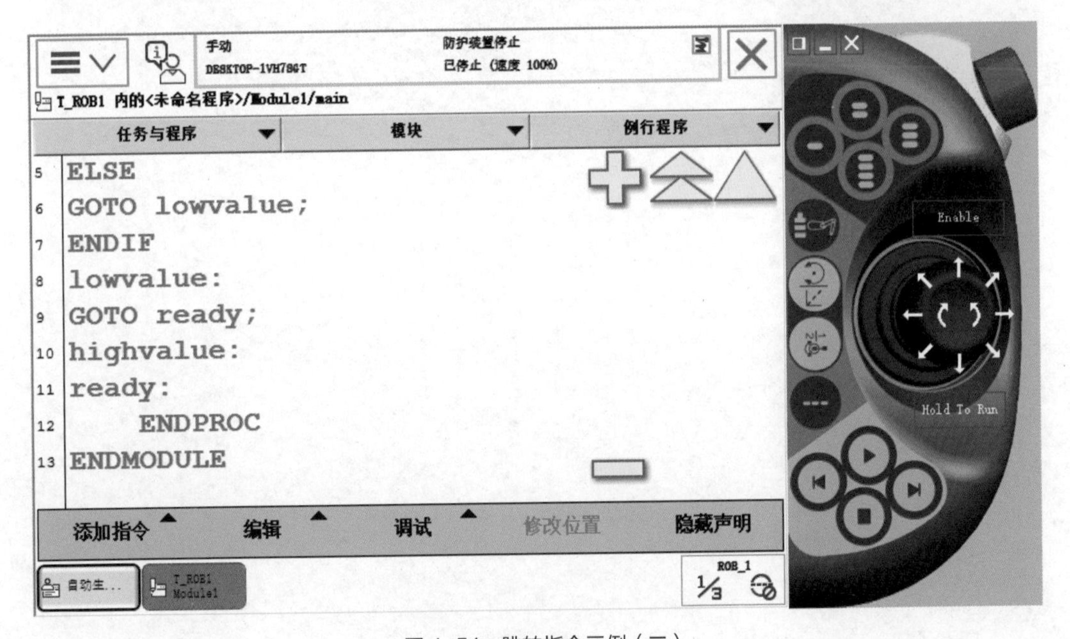

图 4-54　跳转指令示例（二）

/Administration
/Human Resources
/Legal
/Accounting
/Finance
/Marketing
/Publicity
/Promotion
/Research
/Business
/Development
/Engineering
/Manufacturing
/Planning

项目5

校准与功能测试

任务1　工业机器人本体回零

任务2　工业机器人的微校

任务3　工业机器人服务例行程序

任务4　工业机器人常见故障处理

任务5　工业机器人维护

任务 1 / 工业机器人本体回零

工业机器人的本体回零又称零点校对，是指将工业机器人的各个关节轴转到机械零点位置，即同步标记位置，并重新进行位置数据的更新。本任务将学习工业机器人本体回零的方法。

1. 工业机器人运动轴的零点位置信息

工业机器人出厂前，已经对各关节轴的机械零点进行了设定，对应着工业机器人本体上六个关节轴的同步标记，机械零点是关节轴运动的基准。

工业机器人的零点信息是指各关节轴处于机械零点位置时，各关节轴电机编码器对应的读数(包括转数数据和单圈转角数据)。零点信息数据存储在本体串行测量板上，数据需供电才能保持保存状态，一旦串行测量板掉电后数据会丢失。

原则上，工业机器人在投入运行时必须时刻处于零点已标定的状态，在遇到下列情况时，必须重新进行零点标定。

① 编码器值发生更改。当更换工业机器人上影响校准位置的部件时，如电机或传输部件，编码器值会更改。

② 编码器内存记忆丢失。当出现电池放电、转数计数器错误、转数计数器和测量电路板间信号中断等情况时，编码器内存记忆会丢失。

③ 重新组装工业机器人。例如在碰撞后或更改工业机器人的工作范围时，需要重新校准新的编码器值。

④ 当控制系统断开时，或移动了工业机器人关节轴时。

一般来说，所有机器人的零点校对方法都类似，但不完全相同。零点的标定位置在同一机器人型号的不同机器人之间也会有所不同。零点校对方法包含以下步骤。

① 操纵工业机器人单轴运动，从而使需要进行转数计数器更新的关节轴运动至其机械零点位置即与各关节轴上的同步标记对齐。

② 在示教器上进行转数计数器的更新。在工业机器人零点丢失后，更新转数计数器可

以将当前关节轴所处位置对应的编码器转数数据（单圈转角数据保持不变）设置为机械零点的转数数据，从而对工业机器人的零点进行粗略的校准。

遇到以下情况时，需要进行转数计数器更新操作：

a. 在更换伺服电机转数计数器电池之后。

b. 在转数计数器发生故障并完成修复后。

c. 在转数计数器与测量板之间连接断开过之后。

d. 在工业机器人系统断电状态下，工业机器人的关节轴发生移动后。

e. 当系统报警提示“10036 转数计数器未更新”时。

f. 在第一次安装完工业机器人和控制柜，并进行线缆连接之后。

2. 光电编码器的工作原理

工业机器人采用伺服电动机作为六轴的控制电动机。伺服电动机是指在伺服系统中控制机械元件运转的发动机，是一种补助马达间接变速装置。伺服电动机可使控制速度、位置精度非常准确，可以将电压信号转化为转矩和转速以驱动控制对象。伺服电动机转子转速受输入信号控制，并能快速反应，在自动控制系统中，用作执行元件，且具有机电时间常数小、线性度高、始动电压等特性，可把所收到的电信号转换成电动机轴上的角位移或角速度输出。

六轴工业机器人包含 6 个交流伺服电动机，伺服电动机内部装有编码器，所以每个伺服电动机有一根动力线缆和一根编码器线缆。如图 5-1 和图 5-2 所示分别为工业机器人本体的二轴电动机组件和五轴电动机组件，每个伺服电动机带有预制好的编码器线缆和动力线缆（五轴电动机组件的形式）或者可接插线缆的线缆插口（二轴电动机组件的形式）。

图 5-1 二轴电动机组件

图 5-2 五轴电动机组件

伺服电动机编码器是安装在伺服电动机上用来测量磁极位置和伺服电动机转角及转速的一种传感器。从物理介质的不同来分，伺服电动机编码器可以分为光电编码器和磁电编码器，另外旋转变压器也算一种特殊的伺服电动机编码器，市面上使用的基本上是光电编码器。

光电编码器是一种通过光电转换将输出轴上的直线位移或角度变化量转换为脉冲或数字量的传感器，属于非接触式传感器。光电编码器主要由机械部件、光栅盘（码盘）和光电检测装置等构成，如图 5-3 所示。

光电编码器中光栅盘是在一定直径的圆板上等分地开通若干个长方形孔，可分为透光区与不透光区。在伺服系统中，光栅盘与电动机同轴，从而使电动机的旋转带动光栅盘的旋转，经发光二极管等电子元件组成的检测装置输出若干脉冲信号，通过计算输出脉冲的个数等信息，就能反映当前电动机转过的角度或转速。此外，为判断旋转方向，还可提供相位相差 90° 的两路脉冲信号，如图 5-4 所示。

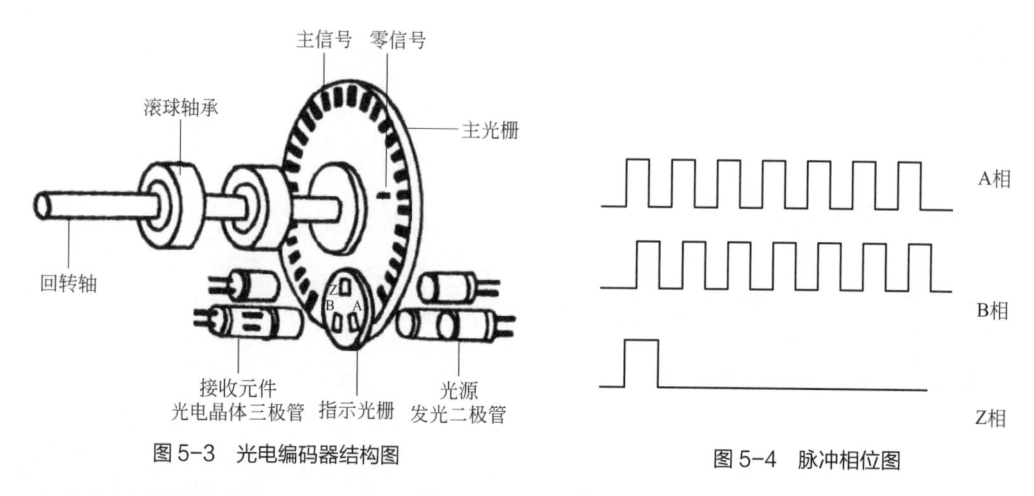

图 5-3　光电编码器结构图

图 5-4　脉冲相位图

光电编码器按编码方式可分为：增量式光电编码器、绝对式光电编码器。

（1）增量式光电编码器

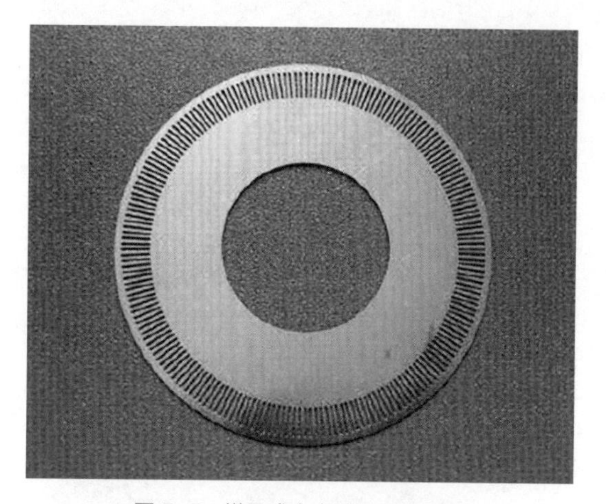

图 5-5　增量式光电编码器光栅盘

增量式光电编码器由光源、光栅盘（图 5-5）、检测光栅、光电检测器件和转换电路组成。当光栅盘随被测工作轴一起转动时，每转过一个缝隙，光电管就会感受到一次光线的明暗变化，并转变成电信号的强弱变化，这个电信号近似于正弦波，经过整形和放大等处理，变换成脉冲信号。通过计数器计量脉冲的数目，即可测定旋转运动的角位移；通过计量脉冲的频率，即可测定旋转运动的转速，如图 5-6 所示。

增量式编码器原理及构造简单、易于实现、成本较低、分辨率高，适合长距离传输。但是由于其采用计数累加的方式测得位移量，只能提供对于某基准点的相对位置。因此，在工业控制中，每次操作前都需要进行基准点校准（码盘上通常有零位标志）。

（2）绝对式光电编码器

如图 5-7 所示，绝对式光电编码器的圆形码盘上有沿径向分布的若干同心圆，称为码道，一个光敏元件对准一个码道。若码盘上的透光区对应二进制 1，不透光区对应二进制 0，则沿码盘径向，由外向内，可依次读出码道上的二进制数，如图 5-8 所示。

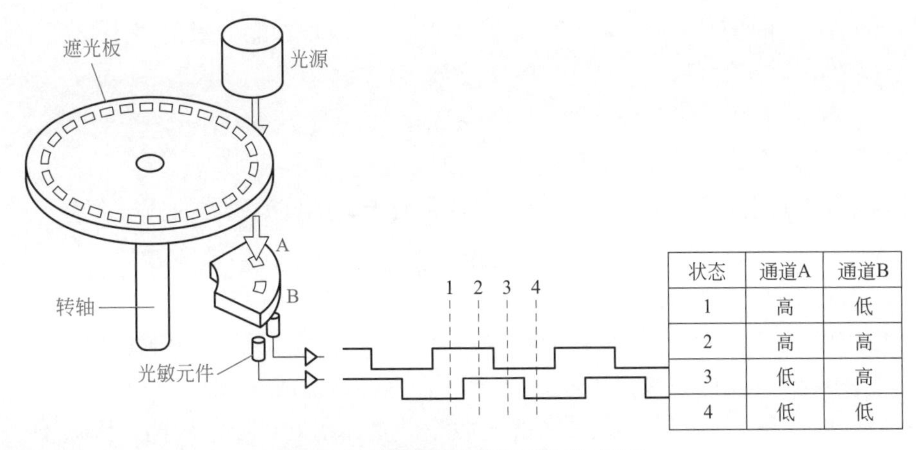

状态	通道A	通道B
1	高	低
2	高	高
3	低	高
4	低	低

图 5-6　增量式光电编码器技术原理图

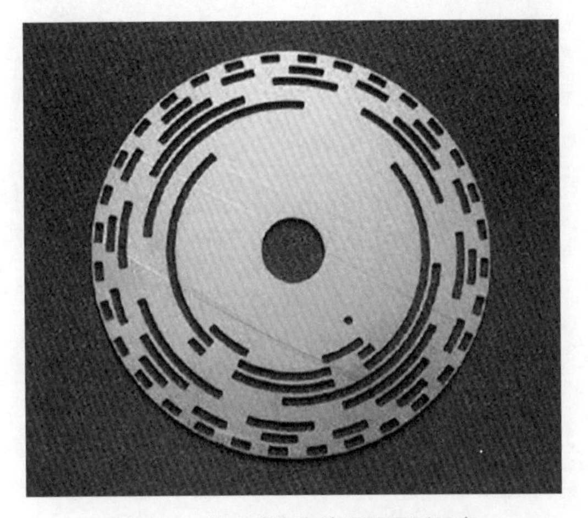

图 5-7　绝对式光电编码器圆形码盘

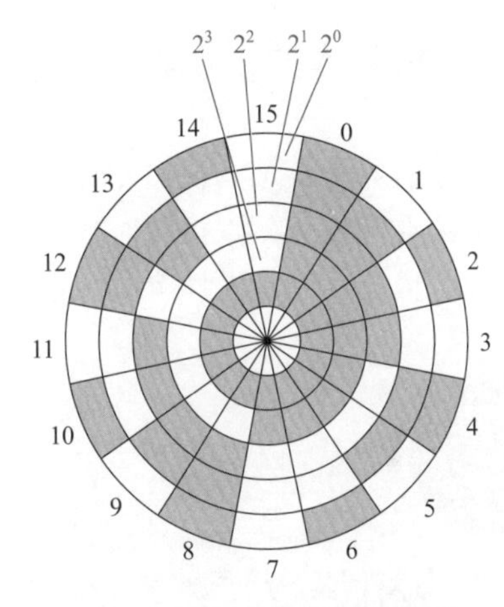

图 5-8　绝对式光电编码器码道

绝对式光电编码器编码的设计一般采用二进制码或格雷码，由于格雷码相邻数码之间仅改变一位二进制数，误差不超过 1，因此被大多数光电编码器使用。

如图 5-9 所示为绝对式格雷码码盘，将码盘分成一系列具有相等角距的角，对每个角用格雷码进行编码；当光信号扫描与传动轴相连的刻有格雷码的码盘时，获得的码盘上的码值确定被测物的绝对位置值，然后将检测到的格雷码数据转换为电信号以脉冲的形式输出测量的位移量。

十进制	格雷码	十进制	格雷码
0	0000	8	1100
1	0001	9	1101
2	0011	10	1111
3	0010	11	1110
4	0110	12	1010
5	0111	13	1011
6	0101	14	1001
7	0100	15	1000

图 5-9　绝对式格雷码码盘

若码盘上有 n 条码道，便被均分为 2^n 个扇形，该编码器能分辨的最小角度（分辨率）为

$$\alpha=\frac{360^\circ}{2^n}$$

如图 5-8 所示的绝对式光电编码器码盘有 4 条码道，则该编码器的分辨率为

$$\alpha=\frac{360^\circ}{2^4}=22.5^\circ$$

绝对式编码器可以直接读出角度坐标的绝对值且没有累积误差，电源切除后位置信息不会丢失。但是分辨率是由二进制的位数来决定的，也就是说精度取决于位数，目前有 10 位、14 位等多种。但其每个码道都必须放置光电收发装置，对硬件要求较高，因此价格也较为昂贵。

3. 工业机器人的机械零点位置

工业机器人各轴的机械零点位置是在机器人本体上可以直观观察到的一个相对位置，当某一轴转动至机械零点位置时，编码器对应的编码信息即为机器人的零点基准位置。机械零点位置与机器人原始设计有关，不同厂家机器人的机械零点位置各有不同。

工业机器人零点校对

在操纵工业机器人完成程序前，需要先将机器人对齐同步标记。操纵工业机器人进行 6 个关节轴的同步标记位置操作时，从工业机器人安装方式考虑，通常情况下工业机器人采用平行于地面的安装方式。如果先对齐 1 ～ 3 轴的同步标记，将造成 4 ～ 6 轴位置较高，难以继续执行对齐同步标记的操作，所以建议各关节轴的调整顺序依次为轴 4—5—6—1—2—3。不同型号的工业机器人机械零点位置会有所不同，具体信息可以查阅工业机器人产品说明书。此处以 ABB IRB120 机器人为例进行讲解。

工业机器人的 6 个轴有各自的同步标记位置，如图 5-10 所示，当每个轴的准线到达各自的同步标记位置时，工业机器人此时就在机械零点位置。

零点校对

操作步骤如下：

① 分别通过手动操纵，选择对应的轴动作模式，“轴 4-6”和“轴 1-3”，按着顺序依次将机器人 6 个轴转到机械零点刻度位置，各关节轴运动的顺序为轴 4—5—6—1—2—3。

② 在主菜单界面选择“校准”，如图 5-11 所示。

图 5-10　机器人 6 个轴同步标记位置

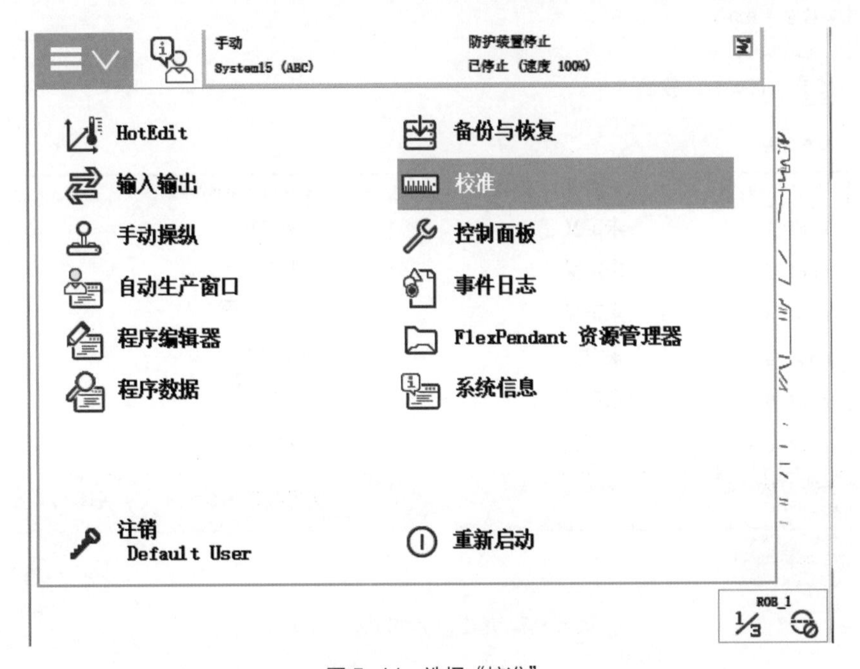

图 5-11　选择“校准”

③ 单击“ROB_1”，如图 5-12 所示。

④ 单击“手动方法（高级）”，如图 5-13 所示。

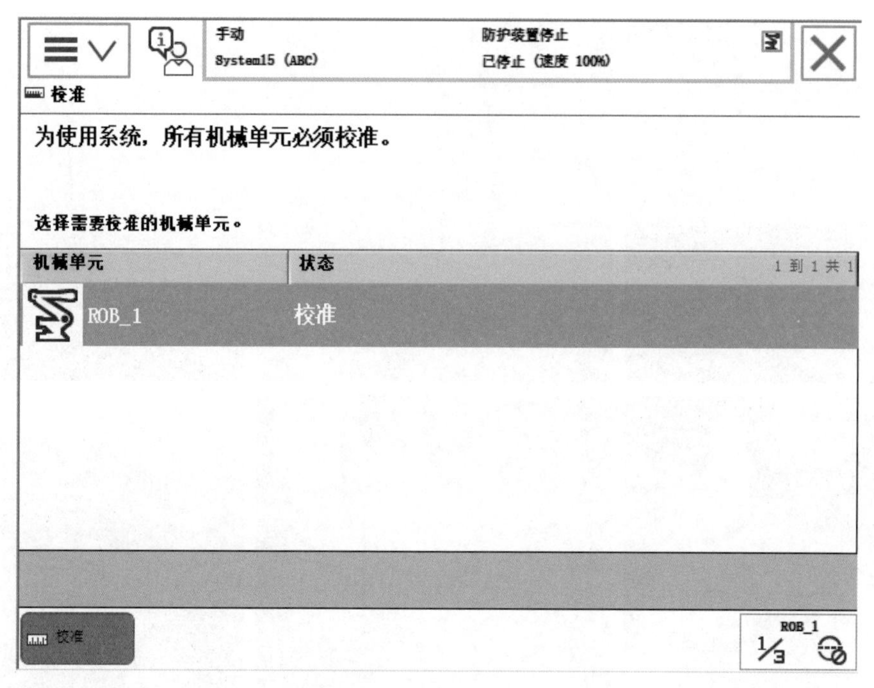

图 5-12 单击“ROB_1”

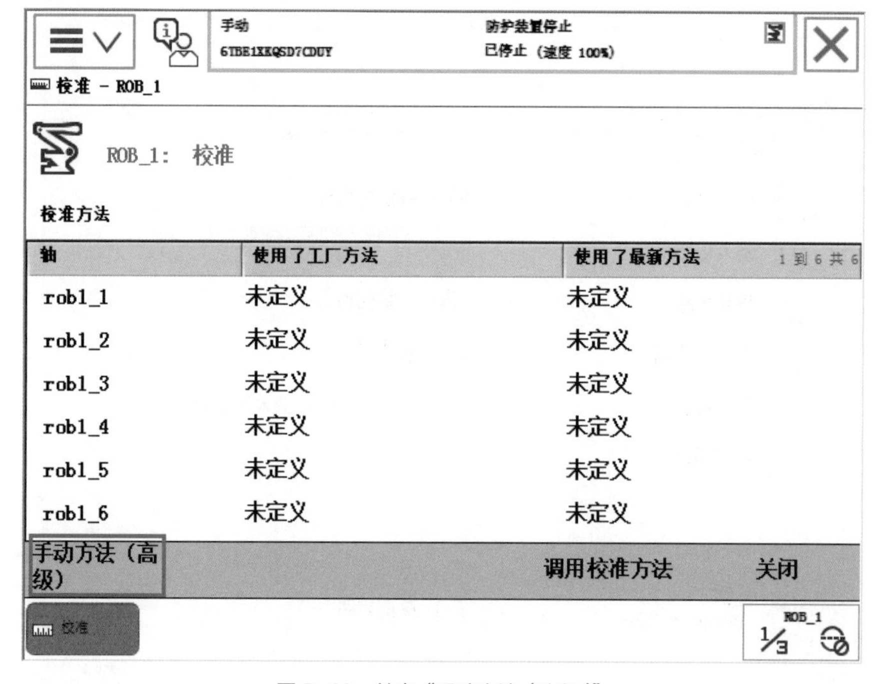

图 5-13 单击“手动方法（高级）”

⑤ 选择“校准参数”，然后选择“编辑电机校准偏移 ...”，如图 5-14 所示。

⑥ 在弹出对话框中单击“是”，如图 5-15 所示。

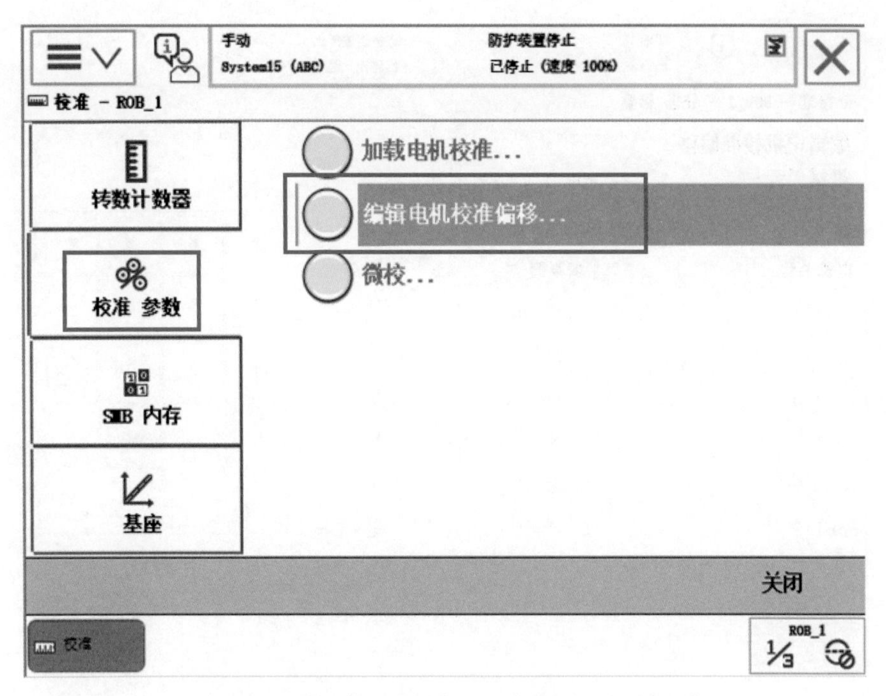

图 5-14 选择“校准参数”中的“编辑电机校准偏移”

图 5-15 单击“是”

⑦ 弹出“编辑电机校准偏移”界面，要对 6 个轴的偏移参数进行修改，如图 5-16 所示。

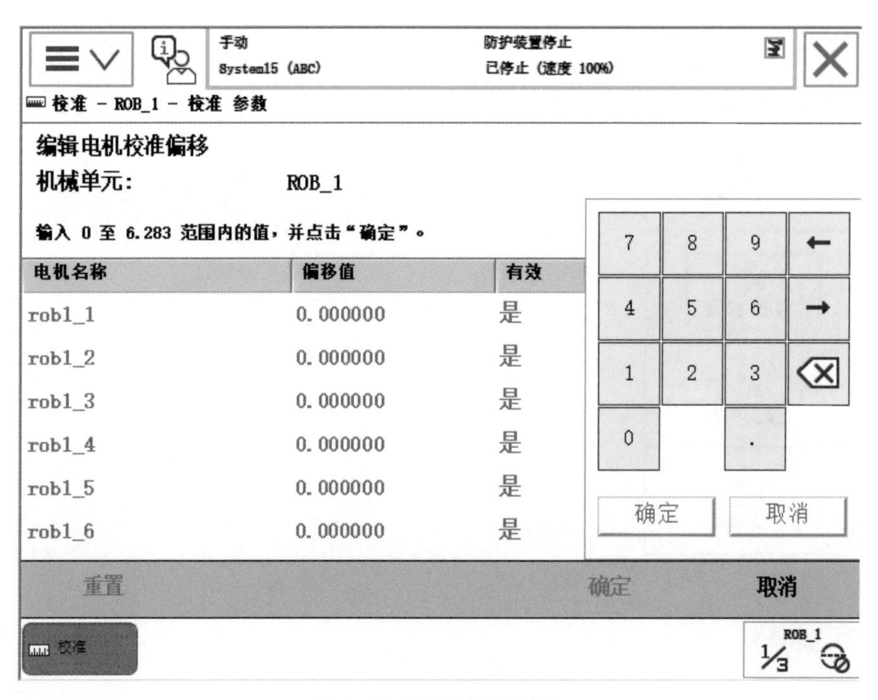

图 5-16　修改偏移值界面

⑧ 将机器人本体上电动机校准偏移数据记录下来，单击“确定更改校准偏移值”；输入机器人本体上的电动机校准偏移数据，如图 5-17 所示。

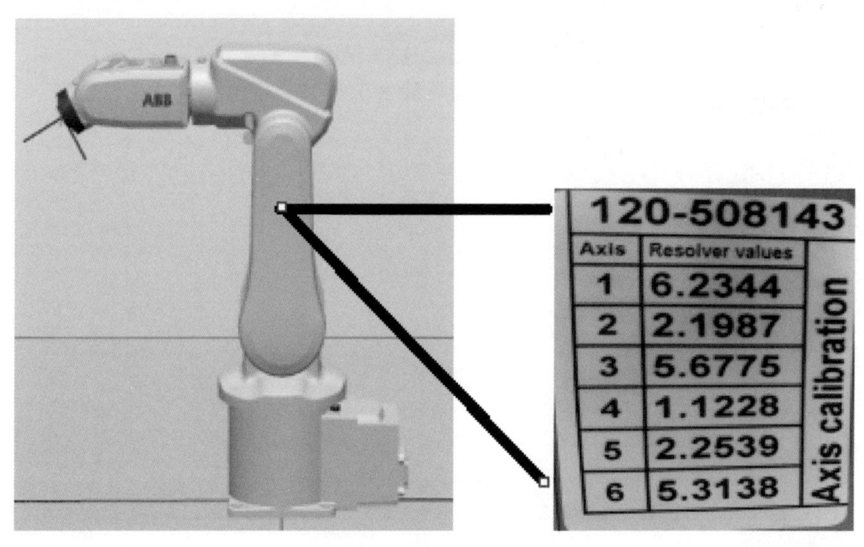

图 5-17　更改校准偏移值

⑨ 在输入新的校准偏移值后，单击“确定”，如图 5-18 所示。

⑩ 单击“是”，完成系统重启，如图 5-19 所示。

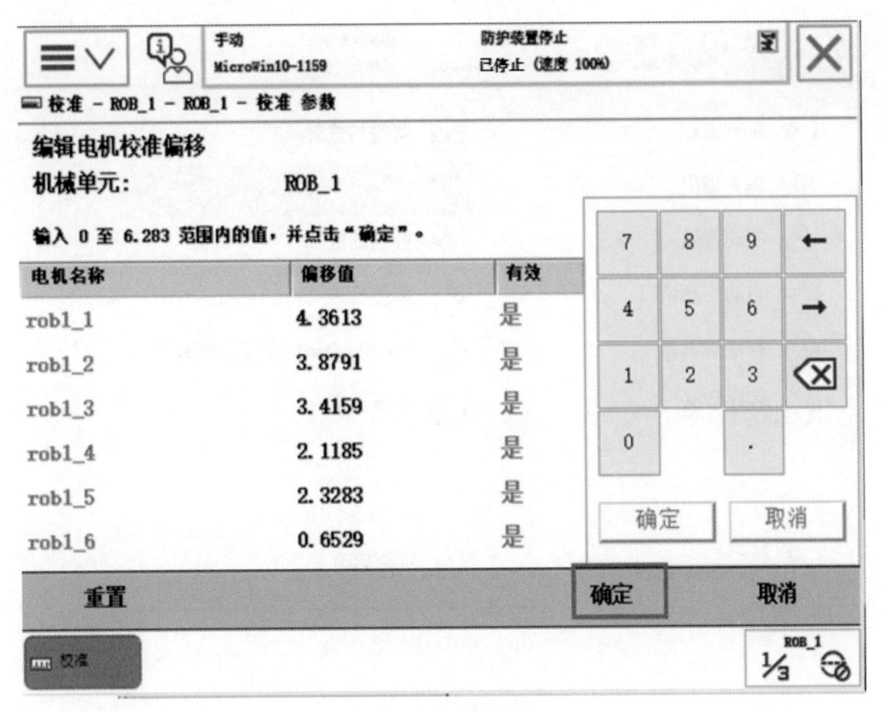

图 5-18　单击“确定”

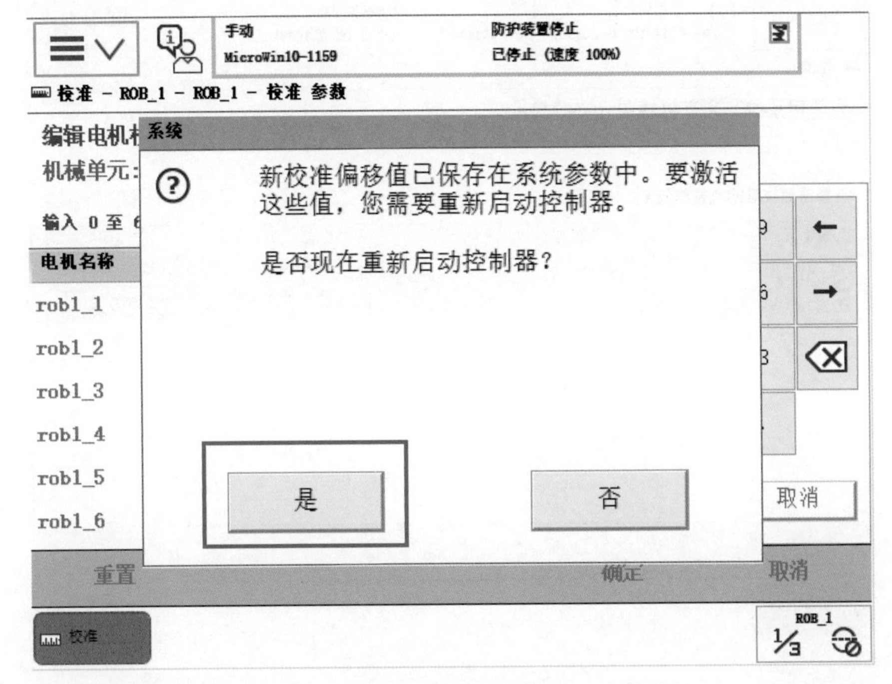

图 5-19　单击“是”

⑪ 重启后，在主菜单中单击“校准”，如图 5-20 所示。

⑫ 选择“ROB_1”，如图 5-21 所示。

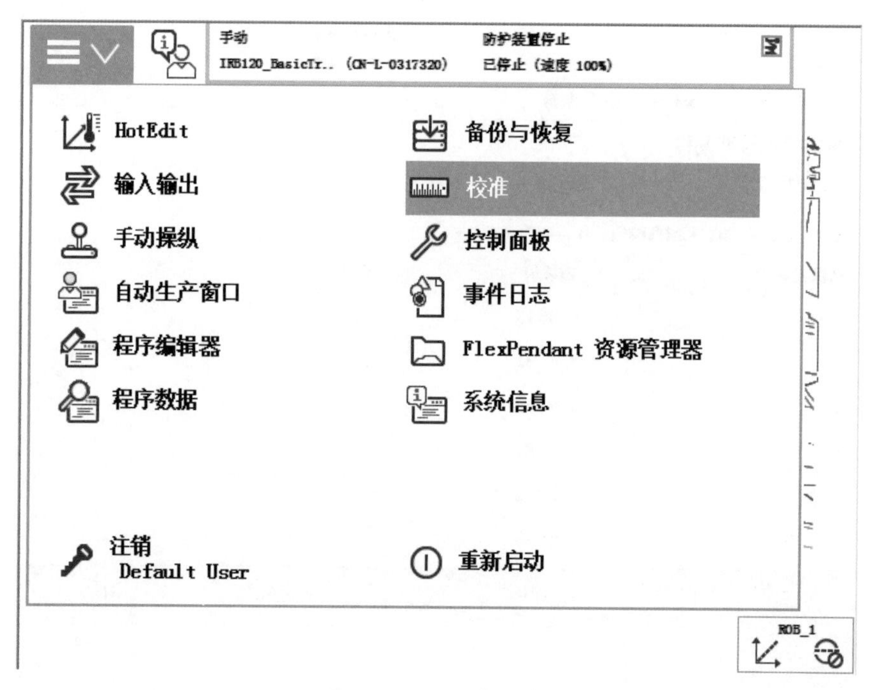

图 5-20 单击“校准”

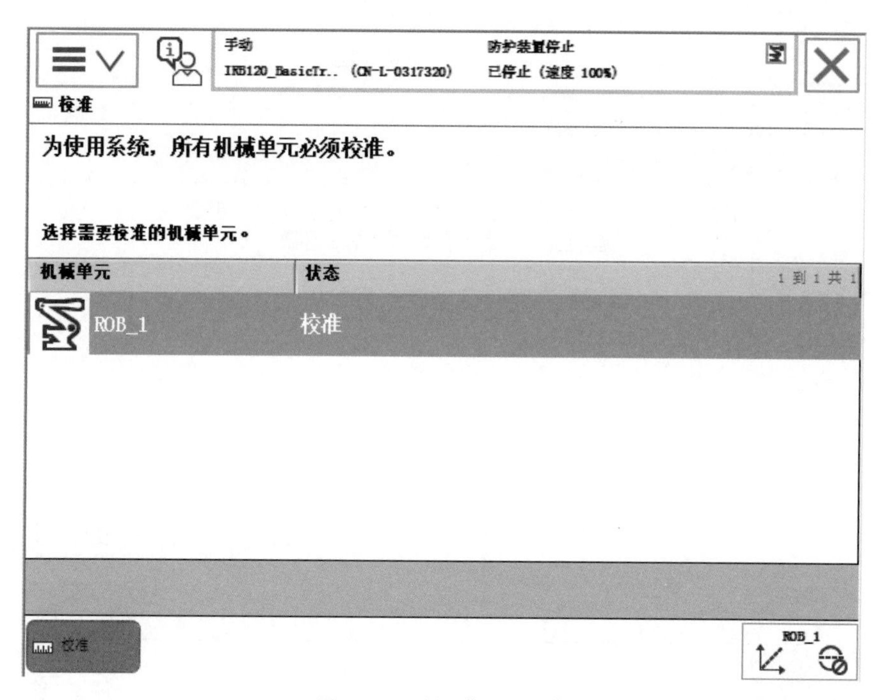

图 5-21 选择“ROB_1”

⑬ 选择“转数计数器”，然后单击“更新转数计数器”，如图 5-22 所示。

⑭ 单击“是”，如图 5-23 所示。

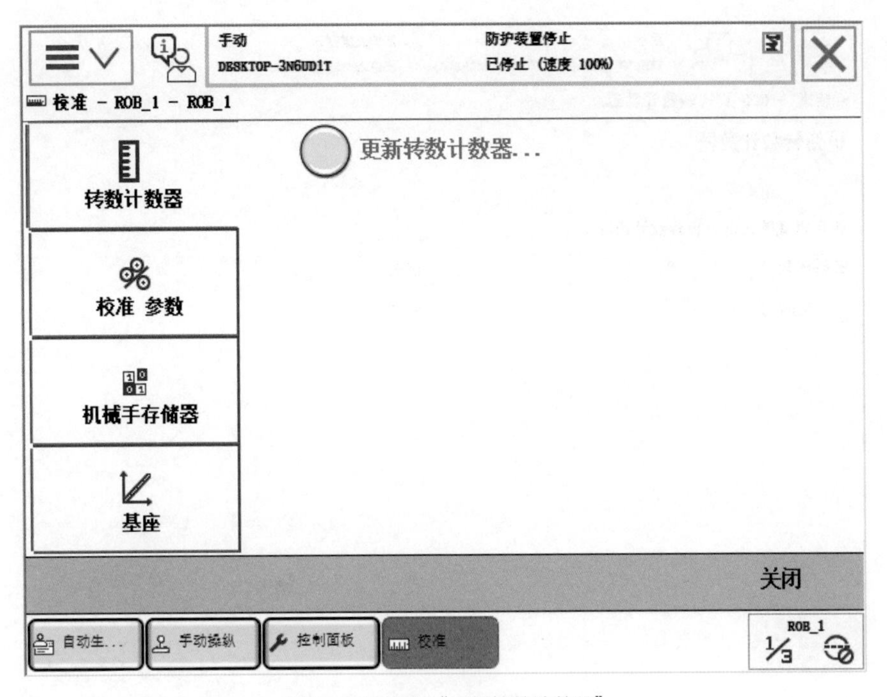

图5-22 选择“更新转数计数器”

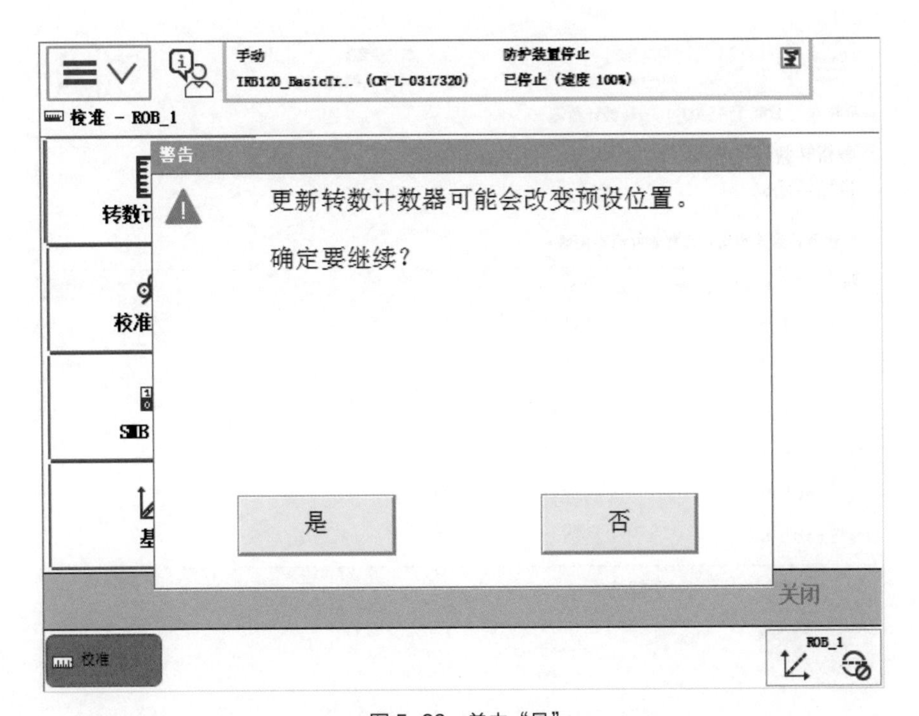

图5-23 单击“是”

⑮ 单击“确定”，如图5-24所示。

⑯ 单击“全选”，然后单击“更新”，如图5-25所示。

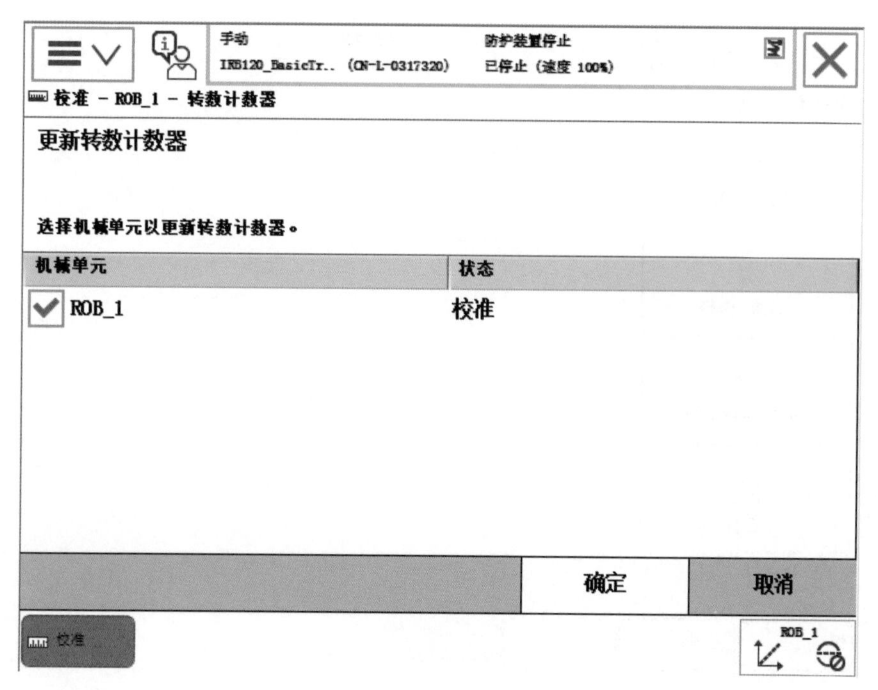

图 5-24 单击“确定”

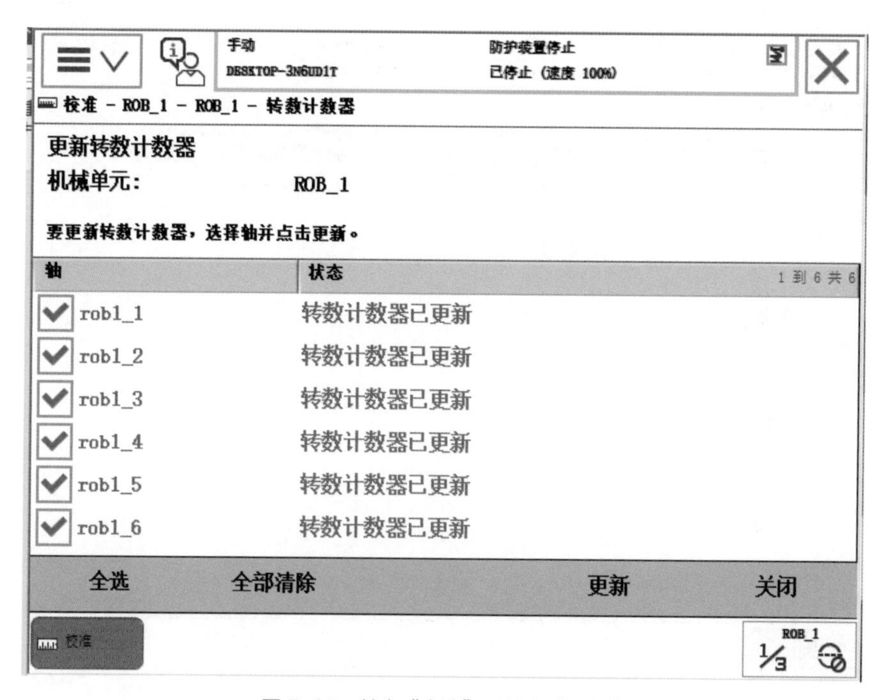

图 5-25 单击“全选”后单击“更新”

⑰ 在弹出的对话框中，单击“更新”，如图 5-26 所示。

⑱ 等待系统完成更新工作，如图 5-27 所示。

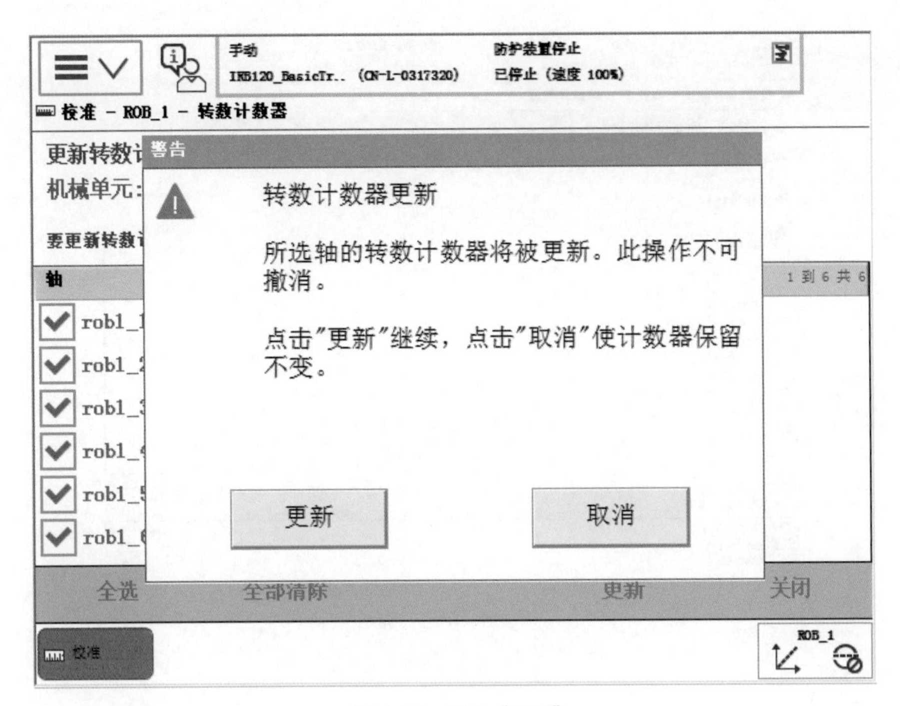

图 5-26 单击“更新”

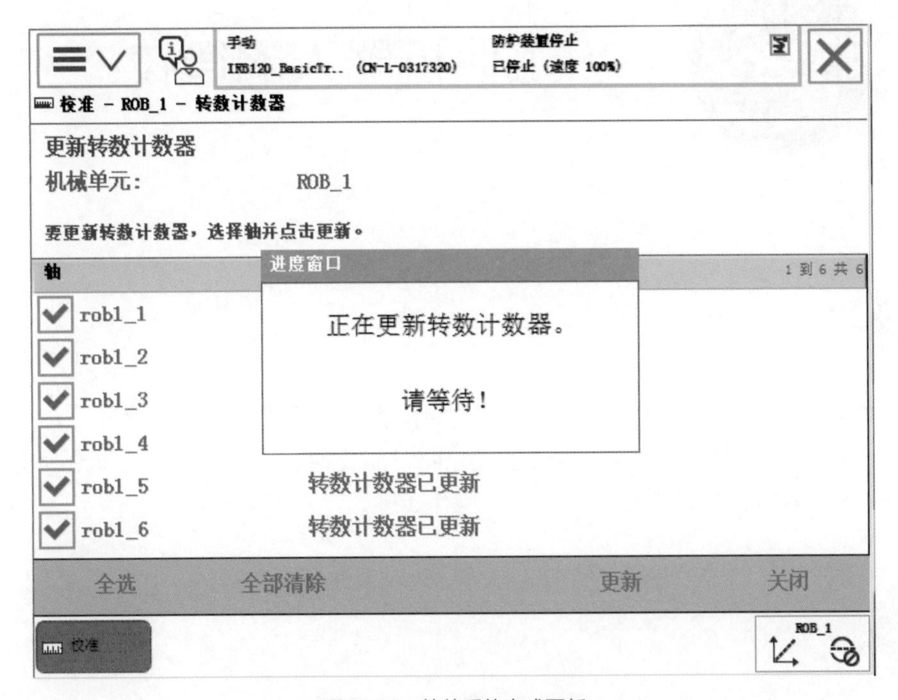

图 5-27 等待系统完成更新

⑲ 当显示“转数计数器更新已成功完成”时，单击“确定”，更新完毕，如图 5-28 所示。

图 5-28　单击“确定”

工业机器人的微校

工业机器人的微校是工业机器人的一个重要技能。部分情况下，工业机器人完成本体回零操作后仍不能保证机器人的运行轨迹准确，此时需要通过微校来对工业机器人进行调整。本任务将学习工业机器人零点微校的条件与操作步骤。

1. 微校概述

零点微校一般配合工业机器人本体回零使用，是指对机器人零点多圈信息直接进行修改（增减多圈信息的圈数），而机器人的单圈信息不变，重新定义零点位置进而实现校准的方法。一般在进行工业机器人本体回零操作之后，观察工业机器人运行轨迹，如果发现零点有偏差，就可以使用微校功能进行微校。微校是一种相对回零的方式，一般只作为辅助功能使用，在其他情况下尽量不要使用。

2. 执行零点微校的条件

在执行程序前，工业机器人一般都要进行本体回零操作，但由于机械存在差异性，有可能该台工业机器人的机械零点本身不够准确，或者操作时没有准确地将轴移动到机械零点附近，会发现执行程序时机器人的运动轨迹出现了偏差。这时需要重新移动机械轴并回零，或者使用微校功能进行调整。

工业机器人零点微校

通常，微校需要两名操作者协作完成：操作者 A 操作示教器，操作者 B 负责装卸相关工具并辅助 A 完成该项操作。以 IRB120 机器人的第五轴和第六轴微校为例，具体操作步骤如下：

① 检查设备是否正常、用于微校及后续工作的工具（见图 5-29）是否齐全，以便于后面任务的完成。

② 操作者 A 利用示教器将机器人调整到便于安装工具的姿态，操作者 B 安装五、六轴的微校工装（注意工装缺口朝向），如图 5-30 所示。

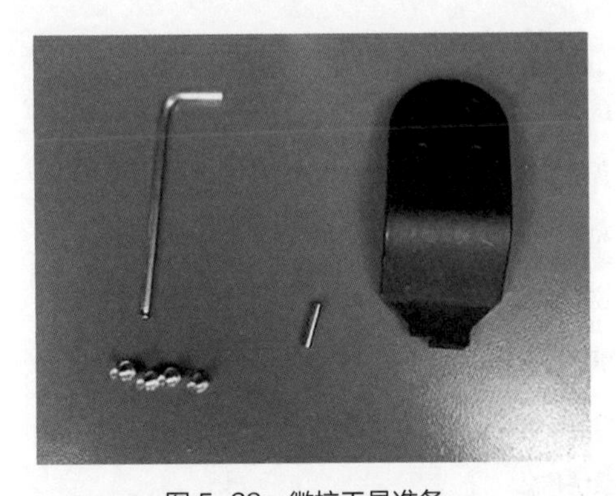
图 5-29　微校工具准备

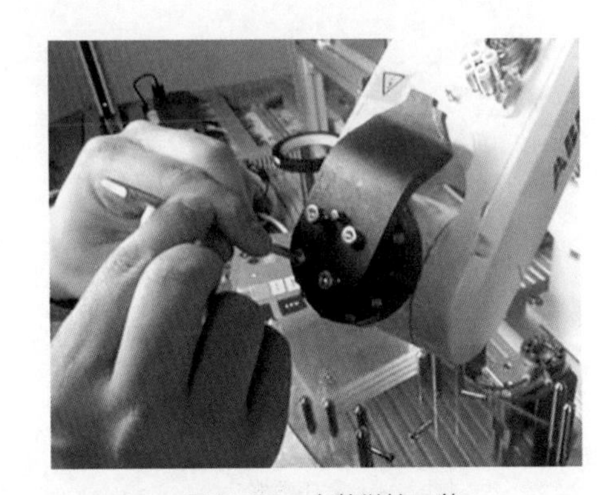
图 5-30　安装微校工装

③ 如图 5-31 所示，操作者 B 双手拖住机器人四轴处，以防机器人下坠碰撞。

④ 操作者 A 按住控制柜上蓝色按钮，松开各轴抱闸（见图 5-32）。

⑤ 在操作者 A 动作的基础上，操作者 B 双手扳动机器人五、六轴，使微校工装到达校准位置（见图 5-33）。

⑥ 当微校工装到达指定位置时，操作者 B 即可示意操作者 A 松开按钮并去操作示教器（见图 5-34）。

图 5-31　双手拖住机器人四轴处

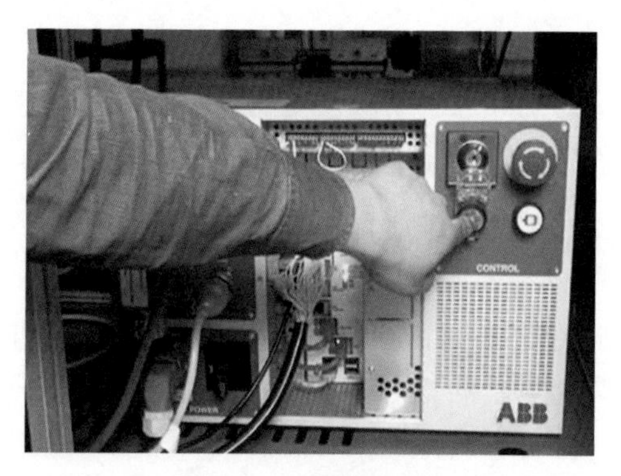

图 5-32　松开各轴抱闸

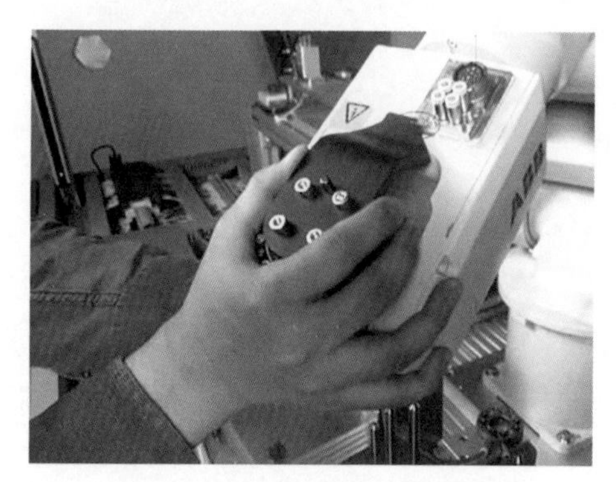

图 5-33　微校工装到达校准位置

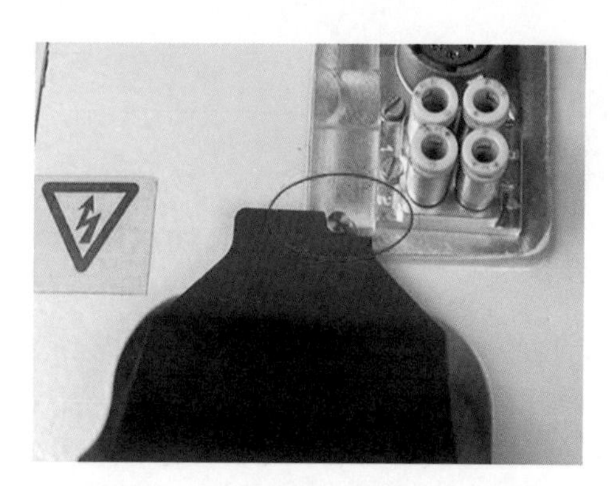

图 5-34　微校工装到达指定位置松开按钮

⑦ 点开菜单“≡∨”，选择“校准”，如图 5-35 所示，进入机器人“校准”界面。
⑧ 点击左下角“手动方法（高级）”，如图 5-36 所示，进入高级校准界面。

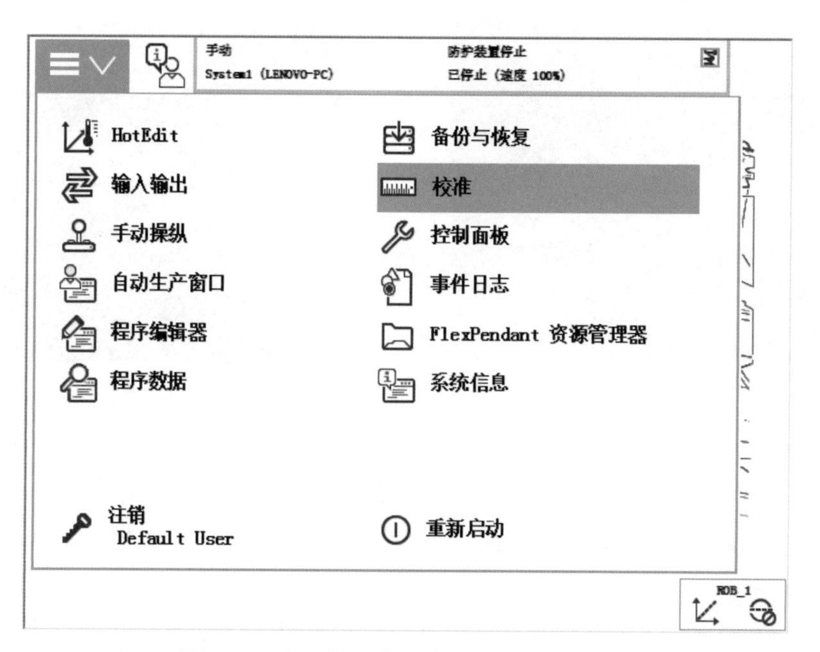

图 5-35　选择“校准”进入机器人“校准”界面

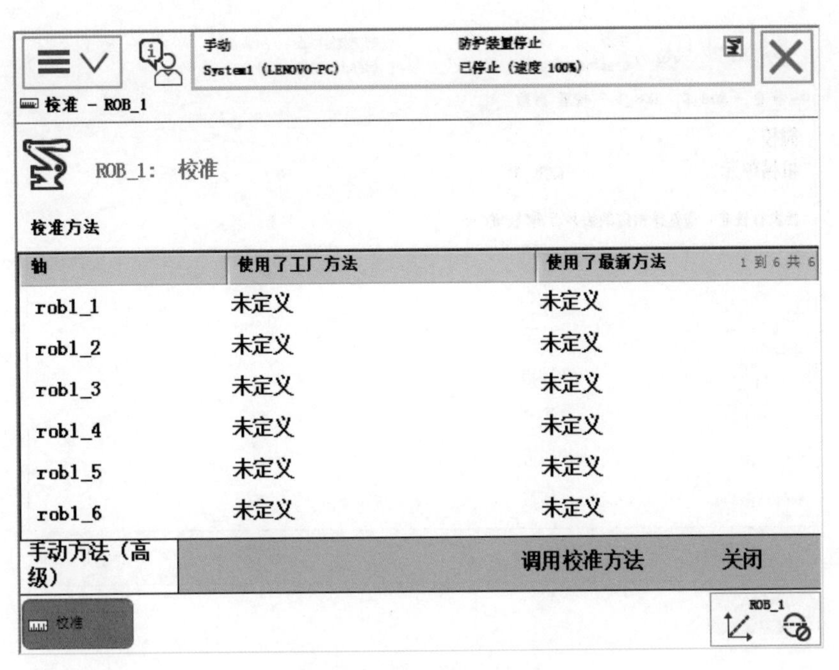

图 5-36　机器人“校准”界面

⑨ 在弹出来的界面中的左侧栏选择“校准参数”，并右侧点击“微校”（见图 5-37），在跳出来的页面里点击“是”，进入各轴微校界面。

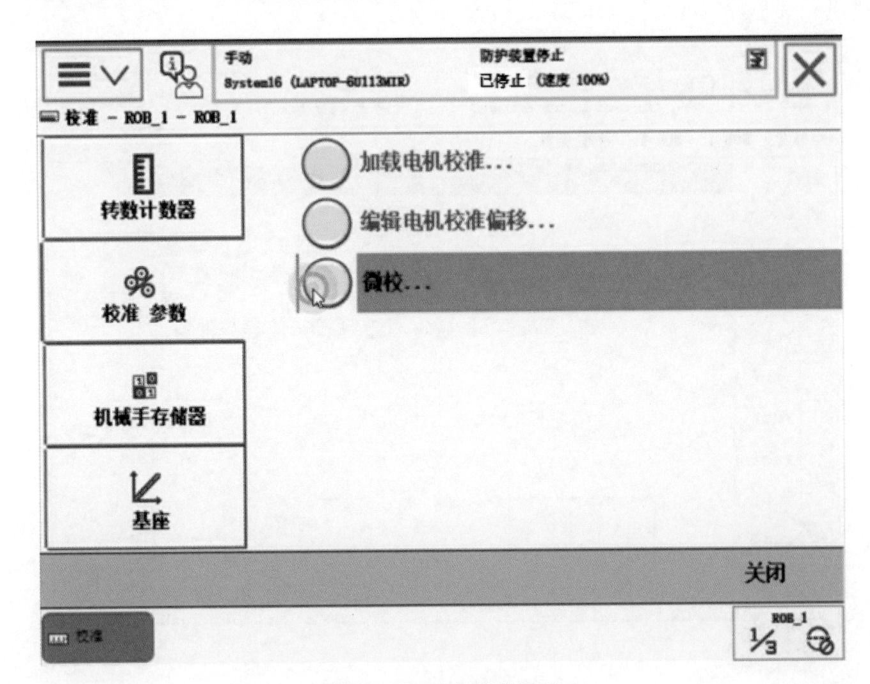

图 5-37　高级校准界面

⑩ 微校界面可以选中多轴进行微校，此时只选中要求的五、六轴，点击右下角“校准”，如图 5-38 所示。

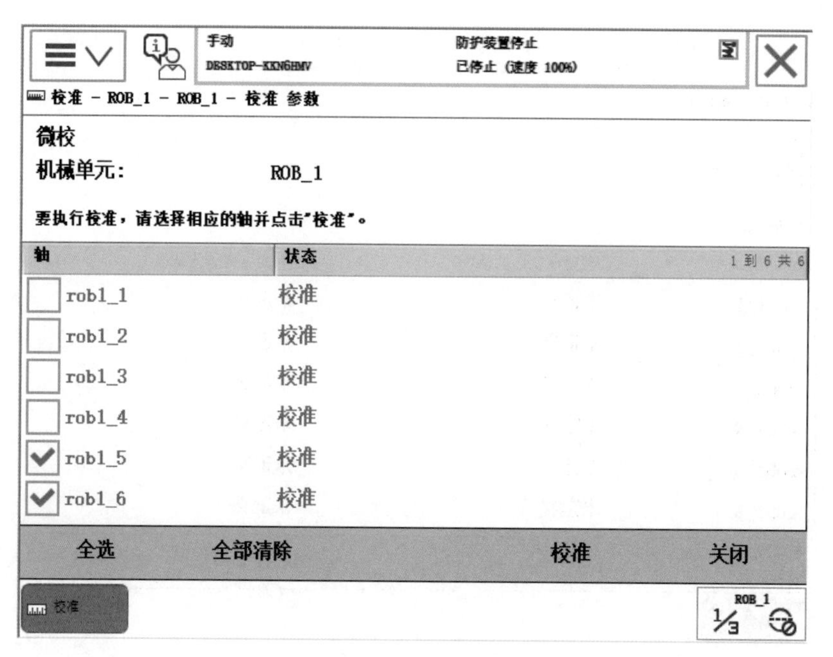

图 5-38　微校界面

⑪ 在跳出对话框中仍然点击“校准”（见图 5-39），再点击“确定”完成微校，并将微校结果与机器人本体上记录的机器人各轴偏移数值（见图 5-40）进行比较，如果偏差较大，则需要重新进行微校。

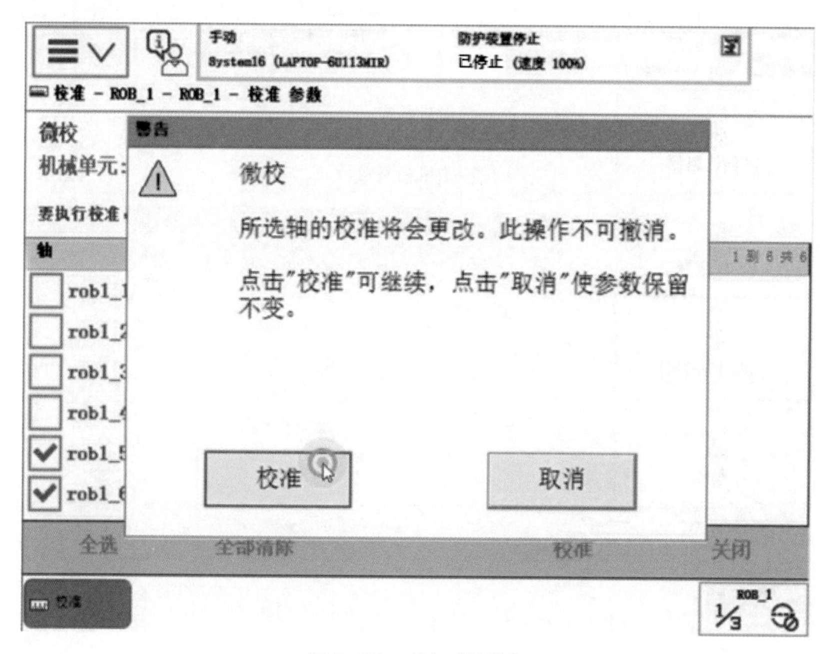

图 5-39　点击“校准”

⑫ 一切结束后，操作者 A 按住蓝色按钮，操作者 B 将机器人恢复到开始的位姿并使用内六角扳手将微校工装拆除，如图 5-41 所示，恢复成初始状态。

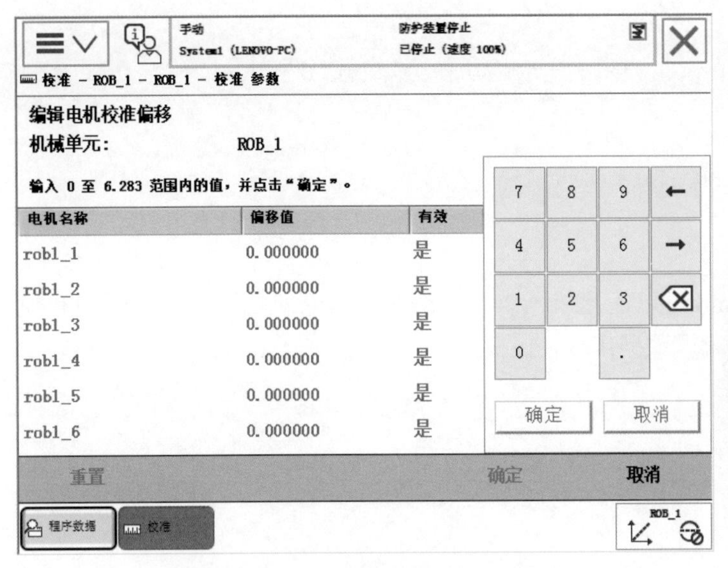

图 5-40 “编辑电机校准偏移”界面

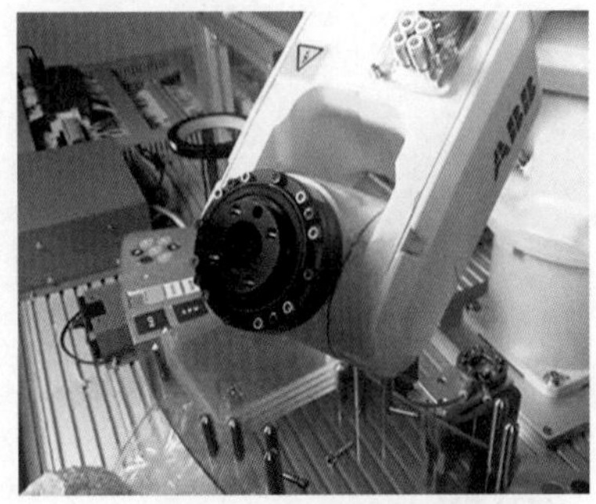

图 5-41 拆除微校工装

工业机器人服务例行程序

随着机器人运行时间的推移，机器人计时器等信息需要复位，需要及时的维护，这就需要调用服务例行程序。

服务例行程序简介

(1) Bat_Shutdown

执行服务例行程序 Bat_Shutdown 可以使在运输或库存期间关闭串行测量电路板的电池

以节省电池电量。

正常关机 SMB 板的功耗为 1mA，关闭电池后的功耗会降低到 0.3mA。

（2）LoadIdentify

LoadIdentify 用于自动识别安装于机器人之上的载荷数据。

（3）ServiceInfo

执行服务例行程序 ServiceInfo 可以简化机器人系统的维护。它对机器人操作时间和模式进行监控，并以维护活动来临时提示操作员。包括：

① 日历时间计时器。

② 操作时间计时器。

③ 齿轮箱操作时间计时器。

调用服务例行程序

调用服务例行程序，完成 ServiceInfo 中的 Calendar Time 复位。

① 打开“程序编辑器”，选择“调试”，找到并单击“调用例行程序…”，如图 5-42 所示。

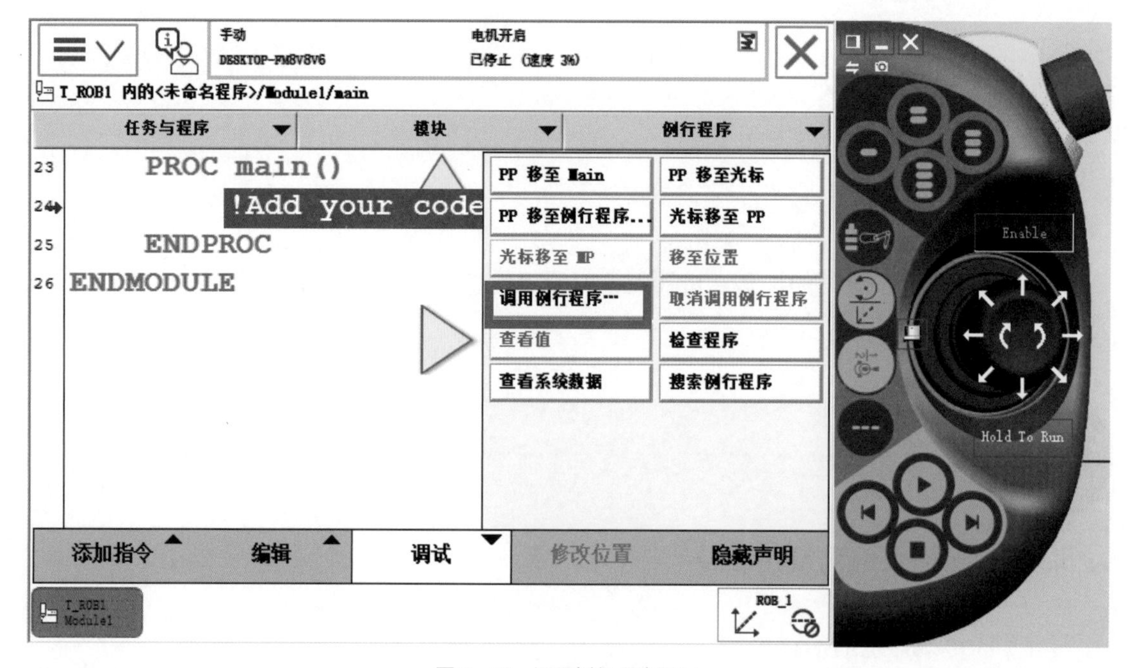

图 5-42　调用例行程序界面

② 选择 ServiceInfo，然后单击“转到”，如图 5-43 所示。

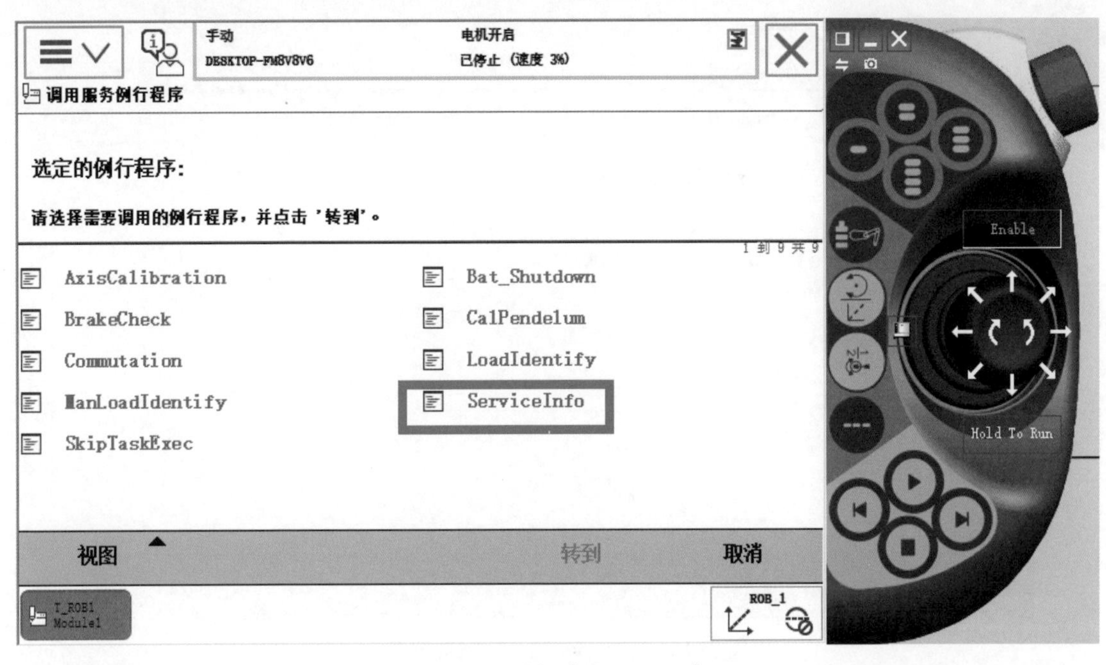

图 5-43　选择“ServiceInfo”

③ 按示教器“开始”按钮，由于机器人生产商对该程序模块进行了加密，所以该界面显示“选定模块已编码，且无法显示”，如图 5-44 所示。

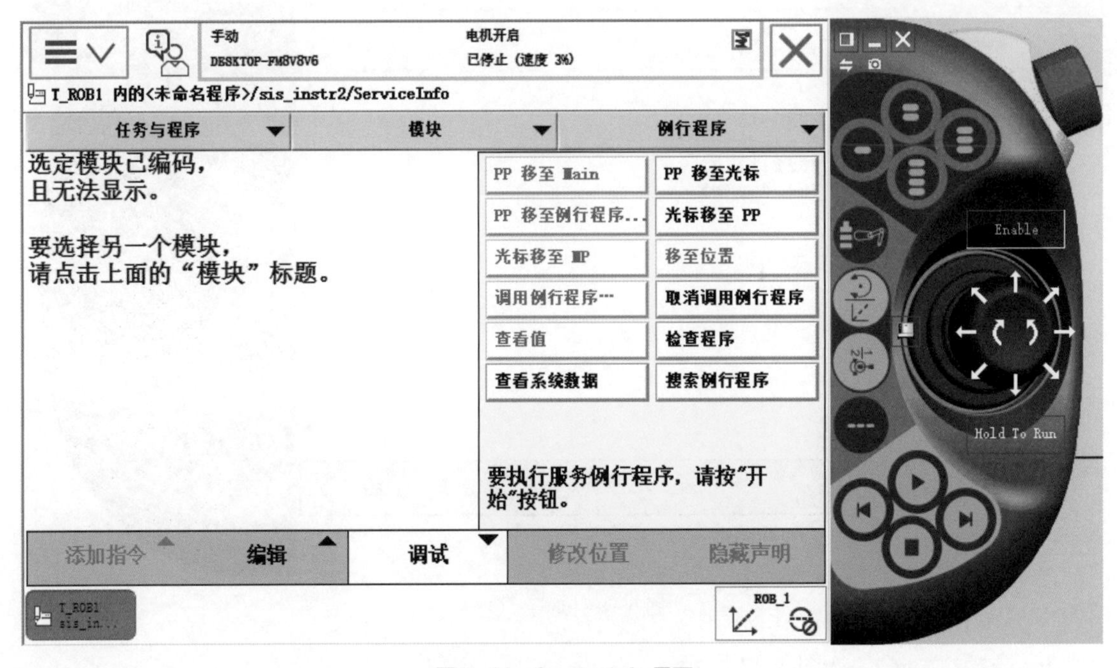

图 5-44　ServiceInfo 界面

④ 选择“1”，进行 Calendar Time 校准，如图 5-45 所示。

ROB_1

Service Information System

1: Calendar Time OK
2: Operation Time OK
3: Gearbox OK

图 5-45　Calendar Time 校准选择界面

⑤ 选择“OK”，如图 5-46 所示。

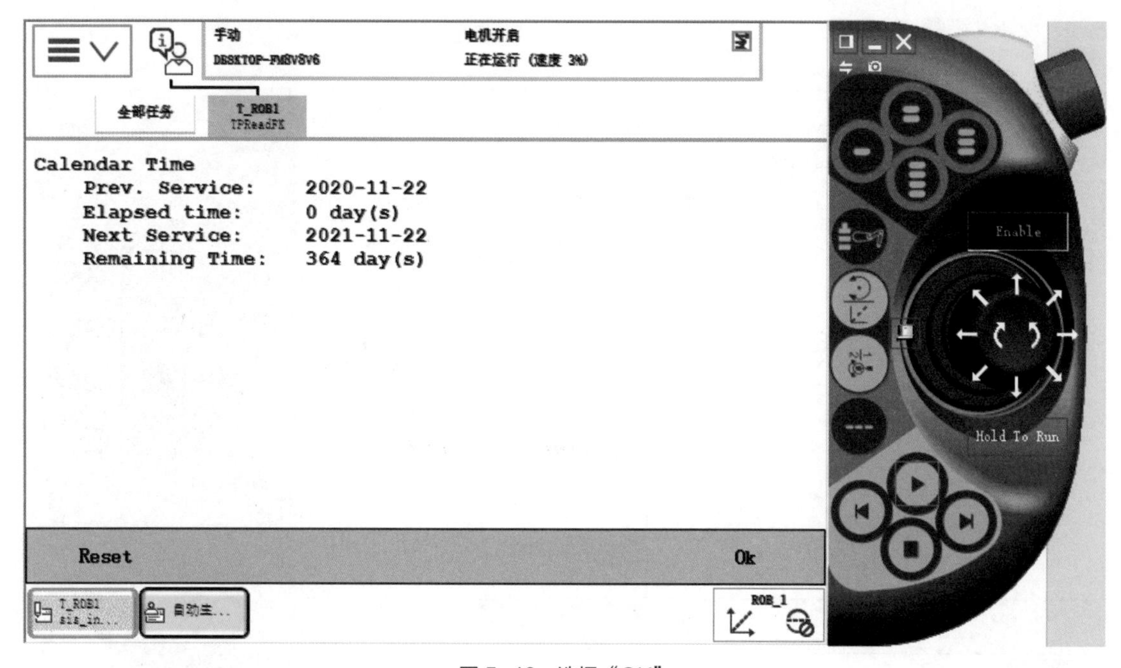

图 5-46　选择“OK”

⑥ 选择“Exit”，如图 5-47 所示。

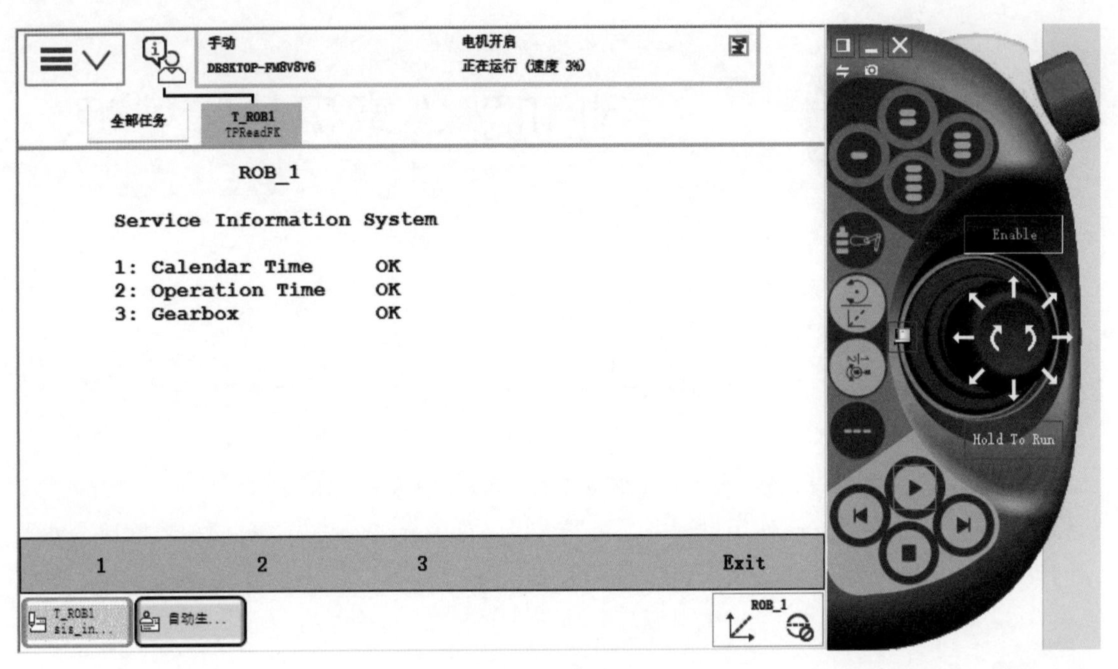

图 5-47 选择“Exit”

⑦ 在弹出的界面中，选择“Yes”，如图 5-48 所示。

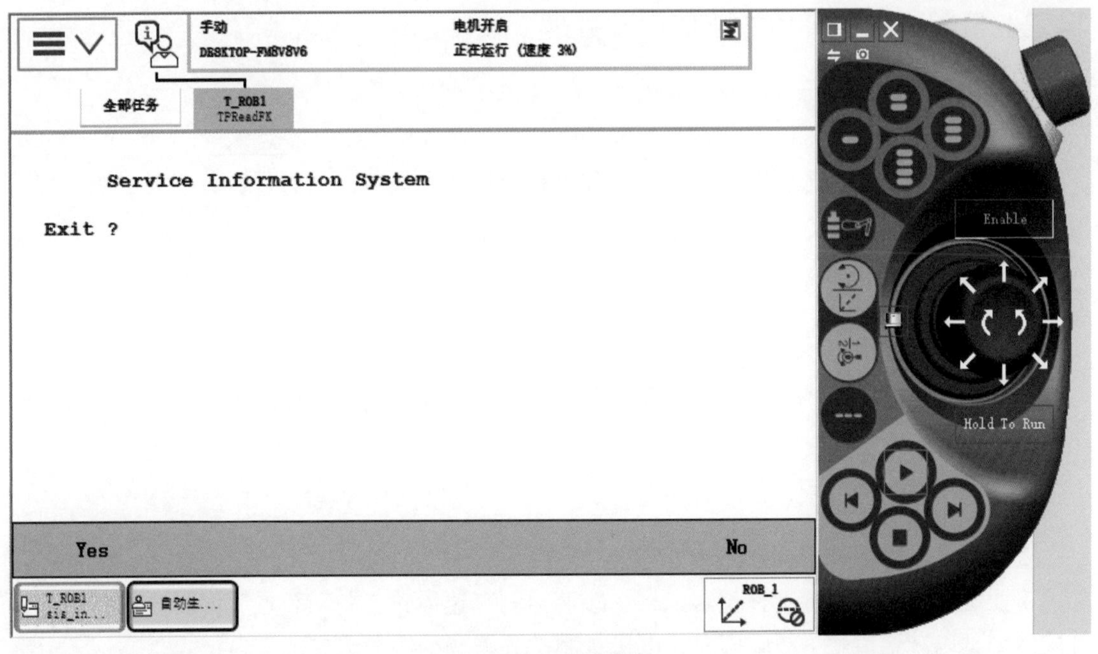

图 5-48 退出选择界面

任务 4 ／ 工业机器人常见故障处理

目前，工业机器人已广泛应用于汽车及汽车零部件制造业、电子电气行业、食品行业、机械加工行业等领域中。在使用过程中，机器人设备难免会出现一些常见的故障信息，需要及时处理。常见故障包括硬件故障和软件故障。

1. 工业机器人常见硬件故障信息及处理

（1）判断故障轴

首先检查是由哪一个轴引起了故障，如果很难检测出故障，核对是否有下列可能出现的机器异常。

① 有零件发出噪声。

② 有零件过热。

③ 有零件松动或有后坐力。

如果检测出了故障轴，再检查由哪个零件引起的故障。同一种故障现象会有多种可能的原因。

（2）处理故障零件

查出故障零件后，根据以下步骤进行处理。

工业机器人的主要零部件包含电机、减速器的减速齿轮、制动装置、编码器等，在零部件故障中又以减速齿轮为故障多发，电机、制动装置和编码器次之。

当减速齿轮损坏时会发生振动或发出不正常的声响。在这种情况下，会引起过载和不正常的偏离从而扰乱正常的作业，有时还会引起过热。机器人可能会出现完全不能移动或位置偏移错误。这些可能是由于减速齿轮主轴和腕轴损坏引起的，如何诊断到底是主轴还是腕轴损坏，还需如下几步。

① 当机器人工作时，检查减速齿轮是否有振动、不正常声响或过热现象。

② 检查减速齿轮是否有松动和磨损现象。

③ 检查在不正常现象发生前外围设备是否已与机器人连接，减速齿轮的损坏可能是由连接造成的。

④ 前后摇晃末端执行器，检查减速齿轮是否有松动。

⑤ 关闭电机，同时开启刹车释放开关，检查是否可以用手转动轴，如果不能转动则说明减速齿轮有故障。

按照上述步骤诊断后可确定到底是主轴还是腕轴损坏，当确定故障零件后，再针对其进行相对应的解决方案。若为主轴损坏，则需要更换减速齿轮，用起重机来提升和悬吊机器人的机械臂。若为腕轴损坏，除了可更换减速齿轮外，还可以更换整个机械腕部分。

相对于减速齿轮的更换，制动装置和电机的更换要简单一些。关闭电机，开启、关闭刹车释放开关，检查操作中是否能听到刹车声。若听不到，则说明刹车线已破损。

注意：在进行刹车释放开关的开启、关闭操作时，要小心机械臂脱落。检查出有损坏和老化的零件时应及时更换。

2. 工业机器人常见软件故障信息及处理

一般地，可以通过对机器人系统软件 Robotware 定期升级的方法来增加新的功能与特性，同时修改一些已知的错误，从而使得机器人运行更有效率和更可靠。

在机器人正常运行的过程中，由于对机器人系统 Robotware 进行了误操作（例如意外删除系统模块，I/O 设定错乱，等等）引起的报警与停机，我们可以称之为软件故障。

故障分析及解决方法

（1）指令错误引起的故障

① 引起“系统故障”的原因很多，点击“事件任务栏”查看详细说明，如图 5-49 所示。

② 对报警的信息进行分析，如图 5-50 所示，比如编程时指令使用不正确引起了故障，按照事件消息中的提示方法修改错误即可。

③ 打开系统输入设置画面的“菜单流程路径”，双击“System Input”打开。

（2）未正确设置工具载荷引起的故障

如图 5-51 所示，分析得出是由于没有将工具数据 tool1 中的默认载荷“-1”修改，从而导致无法选择 tool1。

解决办法：将 tool1 中 mass 的数值“-1”修改为一个正数。

图 5-49 “事件任务栏”界面

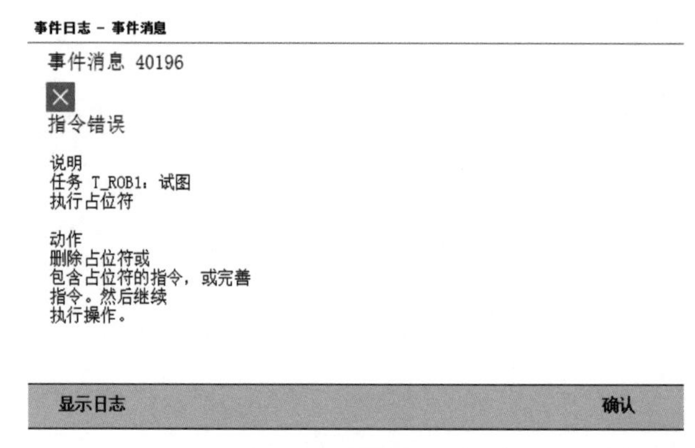

图 5-50 故障信息提示（一）

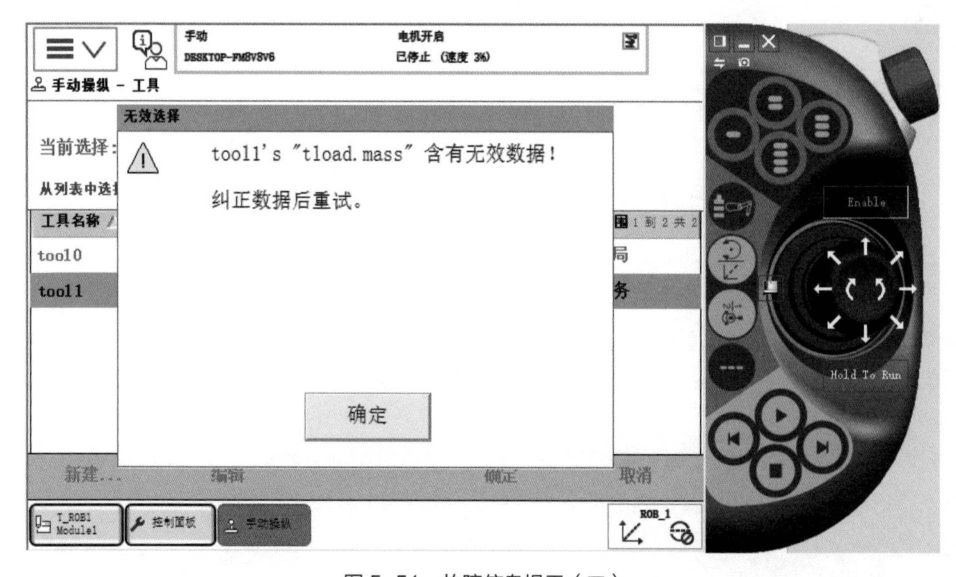

图 5-51 故障信息提示（二）

(3) 启动失败

如图 5-52 所示，分析得出是在未设定好程序指针（PP）的时候启动程序。

解决办法：将指针（PP）设定在程序中，再启动程序。

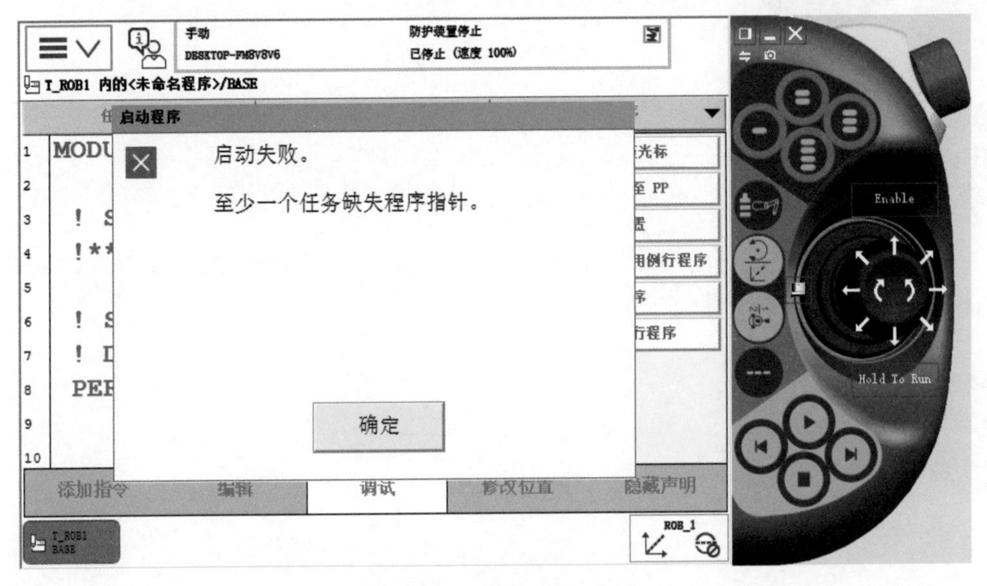

图 5-52　故障信息提示（三）

(4) 保护停止状态不允许启动程序

如图 5-53 所示，分析得出是在系统处于保护停止的状态，也就是电机处于关闭的状态下，启动程序。

解决办法：按照正确操作步骤，首先按住使能键，开启电机，再启动程序。

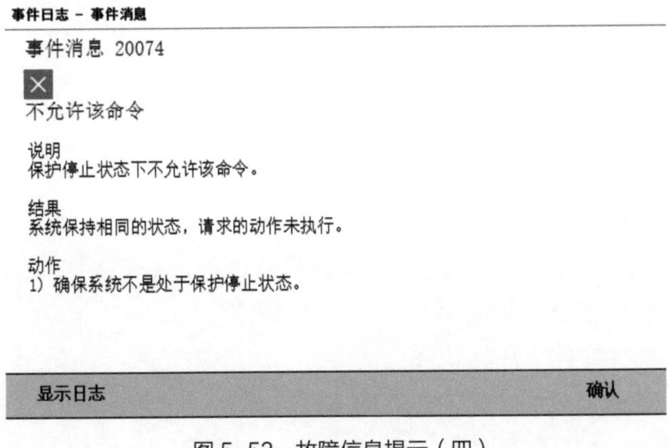

图 5-53　故障信息提示（四）

任务 5 / 工业机器人维护

机器人设备频繁使用会出现一些故障，可能影响生产，需要做好周期维护工作来减少故障和保障生产。

周期维护

设备点检是一种科学的设备管理方法，它利用简单的仪器工具，对设备进行定点、定期的检查，对照标准发现设备的异常现象和隐患，掌握设备故障的初期信息，以便及时采取对策，将故障消灭在萌芽阶段。

（1）日点检项目维护实施

日点检项目 1：控制柜清洁，四周无杂物。

日点检项目 2：保持通风良好。

对于电气元件来说，保持一个合适的工作温度是相当重要的。如果环境温度过高，会触发机器人本身的保护机制而报警，如果不给予处理，持续长时间的高温运行就会损坏机器人的电气模块与元件。

日点检项目 3：检查示教器功能。

日点检项目 4：检查控制柜运行。

控制柜正常上电后，示教器上无报警。控制柜背面的散热风扇运行正常。

日点检项目 5：检查安全防护装置运作，如急停按钮等。

日点检项目 6：检查按钮 / 开关功能。

工业机器人在实际使用中必然会有周边的配套设备，同样是利用按钮 / 开关实现功能的使用。所以在开始作业之前，就要对工业机器人本身与周边设备的按钮 / 开关进行检查与确认。

（2）定期点检项目维护实施

定期点检项目 1：清洁示教器（每 1 个月）。

根据使用说明书的要求，ABB 工业机器人示教器要求最少每个月清洁一次。一般地，使用纯棉的拧干的湿毛巾（防静电）进行擦拭。有必要的话，也可使用稀释的中性清洁剂。

定期点检项目 2：散热风扇的检查（每 6 个月）。

定期点检项目 3：散热风扇的清洁（每 12 个月）。

定期点检项目 4：检查上电接触器 K42、K43（每 12 个月）。

在手动状态下，按下使能器到中间位置，使机器人进入“电机上电”状态。查看事件日志，如果未出现报警，则说明状态正常；如果有报警，则根据报警提示进行处理。

松开使能器，查看事件日志，如果未出现报警，则说明状态正常；如果有报警，则根据报警提示进行处理。

定期点检项目 5：检查刹车接触器 K44（每 12 个月）。

在手动状态下，按下使能器到中间位置，使机器人进入“电机上电”状态。机器人单轴慢速小范围运动。

细心观察机器人的运动是否流畅、有异响，1 ～ 6 轴分别单独运动进行观察。

定期点检项目 6：检查安全回路（每 12 个月）。

定期点检项目 7：清洁机器人。

清洁方法：

a. 如果沙、灰和碎屑等废弃物妨碍电缆移动，则将其清除。

b. 如果发现电缆有硬皮，则要马上进行清洁。

定期点检项目 8：检查机器人线缆。

机器人布线包含机器人与控制器机柜之间的线缆，主要是电机动力电缆、转数计数器电缆、示教器电缆和用户电缆（选配）。目视检查机器人布线，检查机器人线缆。

定期点检项目 9：检查 1 轴机械限位。

在 1 轴的运动极限位置有机械限位，用于限制轴运动范围以满足应用中的需要。为了安全，采用目视的方法定期点检 1 轴的机械限位是否完好，保证其功能正常。

定期点检项目 10：润滑弹簧关节。

以 IRB1410 机器人为例，机器人本体上有两条平衡弹簧，需要定期用黄油枪对弹簧两端活动的关节进行润滑。

定期点检项目 11：5 轴、6 轴齿轮润滑。

IRB1410 机器人本体的 5 轴和 6 轴的齿轮加注油脂的位置需要定期进行润滑。

定期点检项目 12：更换电池组。

电池的剩余后备电量（机器人电源关闭）不足 2 个月时，将显示电池低电量警告（38213 电池电量低）。通常，如果机器人电源每周关闭 2 天，则新电池的使用寿命为 36 个月，而如果机器人电源每天关闭 16 小时，则新电池的使用寿命为 18 个月。对于较长的生产中断，通过电池关闭服务例行程序可延长使用寿命（大约提高使用寿命的 3 倍）。

/Administration
Resources
/Legal
/Accounting
/Finance
/Marketing
/Publicity
/Promotion
/Research
/Business
/Development
/Engineering
/Planning

项目6

工业机器人I/O通信

工业机器人通信模块及信号的配置

在了解ABB机器人I/O通信种类及常用标准I/O板的基础上，对DSQC652板进行配置，定义总线连接、数字输入输出信号及模拟输出信号。

I/O端口介绍

I/O是Input/Output的缩写，即输入/输出，机器人可通过I/O端口与外部设备进行交互。数字量输入：各种开关信号反馈，如按钮开关、转换开关、接近开关等；传感器信号反馈，如光电传感器、光纤传感器；还有接触器，继电器触点信号反馈；另外还有触摸屏里的开关信号反馈。数字量输出：控制各种器件线圈，如接触器、继电器、电磁阀；控制各种指示类信号，如指示灯、蜂鸣器。

ABB机器人标准I/O板提供的常用信号处理有数字输入DI、数字输出DO、模拟输入AI、模拟输出AO等。ABB机器人标准I/O板是挂在DeviceNet网络上的，所以要设定模块在网络中的地址，如表6-1所示。

表6-1　常用的ABB机器人标准I/O板

型号	说明
DSQC651	分布式I/O模块DI8、DO8、AO2
DSQC652	分布式I/O模块DI16、DO16
DSQC653	分布式I/O模块DI8、DO8，带继电器
DSQC355A	分布式I/O模块AI4、AO4
DSQC377A	输送链跟踪单元

DSQC651 为常见的 ABB 机器人标准 I/O 板。DSQC651 板主要提供 8 个数字输入信号、8 个数字输出信号和 2 个模拟输出信号的处理，如图 6-1 所示。DSQC652 也是常见的 ABB 机器人标准 I/O 板。DSQC652 板主要提供 16 个数字输入信号、16 个数字输出信号。

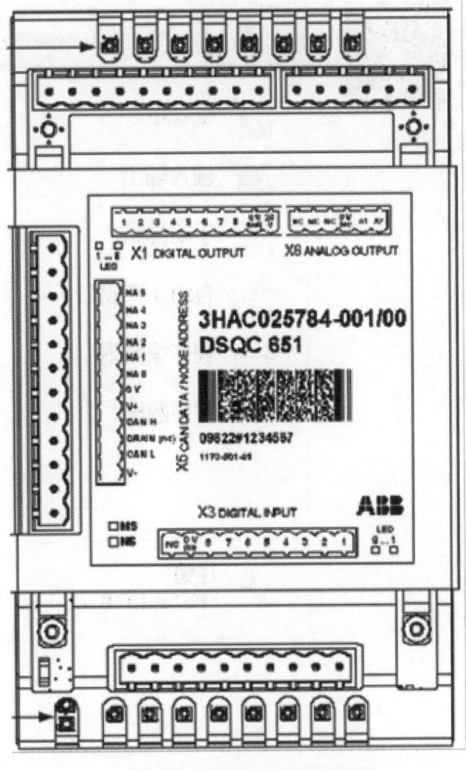

图 6-1　DSQC651 板

1. 标准 I/O 板配置

本任务以 DSQC652 为例，介绍 ABB 机器人标准 I/O 板的配置方法。首先，点击 ABB 主菜单，找到“控制面板”选项，如图 6-2 和图 6-3 所示。依次点击“配置”“DeviceNet Device”，“添加”，选择 DSQC 652 24 VDC I/O Device，修改 Address 的值为 10，点击“是”，进行重启，如图 6-4 ～图 6-9 所示。

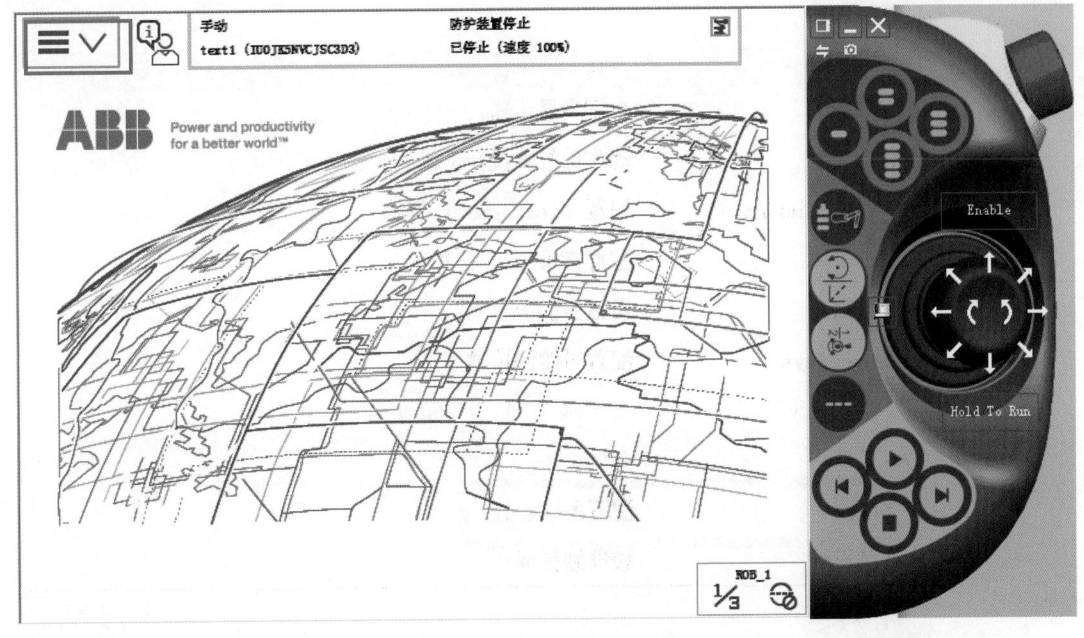

图 6-2　ABB 系统软件主界面

标准 I/O 板配置

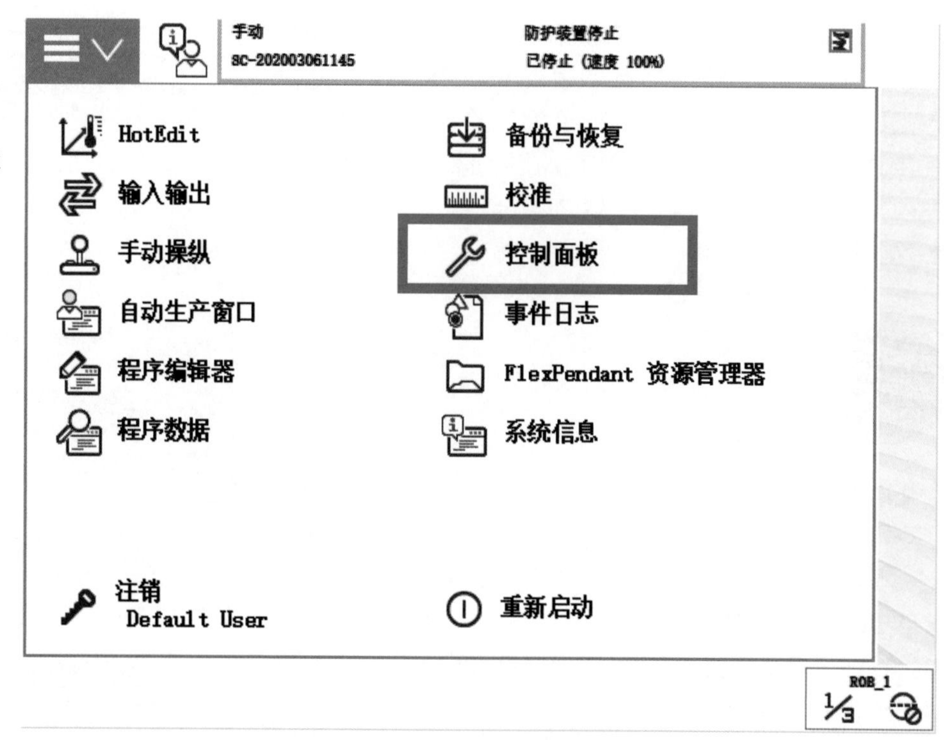

图 6-3　单击“控制面板”选项

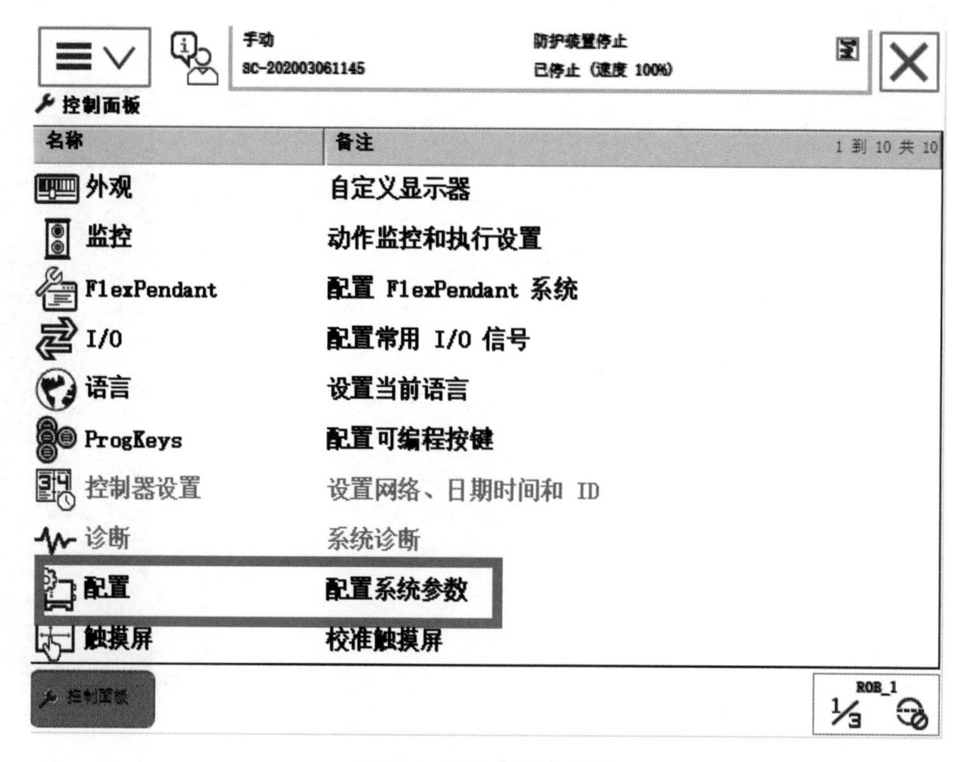

图 6-4　单击“配置”选项

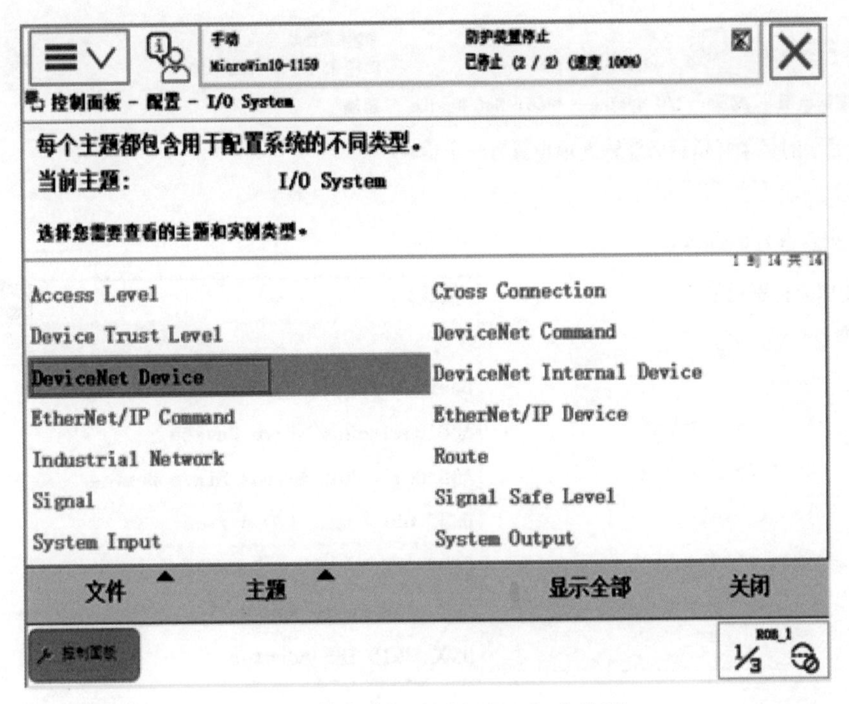

图 6-5　单击“DeviceNet Device”选项

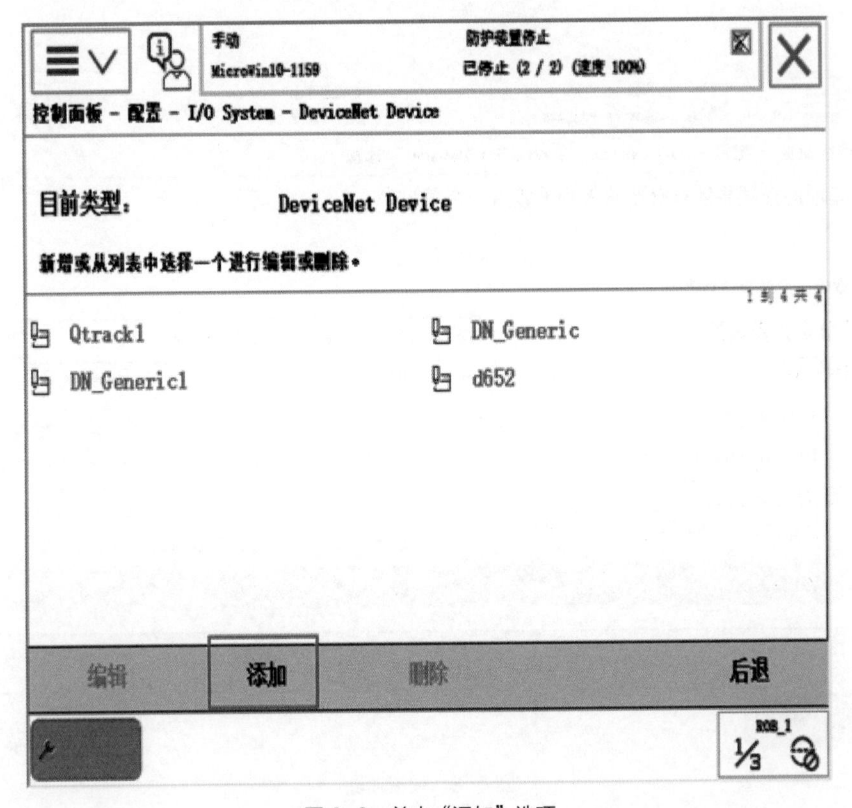

图 6-6　单击“添加”选项

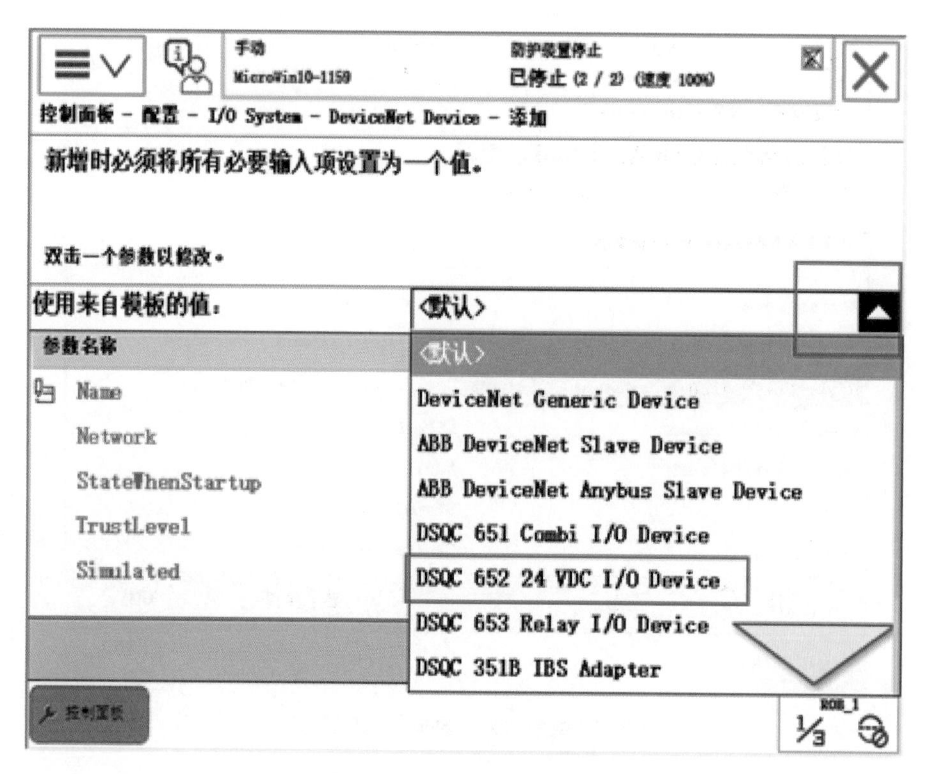

图 6-7　选择 DSQC 652 板

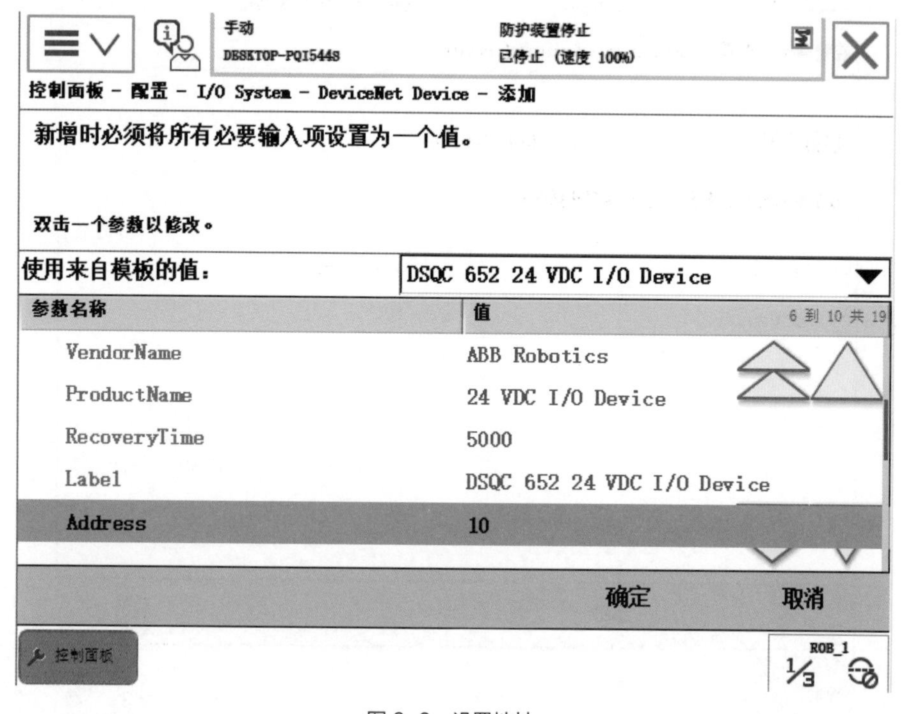

图 6-8　设置地址

图 6-9　重新启动

2. 配置 I/O 信号

配置 I/O 信号

在“控制面板”界面选择“配置”选项，再点击“Signal”，然后点击“添加”，输入信号的名称、类型、所属 I/O 板和地址，重新启动示教器，信号添加完成，如图 6-2、图 6-3 和图 6-10 ～图 6-14 所示。

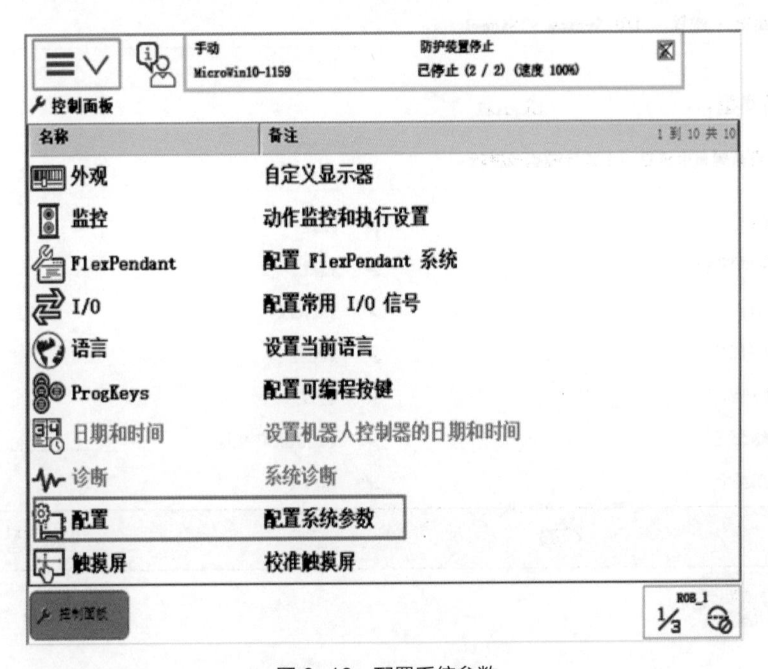

图 6-10　配置系统参数

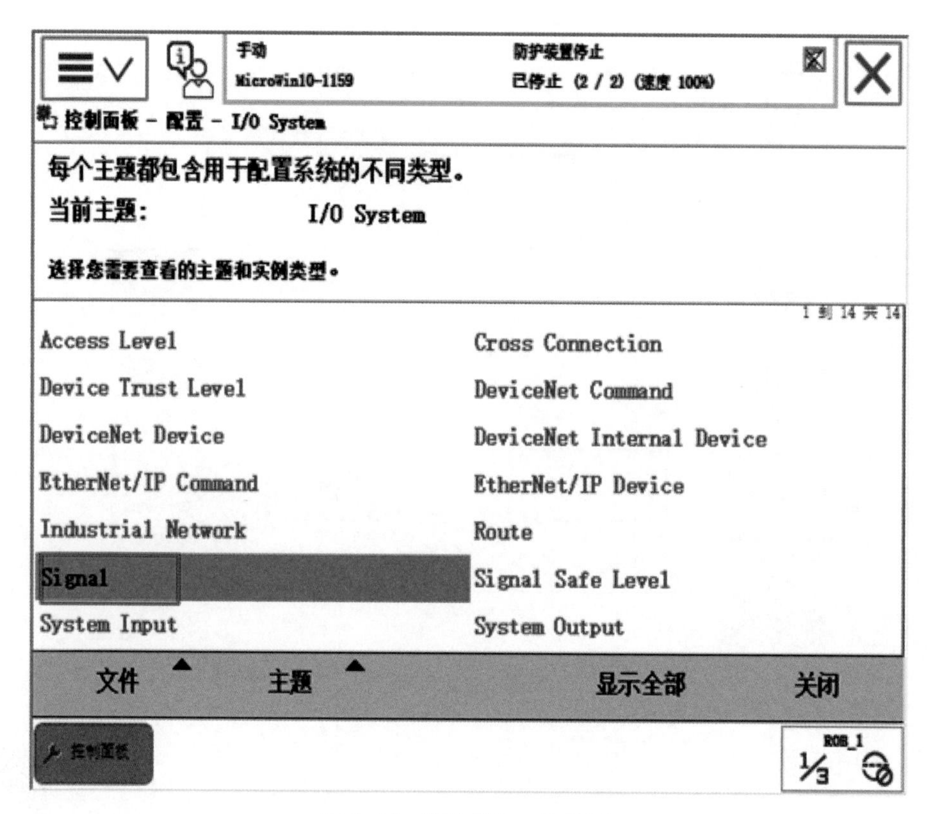

图 6-11　选择“Signal”选项

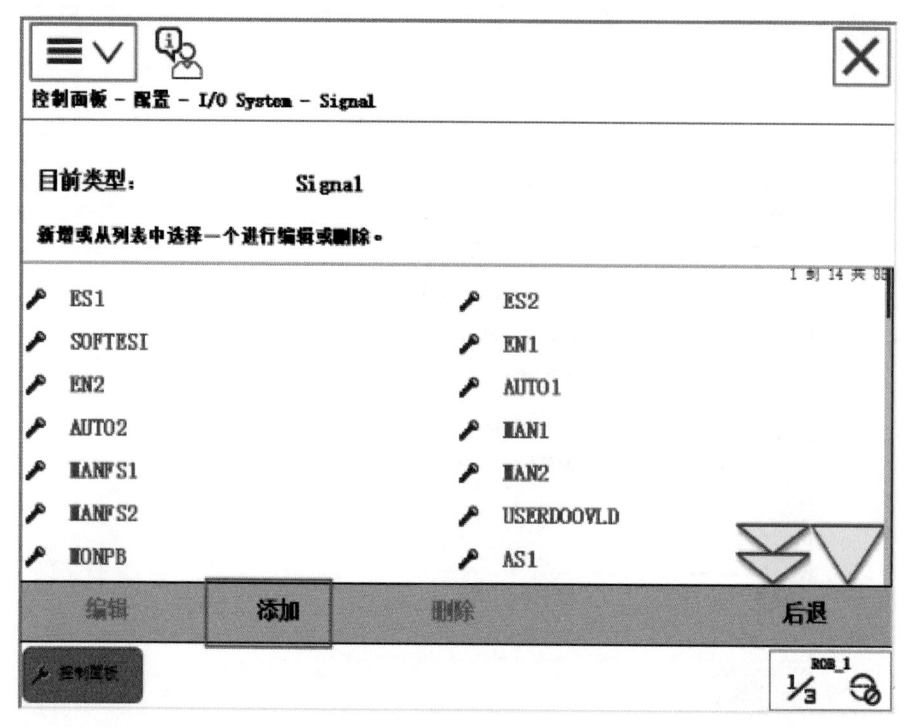

图 6-12　点击“添加”按钮

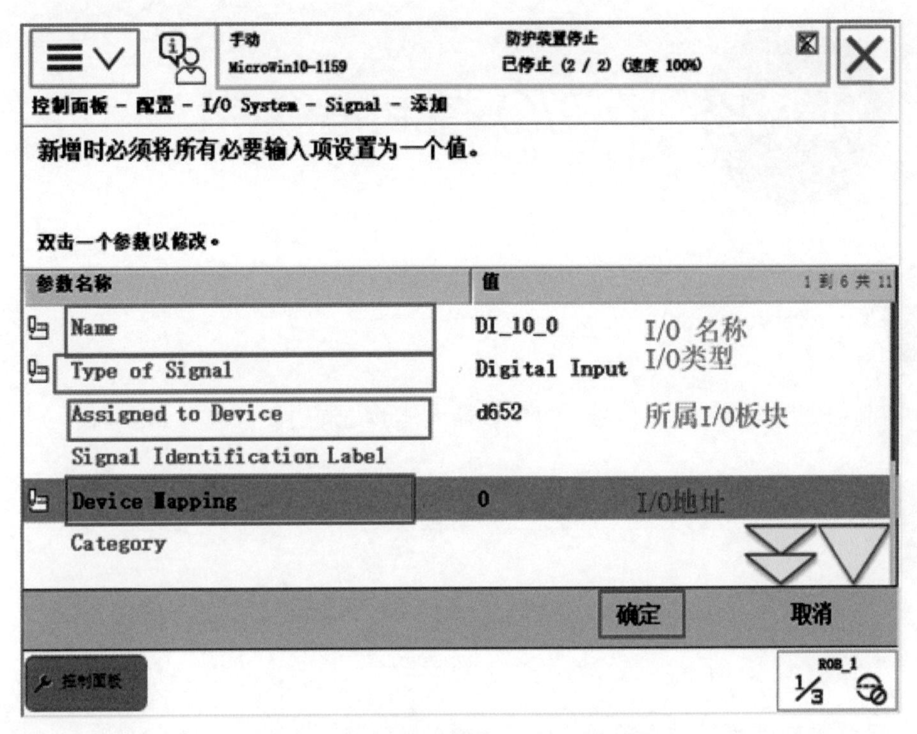

图 6-13　依次输入 I/O 名称、类型等参数

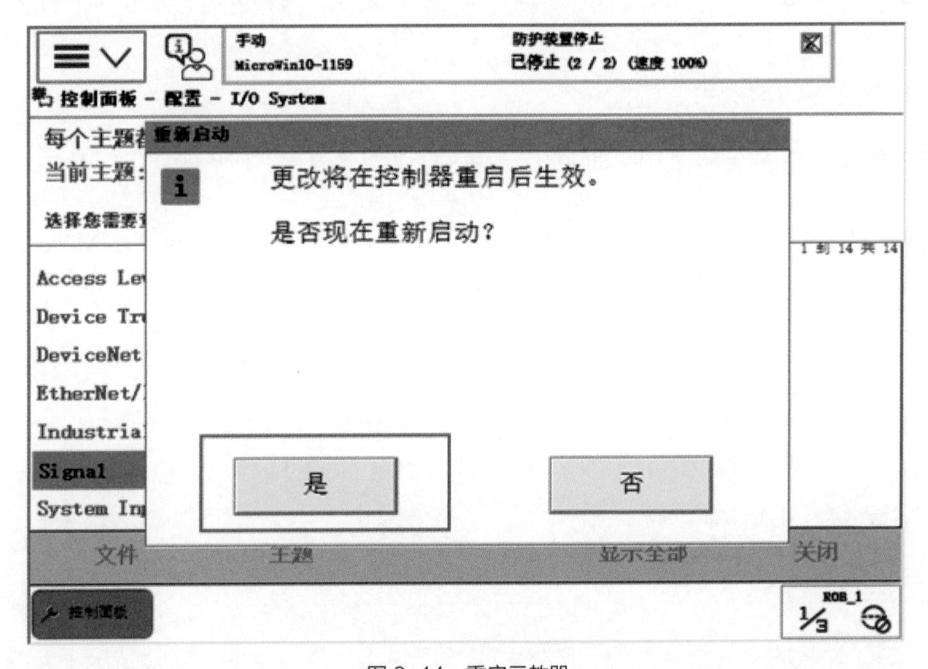

图 6-14　重启示教器

I/O 控制指令

I/O 控制指令用于控制 I/O 信号，以使机器人能够与周边设备进行 I/O 通信。

1. Set、Reset 指令

（1）Set 数字信号置位指令

Set 数字信号置位指令用于将数字输出 DO 置位为 1。例如，Set DO1 表示将信号 DO1 置位为 1。

（2）Reset 数字信号复位指令

Reset 数字信号复位指令用于将数字输出 DO 复位为 0 。例如，Reset DO1 表示将信号 DO1 复位为 0。

注意：如果在 Set、Reset 指令前有运动指令 MoveL、MoveJ、MoveC、MoveAbsJ 的转弯区数据，必须使用 fine 才可以准确地输出 I/O 信号状态的变化。

2. SetGO 指令

SetGO 指令用于改变一组数字输出信号的值 。例如，DO0，DO1 两个信号组成了一个组信号 G001，指令 SetGo GO01,1 表示将组信号 GO01 的值设置为 1，也就是将信号 DO0 的值设置为 1，DO1 的值设置为 0。

3. PulseDO 指令

PulseDO 为脉冲输出指令，用于产生关于数字输出信号的脉冲，默认情况下，脉冲长度为 0.2s。例如，PulseDO DO1，输出信号 DO1 产生脉冲长度为 0.2s 的脉冲。

4. 其他 I/O 指令

ABB 机器人指令系统中还有一些其他的 I/O 指令，这些指令多不常用，具体见表 6-2。

表 6-2 其他 I/O 指令

指令	说明
InvertDO	对一个数字输出信号的值置反
SetAO	设定模拟输出信号的值
SetDO	设定数字输出信号的值
WaitDI	等待一个数字输入信号的指定状态
WaitDO	等待一个数字输出信号的指定状态
WaitGI	等待一个组数字输入信号的指定值
WaitGO	等待一个组数字输出信号的指定值
WaitAI	等待一个模拟输入信号的指定值
WaitAO	等待一个模拟输出信号的指定值

（1）绘制圆形图案任务描述

如图 6-15 所示，选择合理的工具，绘制圆形图案。绘制过程中，在图中的关键点（p10 ～ p40），机器人需要发出信号 DO1。

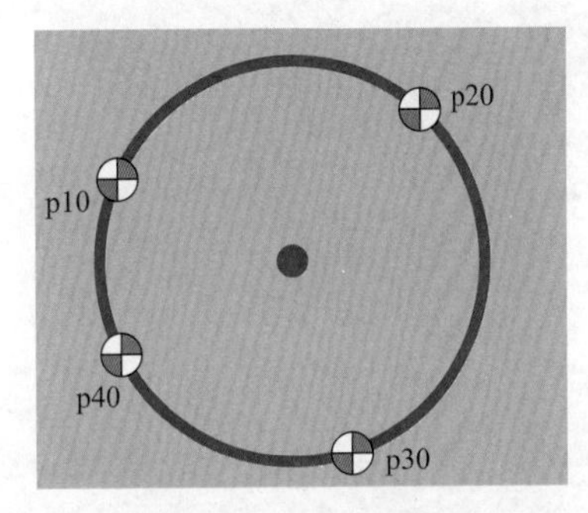

图 6-15 圆形图案

（2）程序编写

在绘制圆形图案过程中，需要使用四个 MoveC 指令。其中，第一个 MoveC 指令的起点设置为 p10，结束点为 p20，在 p10 和 p20 之间需要再示教一个点；第二个 MoveC 指令的起点设置为 p20，结束点为 p30，同样需要再添加一个示教点；第三段圆弧和第四段圆弧的绘制方法与前两个圆弧绘制方法相同。在关键点处，可以使用 Set 指令发出信号，然后再使用 Reset 指令复位信号，也可以使用 PulseDo 指令。具体的程序代码如下。

① 使用 Set、Reset 指令编写绘制第一段圆弧程序。

```
MoveL p10, v500, fine, tool1;
MoveC M10, p20, v500, z20, tool1; ! M10 为 p10 和 p20 之间圆弧上的点
Set DO1;
WaitTime 0.2;
Reset DO1;
```

采用同样的方法，编写其余三段圆弧的绘制程序。完成后，将四段程序运行，即可绘制出一个完整的圆形。

② 使用 PulseDo 指令编写绘制第一段圆弧的程序。

```
MoveL p10, v500, fine, tool1;
MoveC M10, p20, v500, z20, tool1;
PulseDo DO1;
```

同理，使用同样的方法，可以编写出其余三段圆弧的绘制程序。完成后，将四段程序运行，即可绘制出一个完整的圆形。

/Administration
/Human Resources
/Legal
/Accounting
/Finance
/Marketing
/Publicity
/Promotion
/Research
/Business
/Development
/Engineering
/Manufacturing
/Planning

项目7

工业机器人网络通信

任务 1 认识工业机器人网络通信

任务描述

网络通信一般用于机器人与上、下位机进行数据交互，保证设备之间正常运行。本任务介绍 ABB IRB 120 机器人的 socket 通信基础知识，并介绍 ABB IRB120 机器人和 S7-200 SMART PLC 之间的网络通信方法。

知识储备

1. socket 通信

socket 的原意是"插座"，我们把插头插到插座上就能从电网获得电力供应。在计算机通信领域，为了与远程计算机进行数据传输，需要连接到因特网，而 socket 就是用来连接到因特网的工具。socket 被翻译为套接字，它是计算机之间进行通信的一种约定或一种方式。通过 socket 这种约定，一台计算机可以接收其他计算机的数据，也可以向其他计算机发送数据。

在 ABB 机器人指令系统中，SocketCreate 用于针对通信或非连接通信的连接，创建新的套接字。语句"SocketCreate socket1;"意为创建使用流型协议 TCP/IP 的新套接字设备，并分配到变量 socket1。

SocketConnect 用于将套接字与客户端应用中的远程计算机相连。例如"SocketConnect socket1,"192.168.0.1", 1025;"含义为尝试与 ip 地址 192.168.0.1 和端口 1025 处的远程计算机相连。

SocketSend 用于向远程计算机发送数据，可用于客户端和服务器应用。例如，"SocketSend socket1 \Str := "Hello world";"代表将消息"Hello world"发送给远程计算机。

SocketReceive 用于从远程计算机接收数据，可用于客户端和服务器应用。例如"SocketReceive socket1 \Str := str_data; "表示从远程计算机接收数据，并将其储存在字符串变量 str_data 中。

当不再使用套接字连接时，使用 SocketClose 指令。在关闭套接字之后，不能将其用于除 SocketCreate 以外的所有套接字调用。例如，"SocketClose socket1; "代表关闭套接字，且不能再进行使用。

2. ABB IRB 120 机器人网络接口

ABB IRB 120 机器人 IRC 5 CompacT 控制器上存在 LAN、LAN3、WAN 和 AXC 等连接端口，各个端口的 IP 地址配置和连接方法如图 7-1 所示。

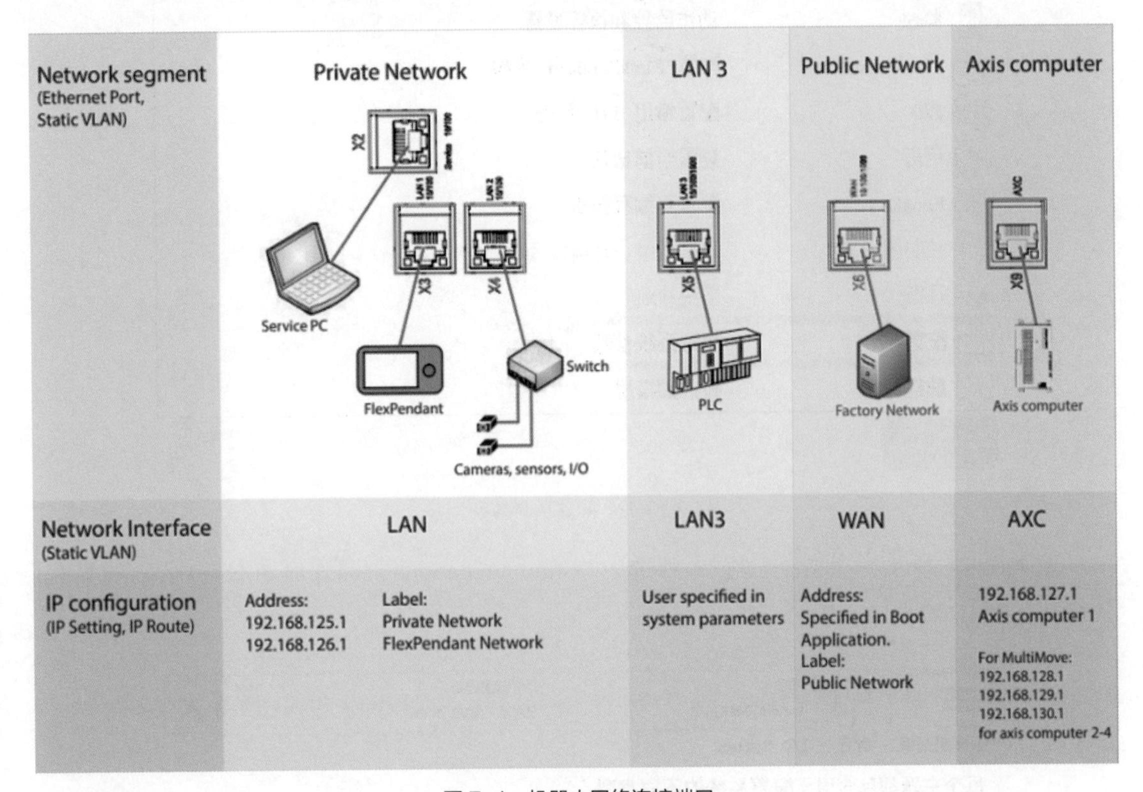

图 7–1　机器人网络连接端口

本任务以 ABB IRB120 机器人与 PLC 之间的网络通信为例，介绍 ABB 机器人的 Socket 通信方法。

在本任务中，需要将 ABB IRB 120 机器人、S7-200SMART PLC、电脑通过网线和交换机连接起来。

1. 机器人配置

① 在 ABB 示教器主页中，点击左上角的“菜单”按钮，再点击“控制面板”，然后点击“配置”，如图 7-2 所示。

机器人配置

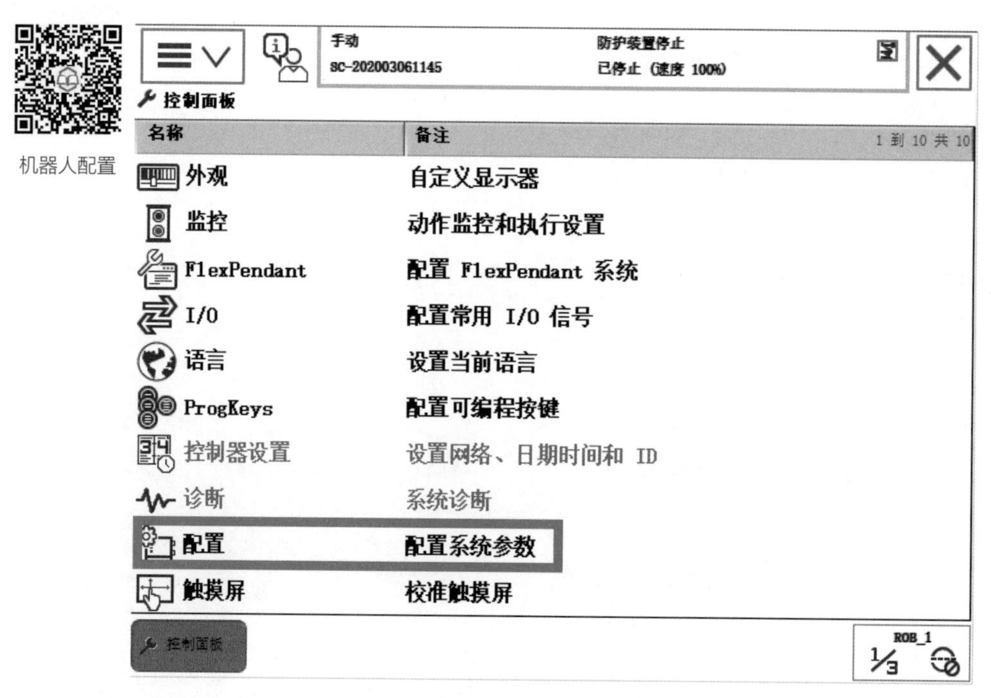

图 7-2　配置系统参数

② 如图 7-3 所示，点击“主题”，并选中“Communication”，即弹出如图 7-4 所示的界面，然后单击 IP Setting。

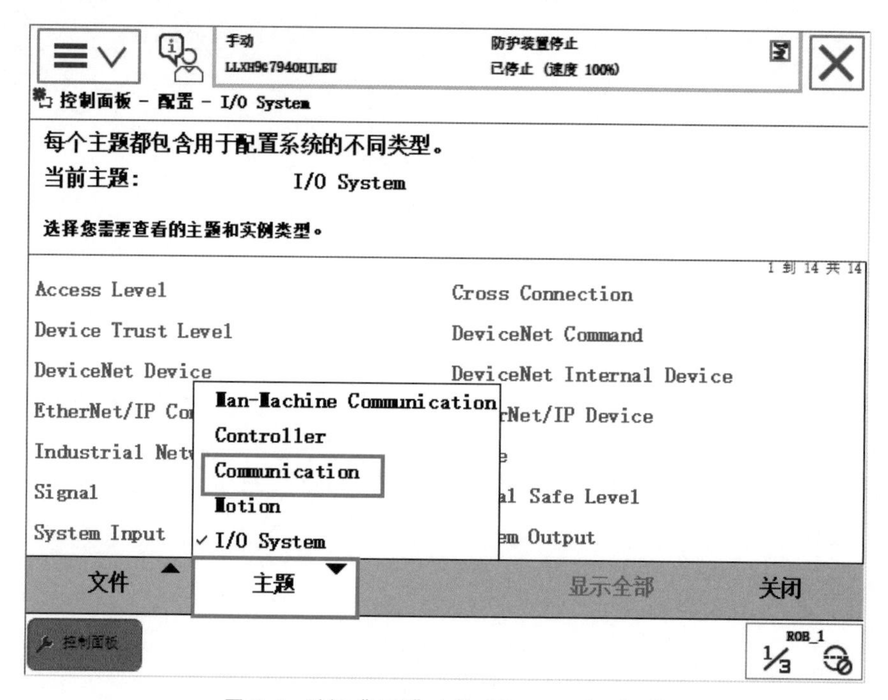

图 7-3　选择“主题”中的“Communication”

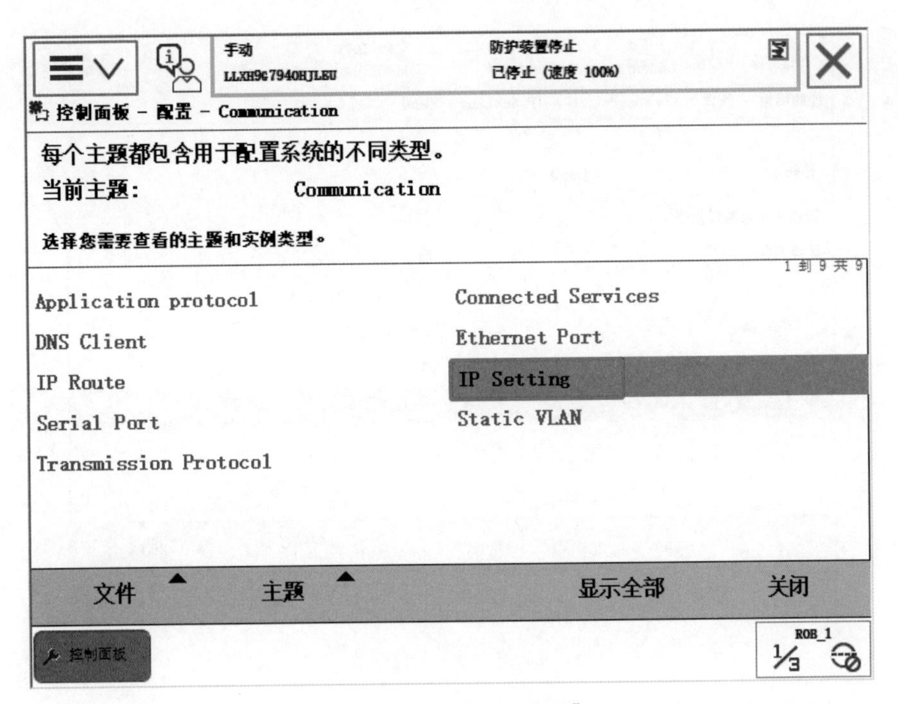

图 7-4 单击“IP Setting”

③ 点击“添加”，如图 7-5 所示。配置机器人的 IP、Subnet、Interface 和 Label，如图 7-6 所示。最后重启示教器，如图 7-7 所示，机器人配置完成。

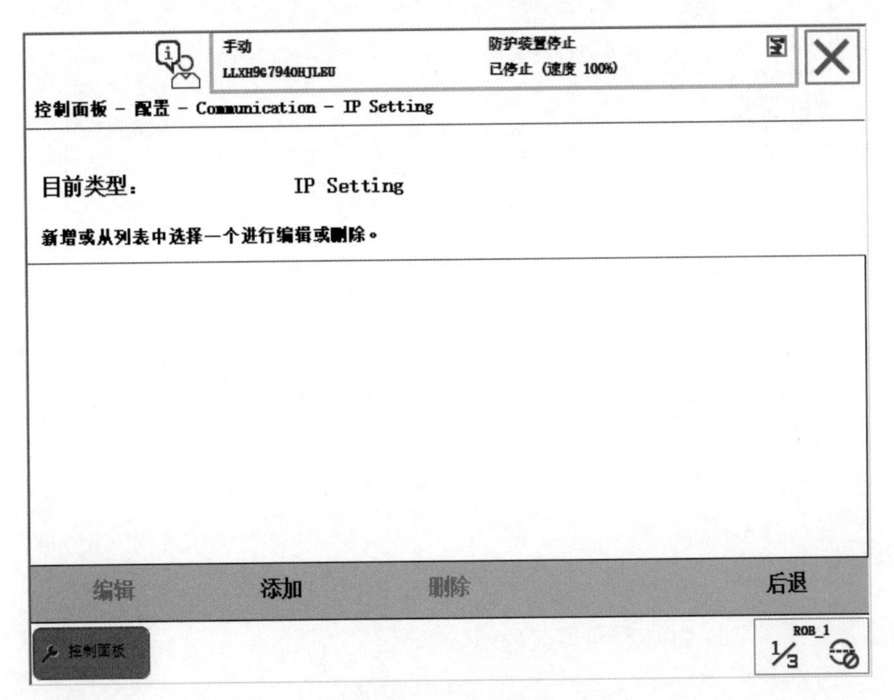

图 7-5 单击“添加”

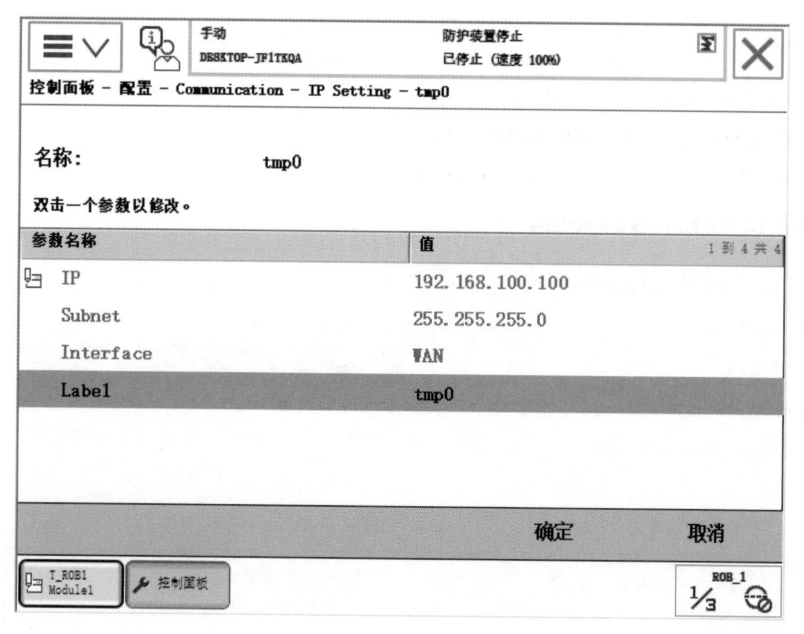

图 7-6　输入配置参数

图 7-7　重启示教器

2. 程序编写

编写如下程序，实现 PLC 与机器人的通信。

```
PROC Routine1()
SocketCreate socket1;
WaitTime 1;
SocketConnect socket1," 192.168.100.101" ,2001\Time:=10;
```

```
    WaitTime 1;
    SocketSend socket1\str:=string1;
    WaitTime 1;
    SocketClose socket1;
    ENDPROC
```

3. PLC 设置

PLC 配置

① 将 PLC 的 IP 地址设置为 192.168.100.101，并与机器人处于同一网段。打开 S7-200 SMART 编程软件，在指令树中右击“库存储器”，如图 7-8 所示，弹出的界面如图 7-9 所示。

② 以 ABB 机器人发送字符串“hello”给 PLC 为例，编写 S7-200 SMART 程序。PLC 的程序段 1、程序段 2 和程序段 3 分别如图 7-10 ～图 7-12 所示。

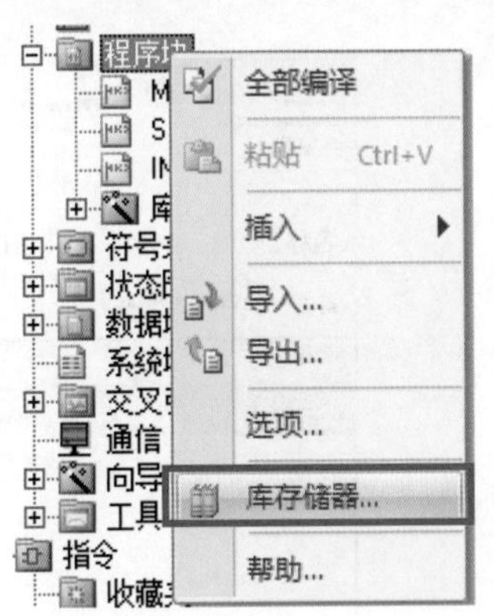

图 7-8 选择“库存储器”

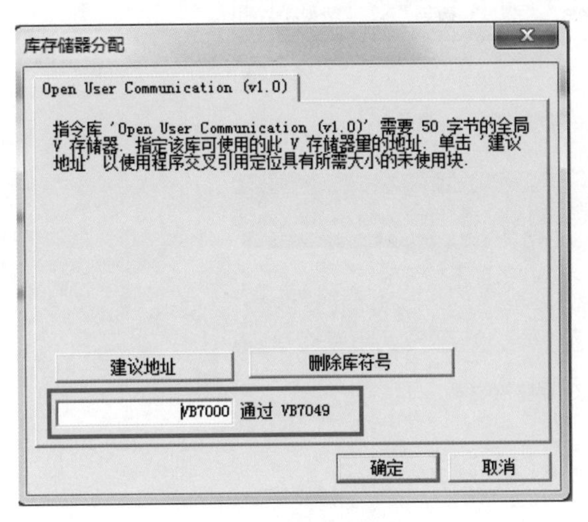

图 7-9 库存储器分配

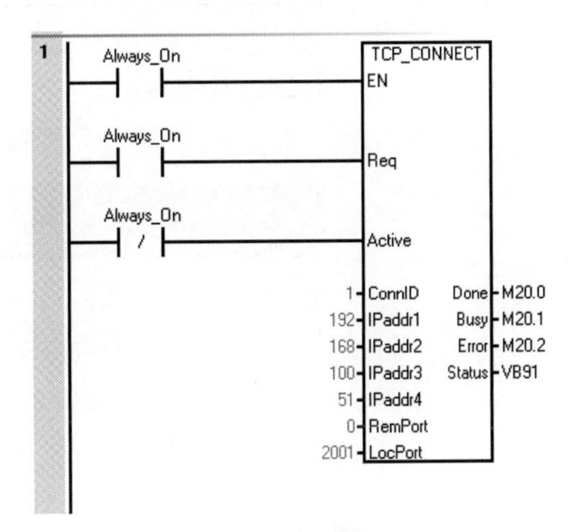

图 7-10 TCP_CONNECT 指令

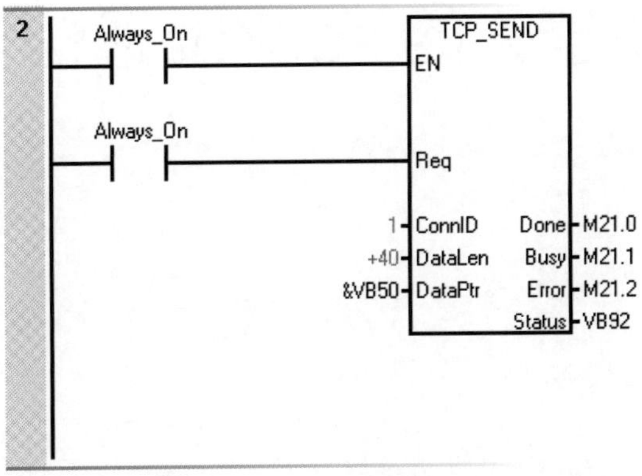

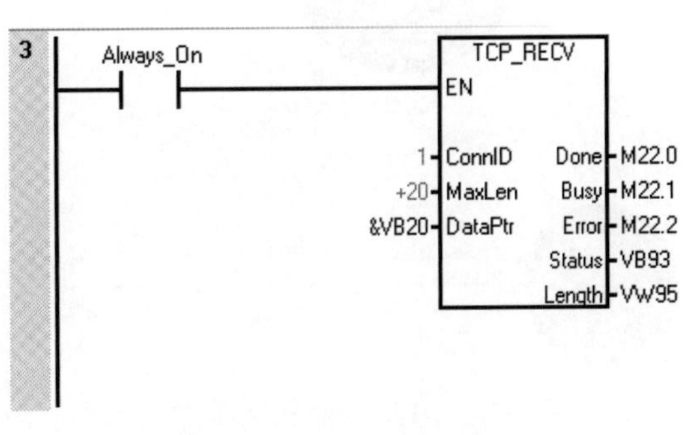

图 7-12 TCP_RECV 指令

图 7-11 TCP_SEND 指令

4. 运行效果

将 PLC 程序下载到 CPU，ABB 机器人发送字符串“hello”给 PLC，如图 7-13 所示，PLC 端监控效果如图 7-14 所示。

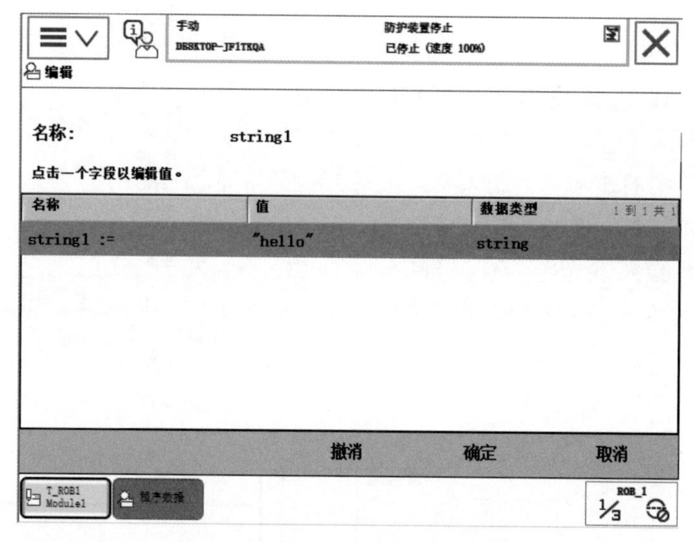

图 7-13　机器人发送字符串“hello”

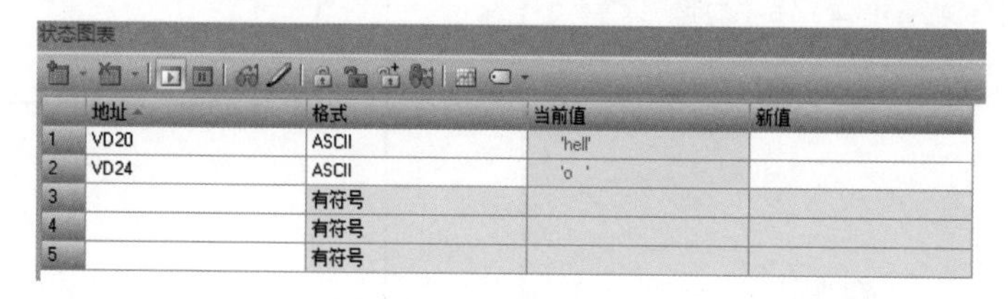

状态图表

	地址	格式	当前值	新值
1	VD20	ASCII	'hell'	
2	VD24	ASCII	'o '	
3		有符号		
4		有符号		
5		有符号		

图 7-14　PLC 端监控效果

两台机器人的 socket 通信

本任务在 ABB 工业机器人仿真软件 RobotStudio 中创建两台机器人的 socket 连接，实现两台虚拟设备间的相互通信。

RobotStudio 介绍

RobotStudio 是针对 ABB 机器人开发的一款机器人仿真与编程软件，它包含了 ABB 所有的机器人。RobotStudio 软件的主要功能如下：

① 在 RobotStudio 中可以模拟真实的使用环境，例如模拟示教器，可以和真实的示教器一样进行操作和编程。

② CAD 导入。RobotStudio 可方便地以各种主要的 CAD 格式导入数据，包括 IGES、VRML、VDAFS、ACIS 和 CATIA 等。

③ 自动路径生成。通过使用待加工部件的 CAD 模型，可在短短几分钟内自动生成跟踪曲线所需的机器人位置。

④ 自动分析伸展能力。此便捷功能可让操作者灵活移动机器人或工件，直至所有位置均可到达。可在短短几分钟内验证和优化工作单元布局。

⑤ 碰撞检测。在 RobotStudio 中，可以对机器人在运动过程中是否可能与周边设备发生碰撞进行验证和确认，以确保机器人离线编程得出的程序的可用性。

⑥ 在线作业。使用 RobotStudio 与真实的机器人进行连接通信，对机器人进行便捷的监控、程序修改、参数设定、文件传送及备份恢复的操作，使调试与维护工作更轻松。

⑦ 模拟仿真。根据设计，在 RobotStudio 中进行工业机器人工作站的动作模拟仿真以及周期节拍，为工程的实施提供真实的验证。

⑧ 应用功能包。针对不同的应用推出功能强大的工艺功能包，将机器人更好地与工艺应用进行有效融合。

⑨ 二次开发。提供功能强大的二次开发平台，使机器人应用实现更多可能，满足机器人的科研需要。

1. 创建 client 端的实例

①新建一个机器人系统，注意建立系统时加入 PC Interface 选项，如图 7-15 所示。

② 为了避免之前的连接没有关闭，编程时，需要先插入 SocketClose 指令，然后插入 SocketClose 指令新建 socketdev 类型的变量。插入 SocketConnect，输入 IP 地址和端口，IP 设为“127.0.0.1”，端口自定义，建议不要用默认的 1025, 程序如图 7-16 所示。

③ 插入 TPWrite 指令，在建立系统成功后，可以在示教器看到 socketclient connect successful。本任务中，以 client 发送数据给 server，再接受 server 发送回来的数据为例，如图 7-16 所示，发送完毕后，client 接受到 server 发回的数据并写屏。

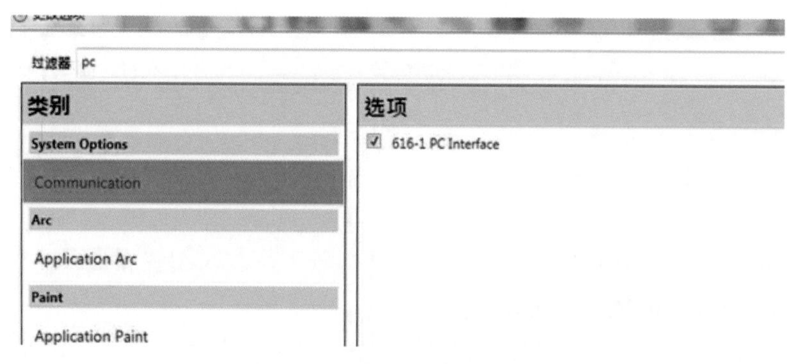

图 7-15　新建一个机器人系统

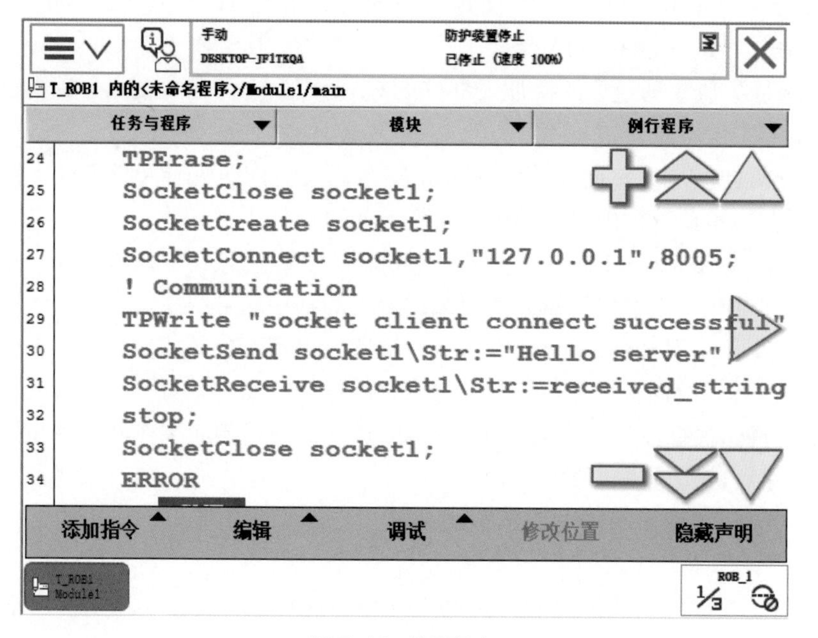

图 7-16　编写程序

2. server 端的实例

按照上述方法，重新创建一个工作站作为 server，如图 7-17 所示和图 7-18 所示。

SocketBind 为绑定 socket 要监控的 IP 和端口，IP 为 127.0.0.1，端口自定义（和 client 端设置一致）。SocketListen 为机器人 server 监听是否有 client 连接。SocketAccept 为接受 client 的连接。建立连接后，机器人则处于收发状态。

在创建 client 程序时，client 先发后收，所以 server 应该先收后发。

3. 运行调试

注意先运行 server 端，再运行 client 端。运行效果如图 7-19 和图 7-20 所示。

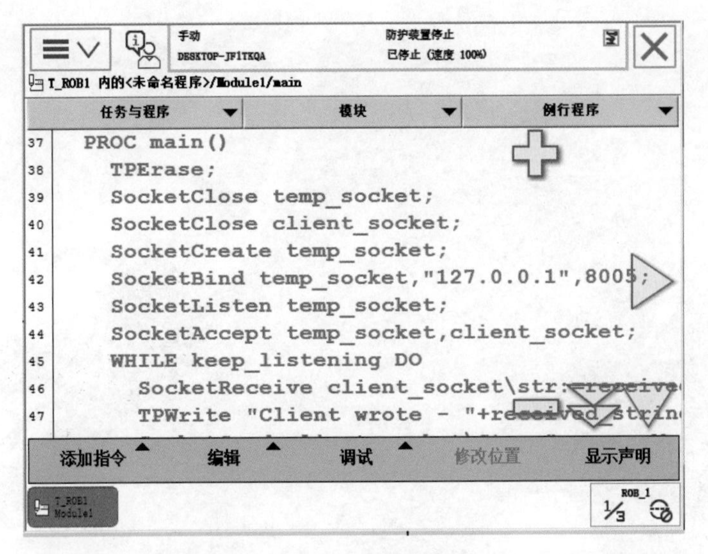

图 7-17　server 端程序（一）

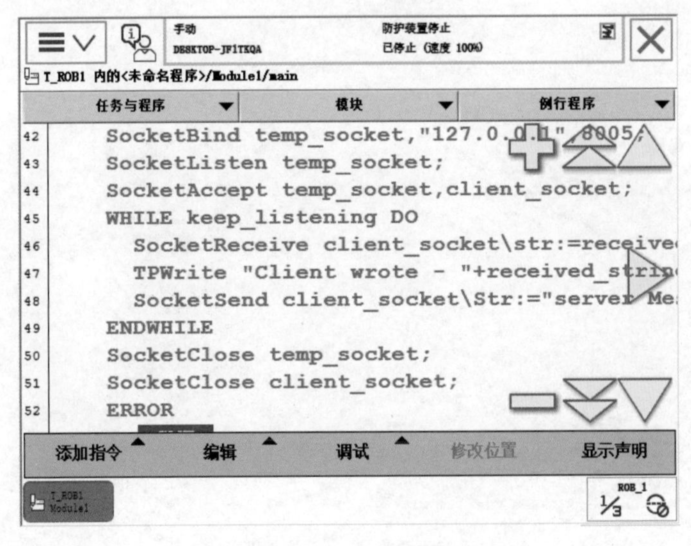

图 7-18　server 端程序（二）

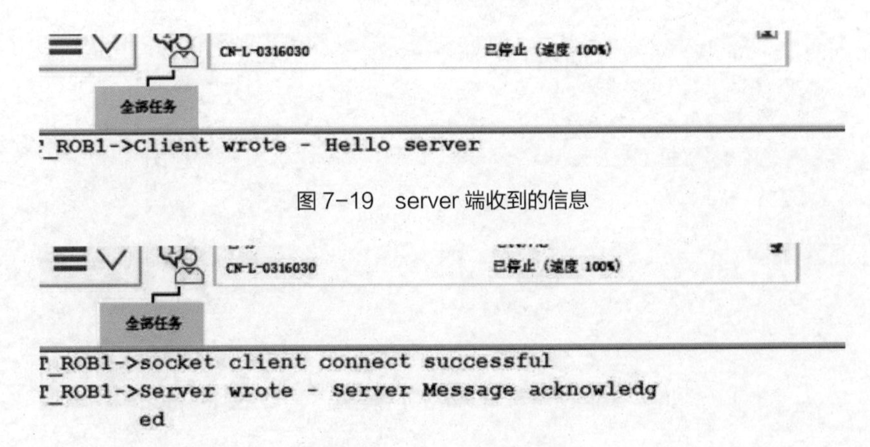

图 7-19　server 端收到的信息

图 7-20　client 端收到的信息

/Administration
Resources
/Legal
/Accounting
/Finance
/Marketing
/Publicity
/Promotion
/Research
/Business
/Development
/Engineering
/Manufacturing
/Planning

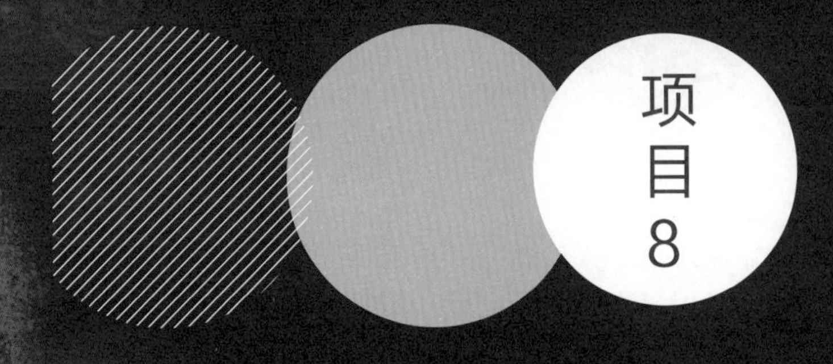

项目8 字符串处理函数

任务1　StrPart 字符串处理函数

任务2　StrToVal 字符串处理函数

任务3　StrToByte 字符串处理函数

任务4　StrFind 字符串处理函数

任务5　StrLen 字符串处理函数

任务 1 / StrPart 字符串处理函数

在一些复杂任务中，需要对字符串进行处理。本任务学习机器人 StrPart 字符串处理函数，通过 StrPart 函数寻找一部分字符串。

StrPart 字符串处理函数概述

StrPart 字符串处理函数用于寻找一部分字符串，以作为一个新的字符串。StrPart 函数的变元 StrPart (Str ChPos Len) 如表 8-1 所示。

表 8-1　变元 StrPart

说明	Str	ChPos	Len
数据类型	string	num	num
用法	字符串，有待发现其组成部分	开始字符位置。如果位于字符串以外，则运行时产生错误	字符串组成部分的长度。如果长度为负或大于字符串的长度，或者如果子串（部分）位于字符串之外，则运行时会产生错误

StrPart 函数的语法如下。

```
StrPart '('
[ Str ':=' ] <expression (IN) of string> ','
[ ChPos ':=' ] <expression (IN) of num> ','
[ Len ':=' ] <expression (IN) of num> ')'          ! 返回值的数据类型是 string 的函数
```

StrPart 函数的基本示例如下。

```
VAR string part ;
part := StrPart ("Robotics",1,5) ;                 ! 变量 part 被赋予值 "Robot"
```

StrPart 字符串处理函数使用

StrPart 字符串处理函数使用

① 打开主菜单中的“程序数据”，如图 8-1 所示。

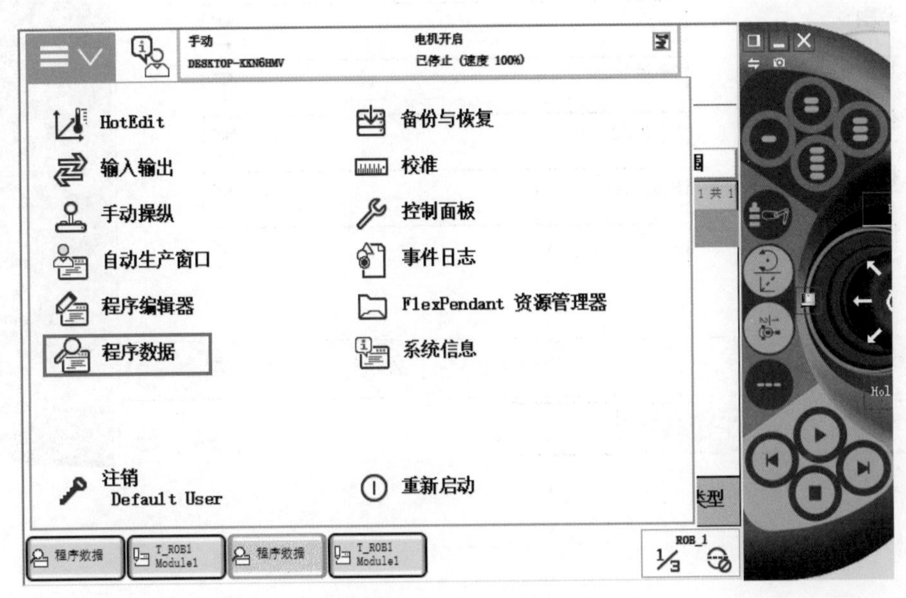

图 8-1　选择“程序数据”

② 在“程序数据”里找到 string 函数，如图 8-2 所示。

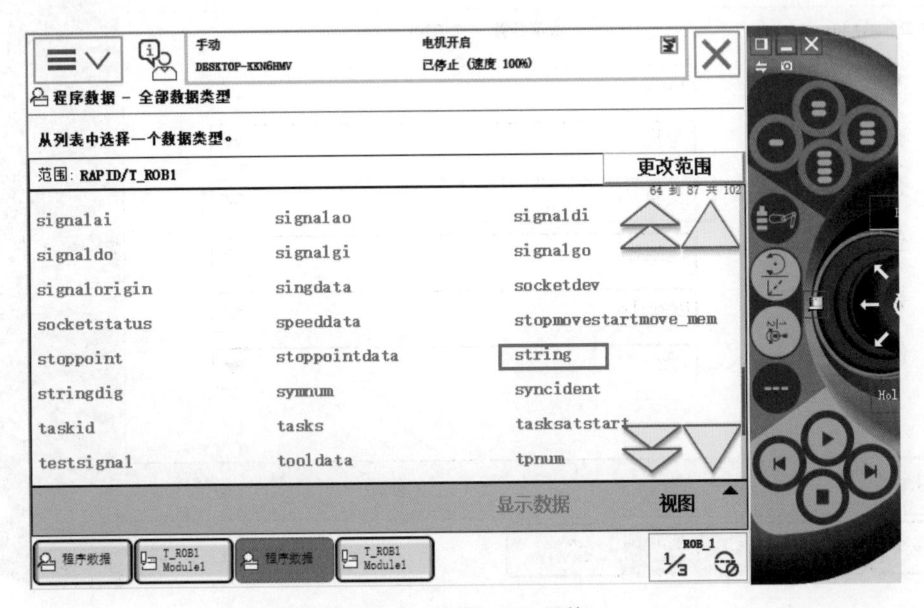

图 8-2　选择 string 函数

③ 在 string 函数里新建一个名称“part”，如图 8-3 所示。

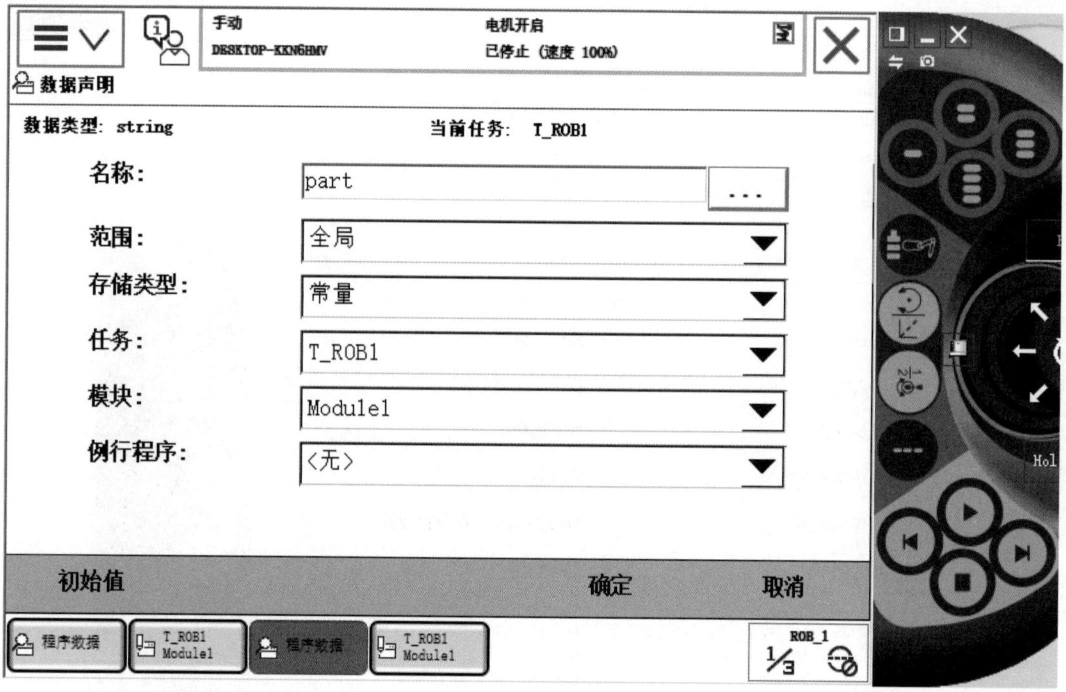

图 8-3　名称设为“part”

④ 将“存储类型”中的“常量”改为“变量”，如图 8-4 所示。

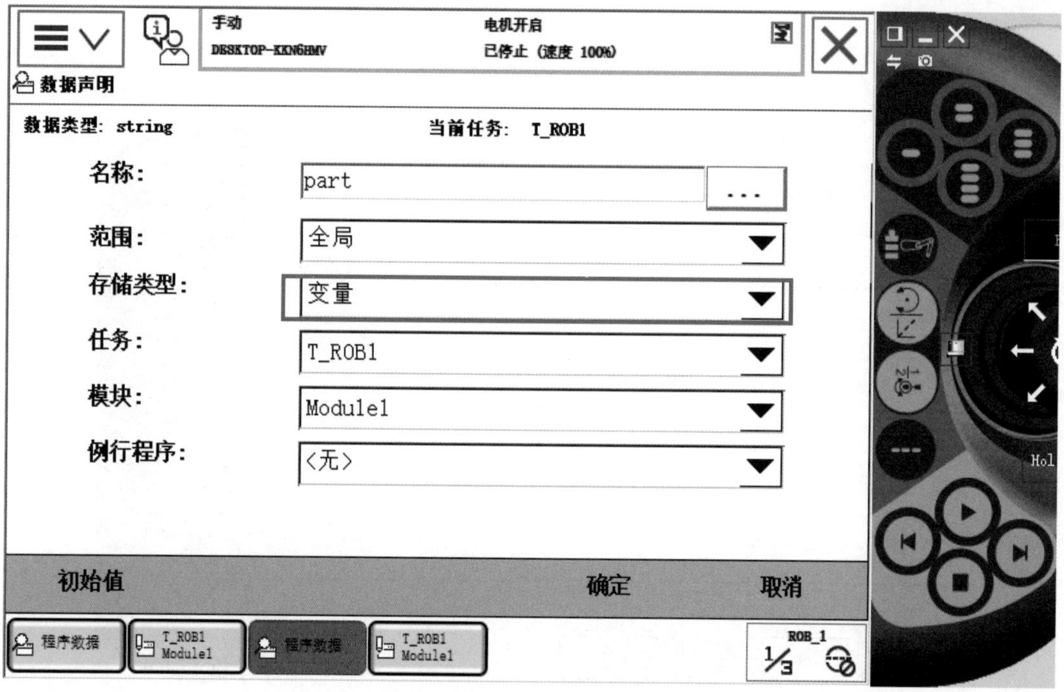

图 8-4　设置“存储类型”

⑤ 点击“确定”，新建完成，如图 8-5 所示。

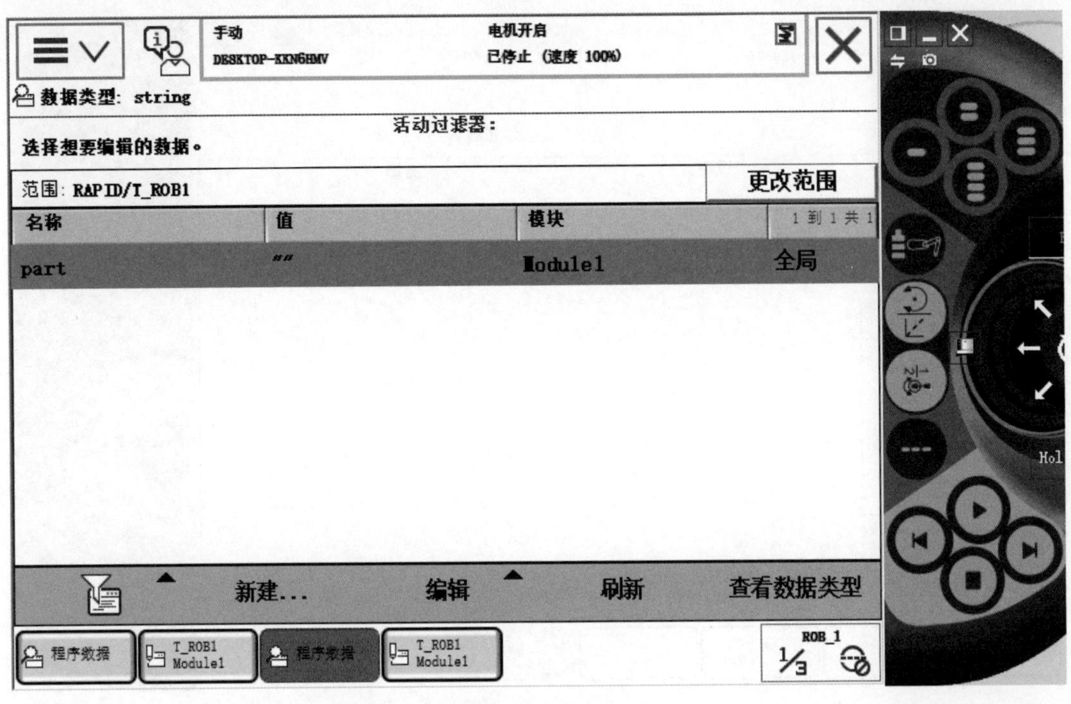

图 8-5　新建完成

⑥ 打开主菜单中的“程序编辑器”，如图 8-6 所示。

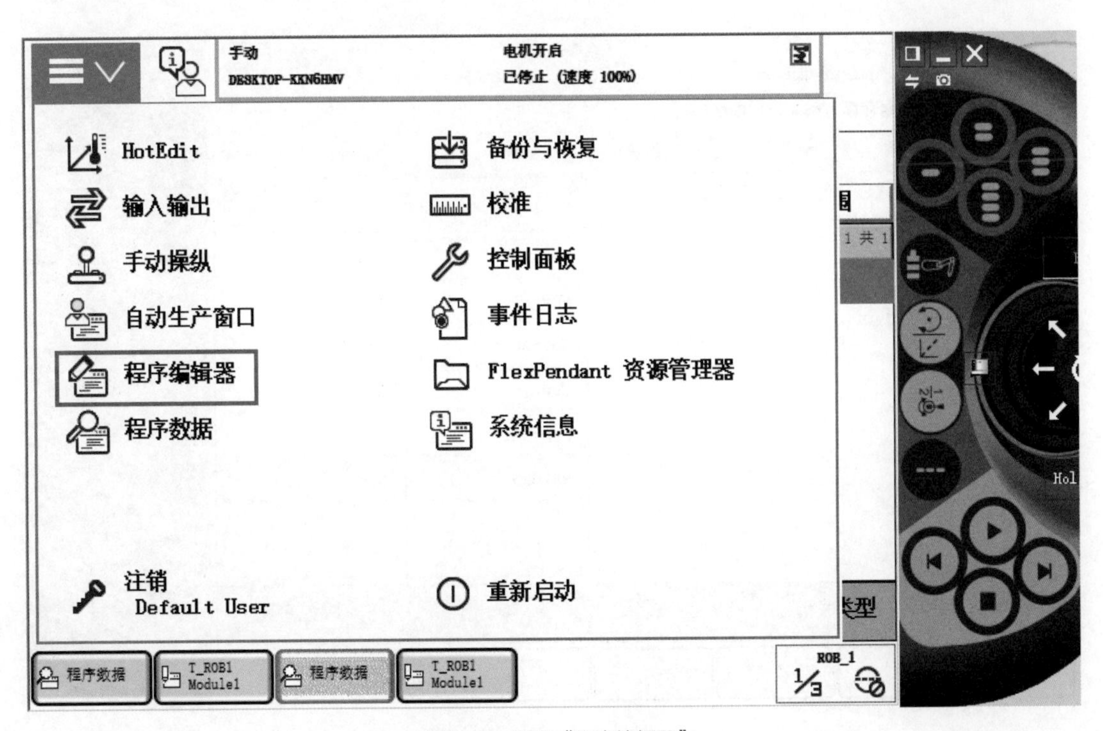

图 8-6　打开“程序编辑器”

⑦ 在“程序编辑器”里新建一个例行程序，如图 8-7 所示。

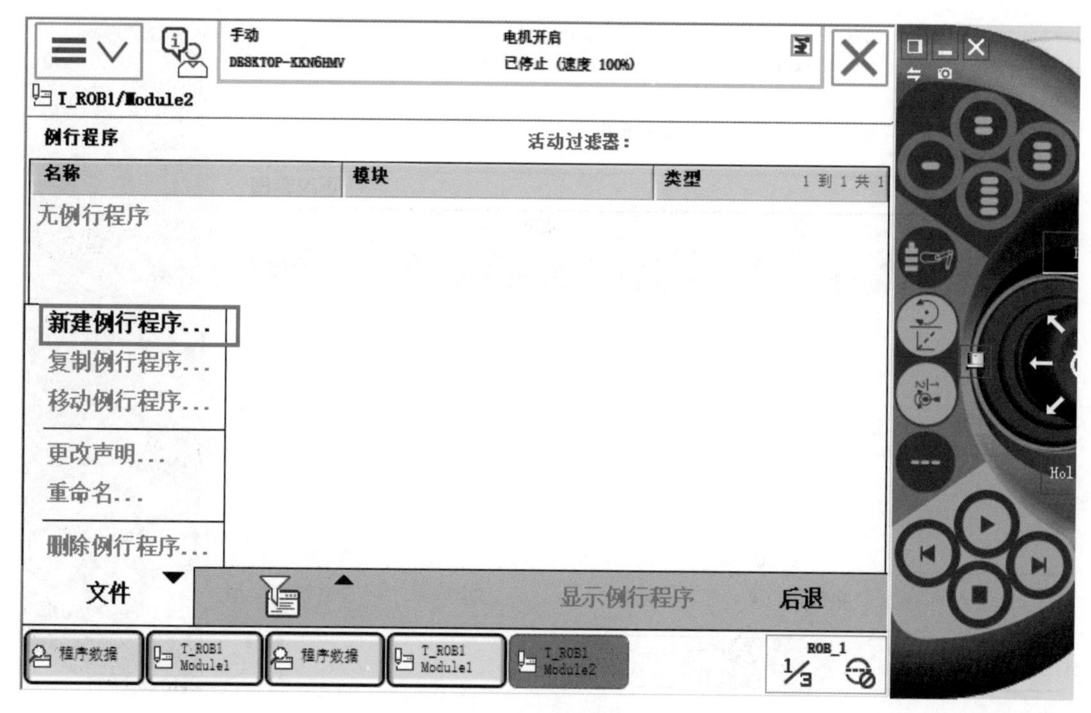

图 8-7　新建例行程序

⑧ 在新建的例行程序里选择“:=”指令，如图 8-8 所示。

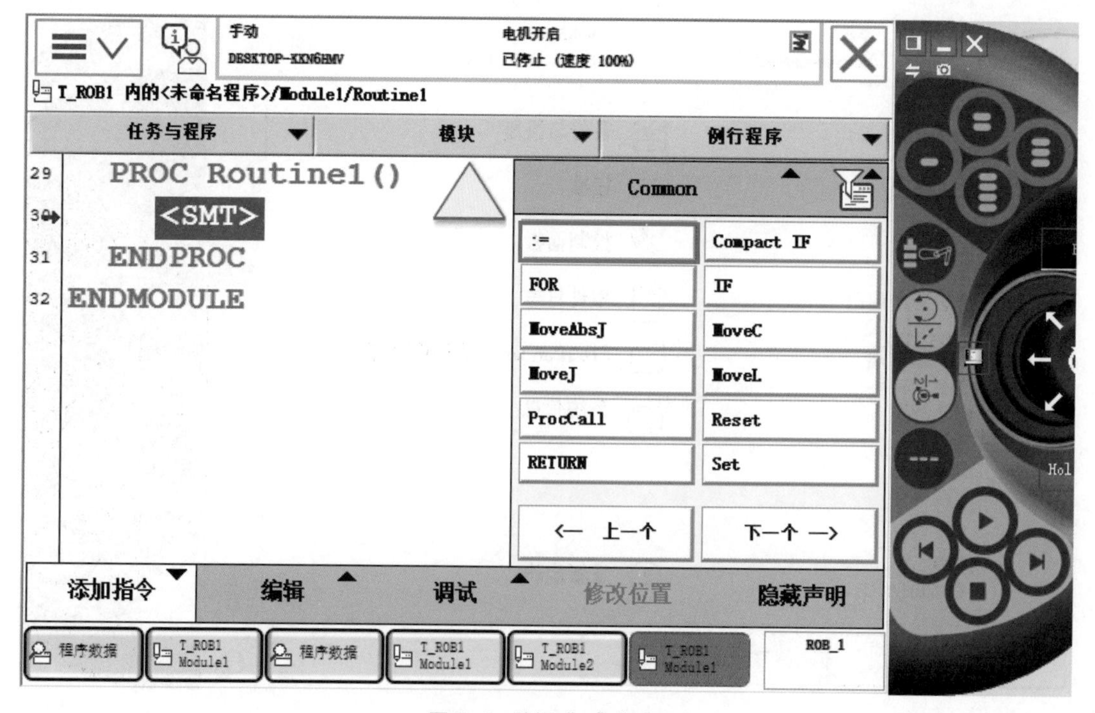

图 8-8　选择“:=”指令

⑨点开“:=”指令，将里面的数据类型更改为string类型，如图8-9所示。

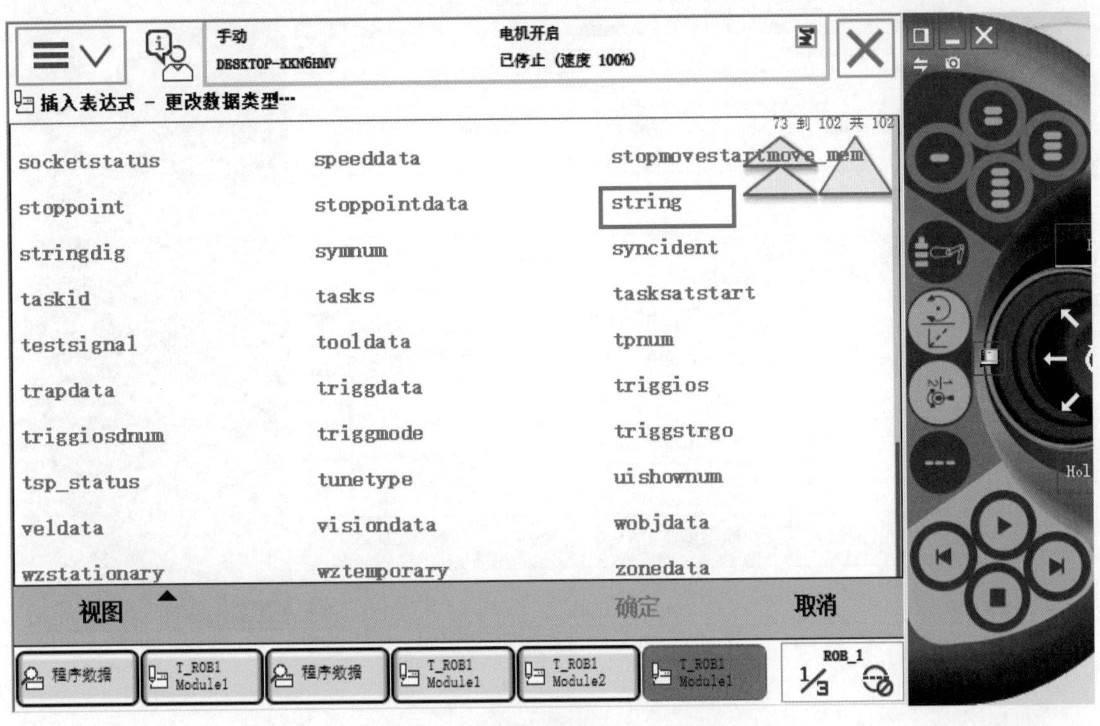

图8-9　数据类型更改为string类型

⑩<VAR>选择数据中的part，如图8-10所示。

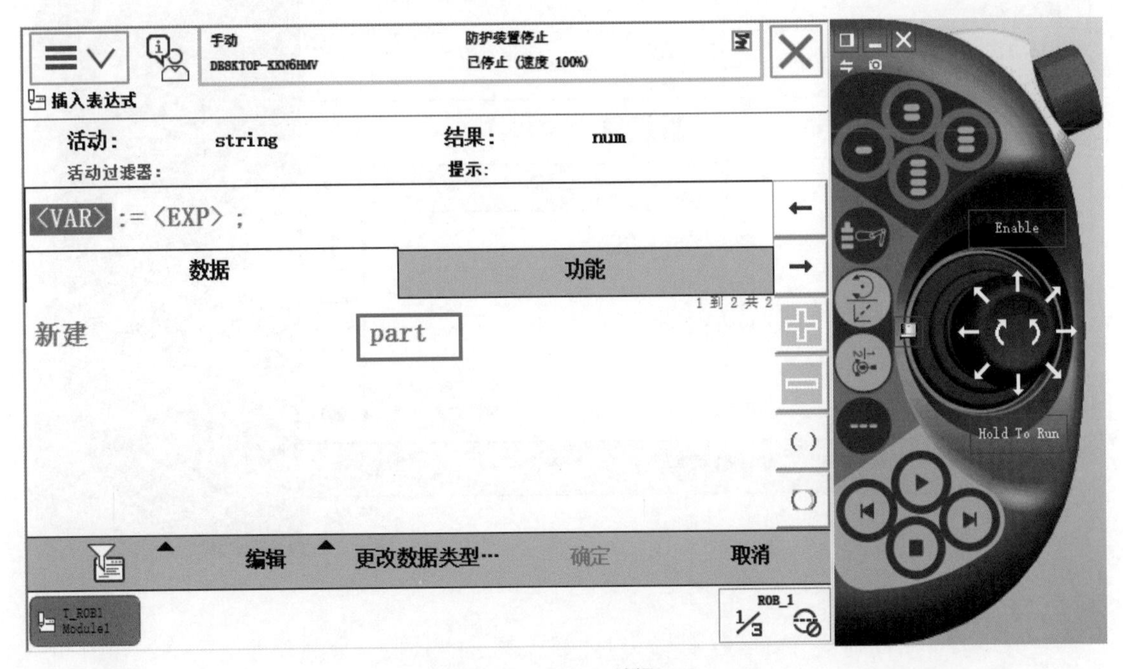

图8-10　<VAR>选择part

⑪ <EXP> 即选择功能里面的 StrPart，如图 8-11 所示。

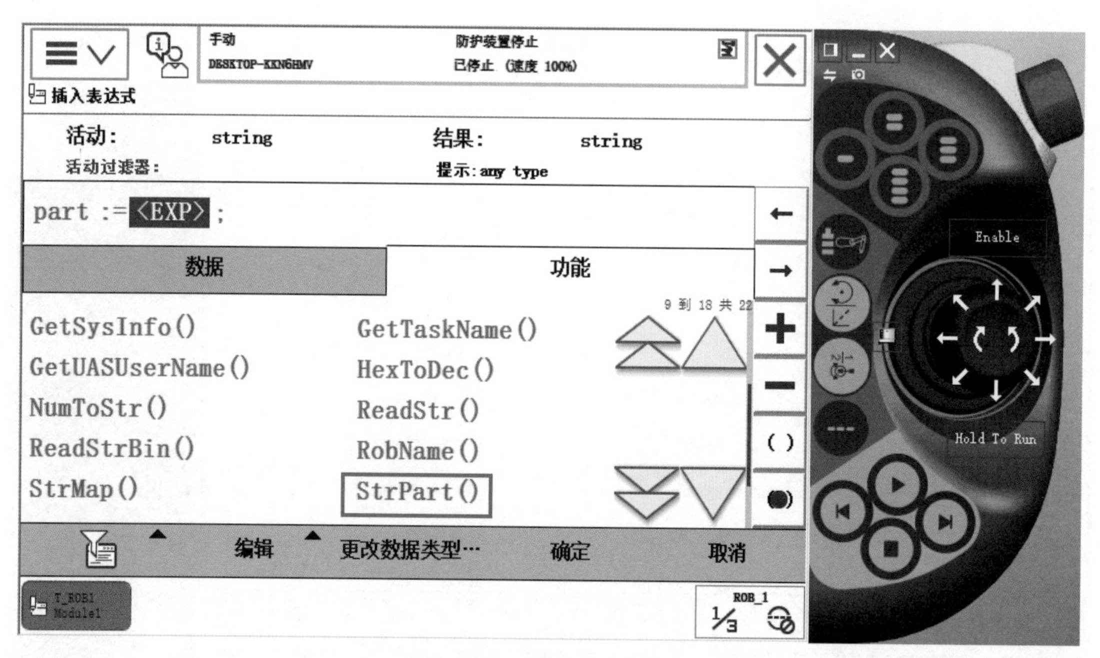

图 8-11　在功能里面找到 StrPart

⑫ StrPart 里第一个 <EXP> 写入“Robotics”，如图 8-12 所示。

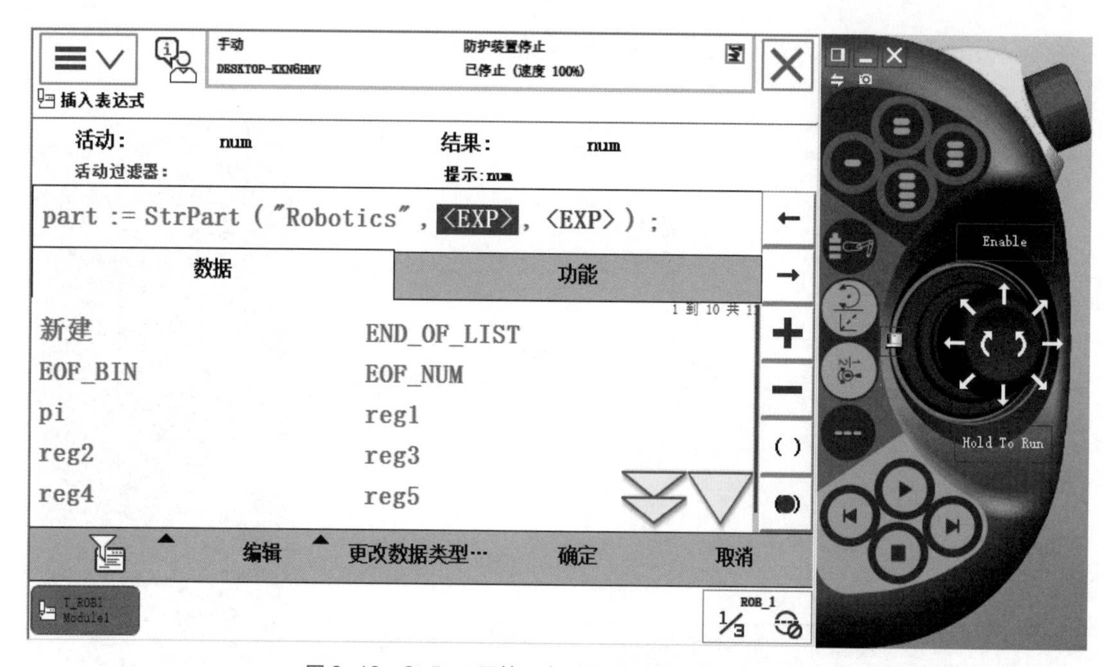

图 8-12　StrPart 里第一个 <EXP> 写入“Robotics”

⑬ 第二个和第三个 <EXP> 分别写入 1 和 5，表示读取第一个到第五个字符，如图 8-13 所示。

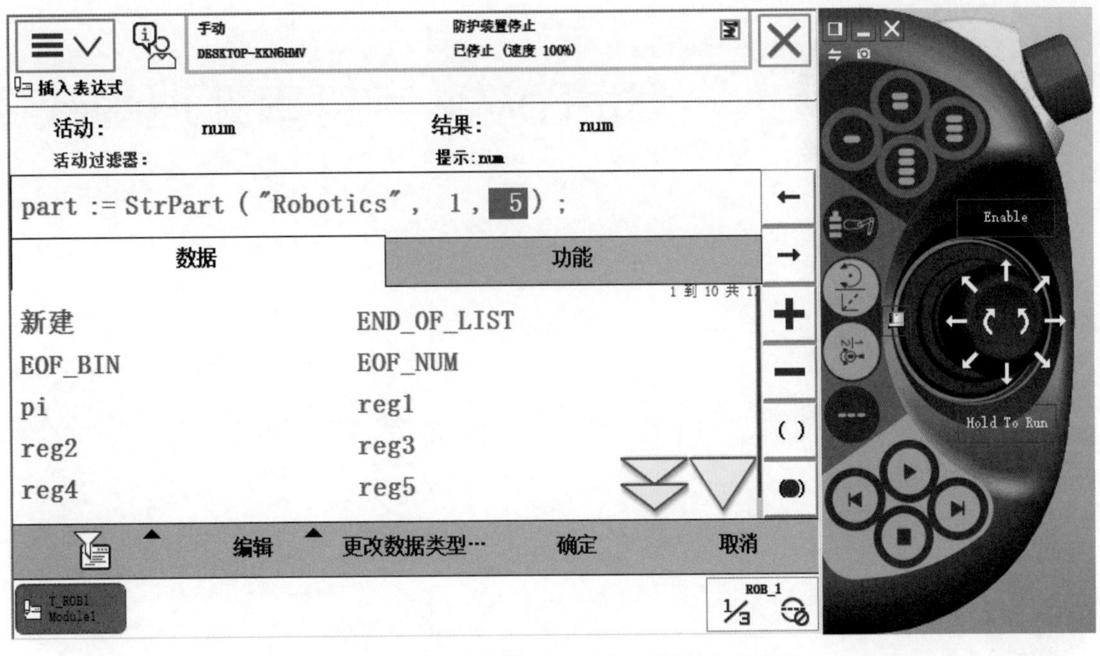

图 8-13　第二个和第三个 <EXP> 分别写入 1 和 5

⑭ 点击“确定”，运行程序，运行完查看 part 值，显示“Robot”，如图 8-14 所示。

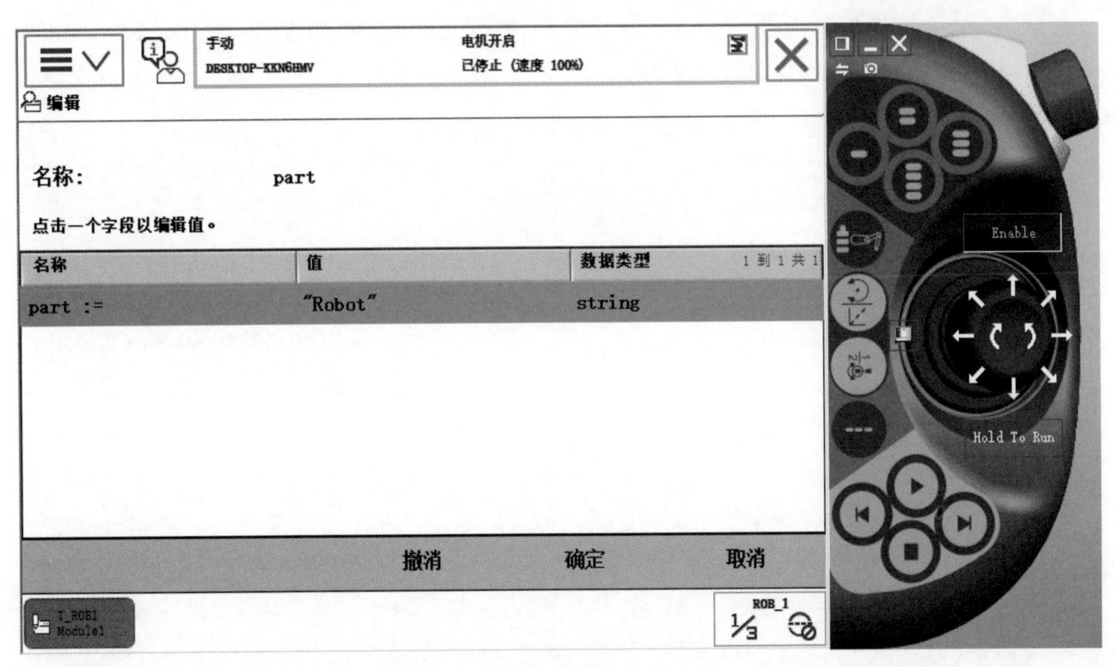

图 8-14　part 值显示“Robot”

任务 2 / StrToVal 字符串处理函数

有时候需要把机器人接收到的字符串转换为数字，这就需要用到本任务的 StrToVal 机器人字符串处理函数。

StrToVal 字符串处理函数概述

StrToVal 字符串处理函数用于将一段字符串转换为任意数据类型的一个值。StrToVal 函数的变元 StrToVal (Str Val) 如表 8-2 所示。

表 8-2　变元 StrToVal

说明	Str	Val
数据类型	string	ANYTYPE
用法	一个包含文字数据的字符串值，其格式符合参数 Val 中使用的数据类型。有关 RAPID 文字总量的有效格式	用于储存转换结果的任意数据类型的变量或永久变量的名称。原子结构、记录、记录分量、数组或数组元素均可使用的各类值数据。因为格式不符合参数 Str 中使用的数据，因此，如果所需转换失败，则数据不会发生改变

StrToVal 函数的语法如下。

```
StrToVal '('
   [ Str ':=' ] <expression (IN) of string> ','
   [ Val ':=' ] <var or pers (INOUT) of ANYTYPE> ')' ！含数据类型 bool 的返回值的函数
```

StrToVal 函数的基本示例 1。

```
VAR bool ok;
VAR num nval;
ok := StrToVal ("3.85", nual);  ！假定变量 ok 的值为 TRUE，并假定 nual 的值为 3.85
```

StrToVal 函数的基本示例 2。

```
VAR string str15 := "[600, 500, 225.3]";
VAR bool ok;
```

```
    VAR pos pos15;
    ok := StrToVal (str15, pos15);   ! 假定变量 ok 的值为 TRUE，并假定变量 pos15 的值为字符串
str15 中的规定值
```

StrToVal 字符串处理函数使用

StrToVal 字符串处理函数使用

① 在“程序数据”里找到 bool 类型，如图 8-15 所示。

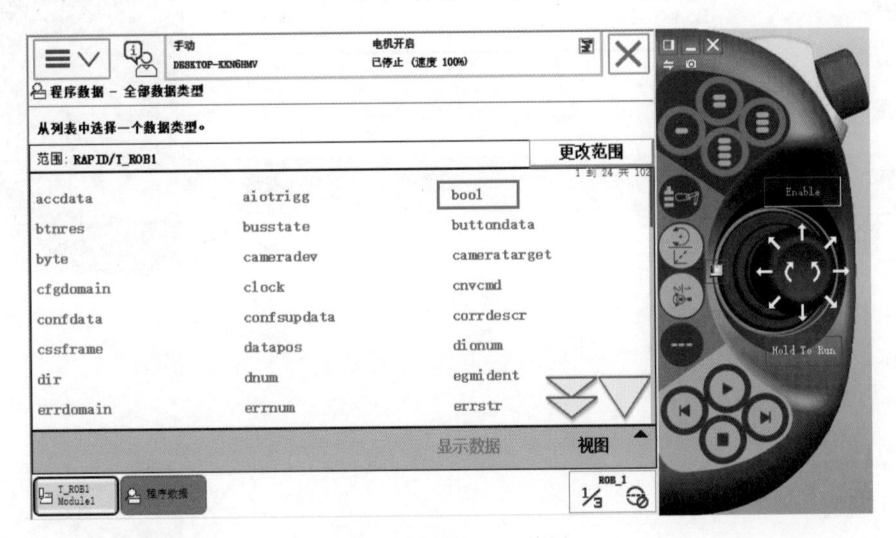

图 8-15　选择 bool 类型

② 在 bool 数据类型里新建一个数据名称“ok”，如图 8-16 所示。

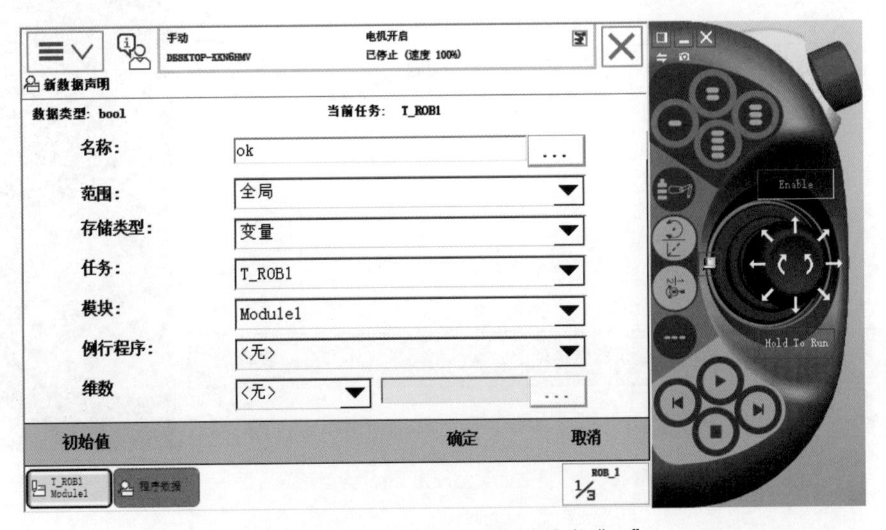

图 8-16　新建一个 bool 数据名称为“ok”

③ 在“程序数据”里找到 num 类型，并新建一个名称“nval”，如图 8-17 所示。

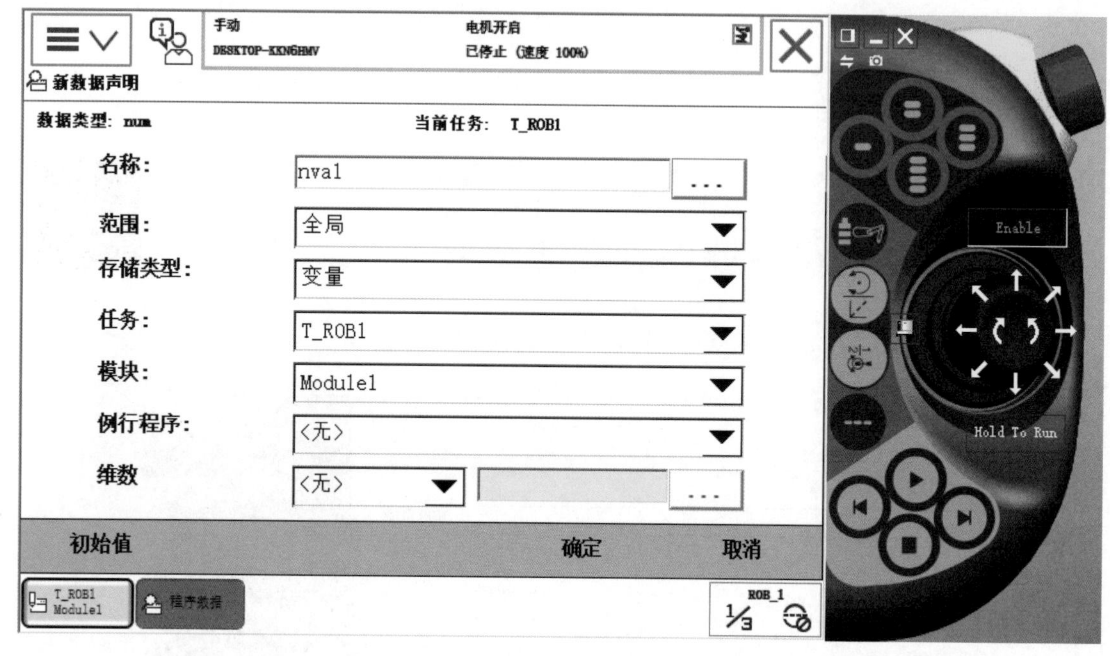

图 8-17　新建一个 num 数据名称为“nval”

④ 在例行程序里找到“:=”指令点击并将数据类型改为 bool 类型，选择后的界面如图 8-18 所示。

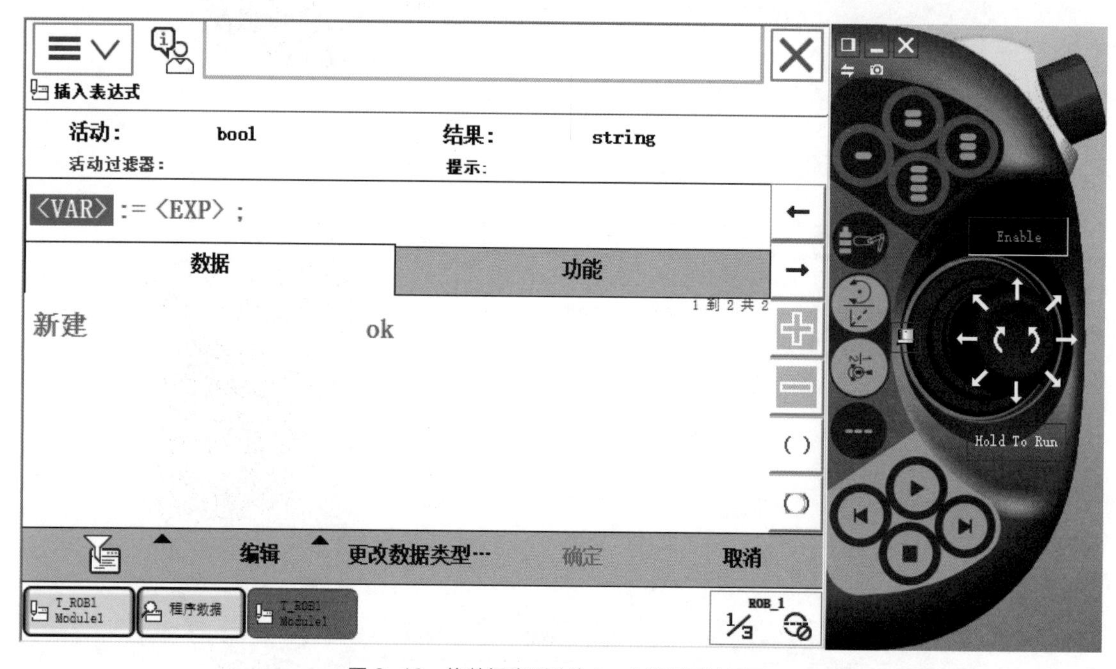

图 8-18　将数据类型改为 bool 类型后的界面

⑤ <VAR> 选择数据中的 “ok”，如图 8-19 所示。

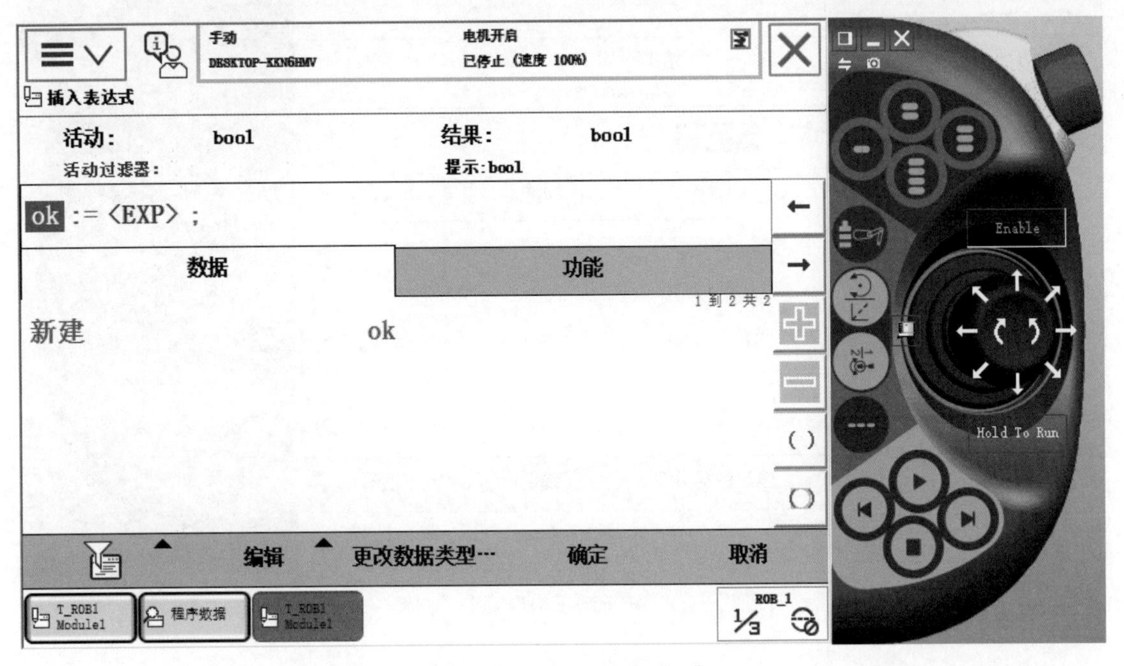

图 8-19　<VAR> 选择 “ok”

⑥ <EXP> 选择功能里面的 “StrToVal”，如图 8-20 所示。

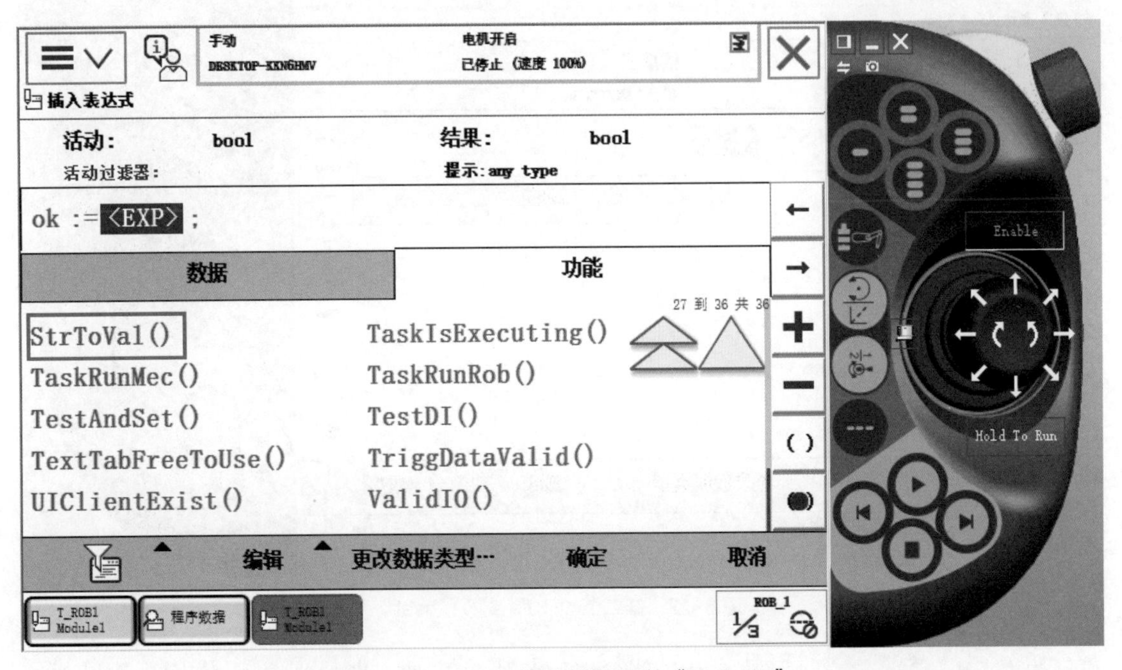

图 8-20　<EXP> 选择功能里面的 “StrToVal”

⑦ 第一个 <EXP> 写入 “3.85”，如图 8-21 所示。

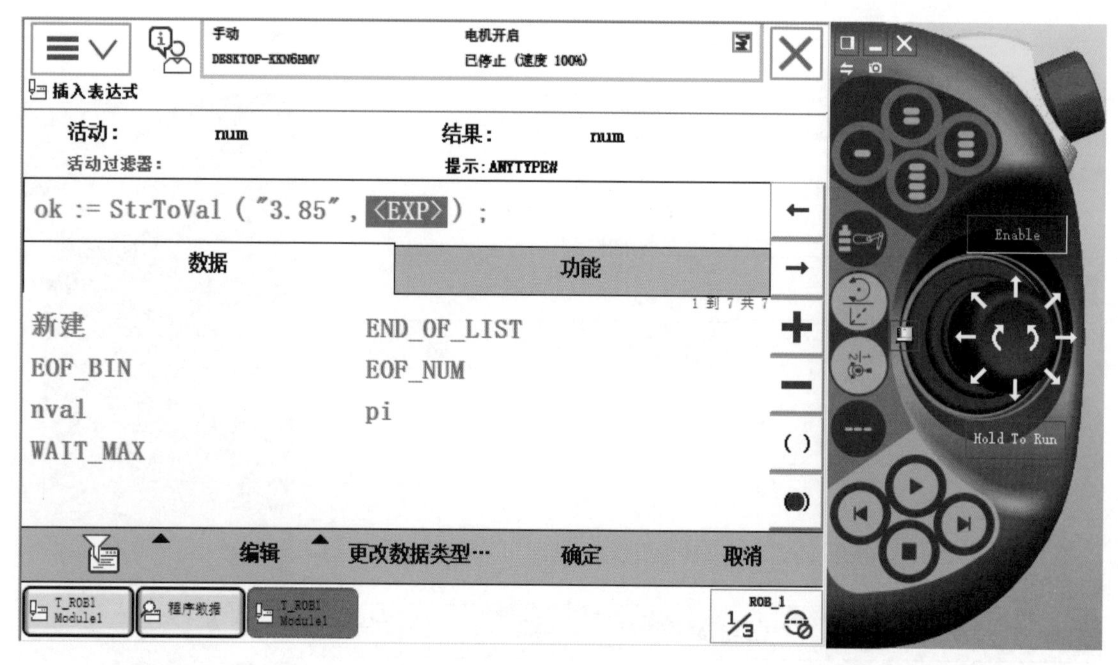

图 8-21　第一个 <EXP> 写入“3.85”

⑧ 第二个 <EXP> 选择“nval”，如图 8-22 所示。

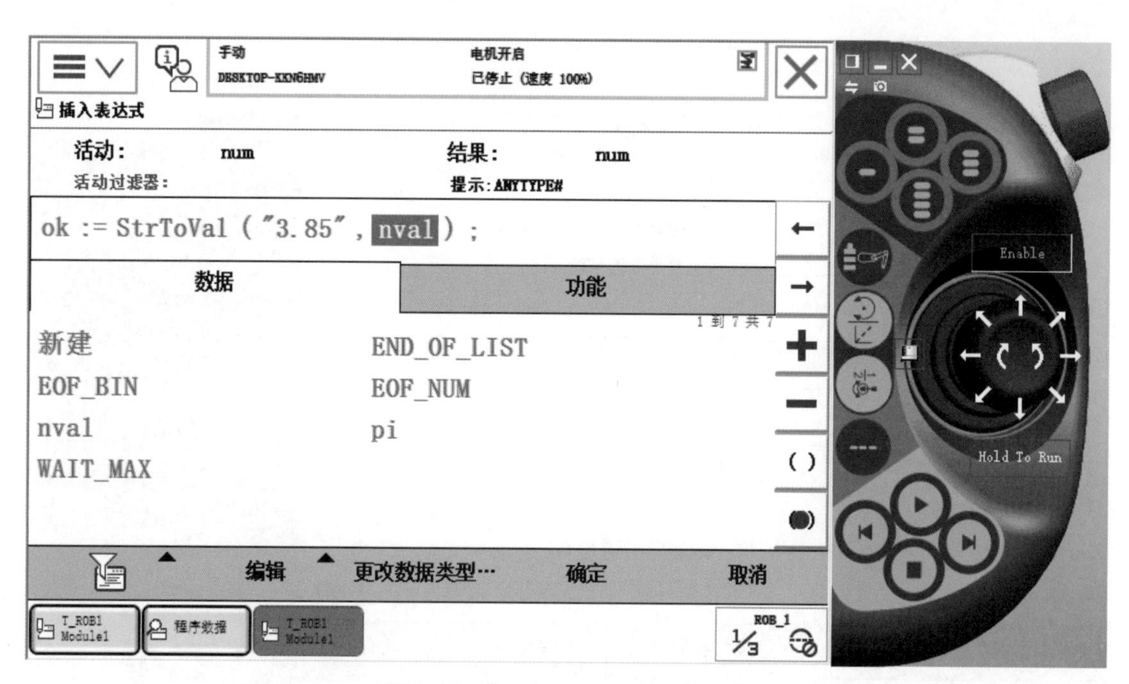

图 8-22　第二个 <EXP> 选择“nval”

⑨ 点击“确定”，运行程序，运行完查看 ok 和 nval 值，ok 显示值为 TURE，nval 显示值为 3.85，如图 8-23 和图 8-24 所示。

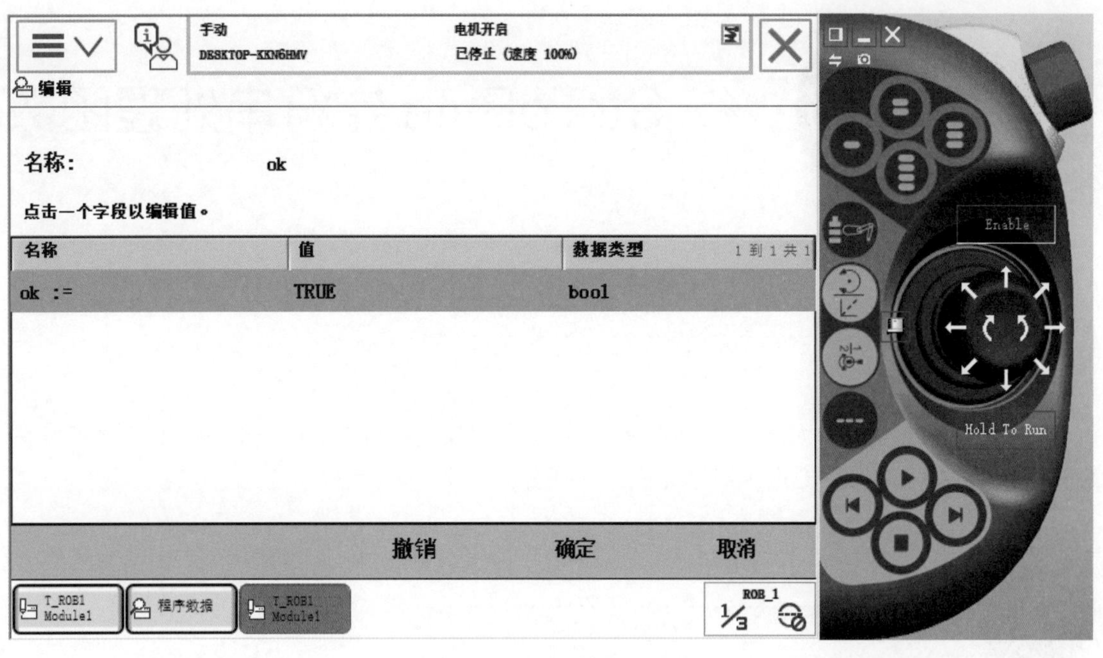

图 8-23　ok 显示值为 TURE

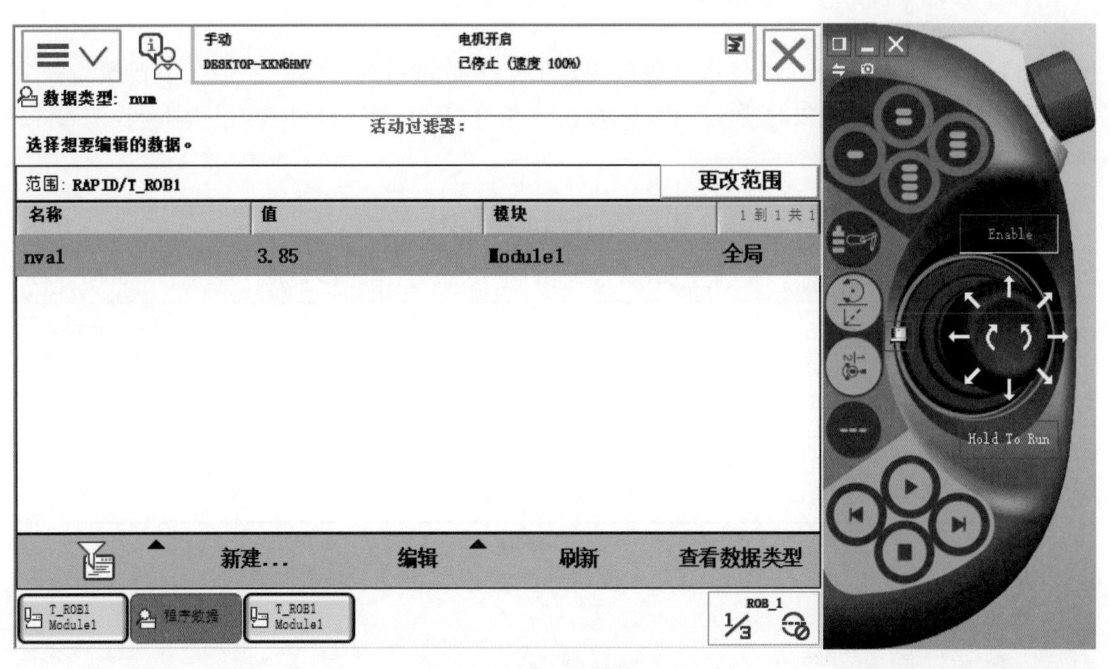

图 8-24　nval 显示值为 3.85

任务 3 / StrToByte 字符串处理函数

有时候需要让机器人将接收到的一段字符串转换为一个字节数据，本任务学习利用 StrToByte 机器人字符串处理函数来完成这一任务。

StrToByte 字符串处理函数概述

StrToByte 字符串处理函数用于通过规定的字节数据格式，将一个字符串转换为一个字节数据。StrToByte 函数的变元 StrToByte (ConStr [\Hex] | [\Okt] | [\Bin] | [\Char]) 如表 8-3 所示。

表 8-3 变元 StrToByte

说明	ConStr	[\Hex]	[\Okt]	[\Bin]	[\Char]
数据类型	string	switch	switch	switch	switch
用法	有待转换的字符串数据。如果省略可选开关参数，则有待转换的字符串具有 decimal（Dec）格式	有待转换的字符串具有 hexadecimal 格式	有待转换的字符串具有 octal 格式	有待转换的字符串具有 binary 格式	有待转换的字符串具有 ASCII 字符格式

StrToByte 函数的语法如下。

```
StrToByte '('
   [ConStr ':=' ] <expression (IN) of string >
   ['\' Hex ] | ['\' okt] | ['\' Bin] | ['\' Char] ')' ! 含数据类型 byte 的返回值的函数
```

StrToByte 函数的基本示例。

```
VAR string con_data_buffer {5} := ["10", "AE", "176", "00001010", "A"];
VAR byte data_buffer {5};
data_buffer {1} := StrToByte (con_data_buffer{1});
   ! 在 StrToByte... 函数后，数组分量 data_buffer {1} 的容量将为 10 个小数
```

```
data_buffer {2} := StrToByte (con_data_buffer{2}\Hex);
  ! 在 StrToByte... 函数后，数组分量 data_buffer {2} 的容量将为 174 个小数
data_buffer {3} := StrToByte (con_data_buffer{3}\Okt);
  ! 在 StrToByte... 函数后，数组分量 data_buffer {3} 的容量将为 126 个小数
data_buffer {4} := StrToByte (con_data_buffer{4}\Bin);
  ! 在 StrToByte... 函数后，数组分量 data_buffer {4} 的容量将为 10 个小数
data_buffer {5} := StrToByte (con_data_buffer{5}\Char);
  ! 在 StrToByte... 函数后，数组分量 data_buffer {5} 的容量将为 65 个小数
```

数据类型：byte。

换算运算的结果，以小数表示。

StrToByte 字符串处理函数使用

StrToByte 字符串处理函数使用

① 在主菜单“程序数据”里找到 string 类型，如图 8-25 所示。

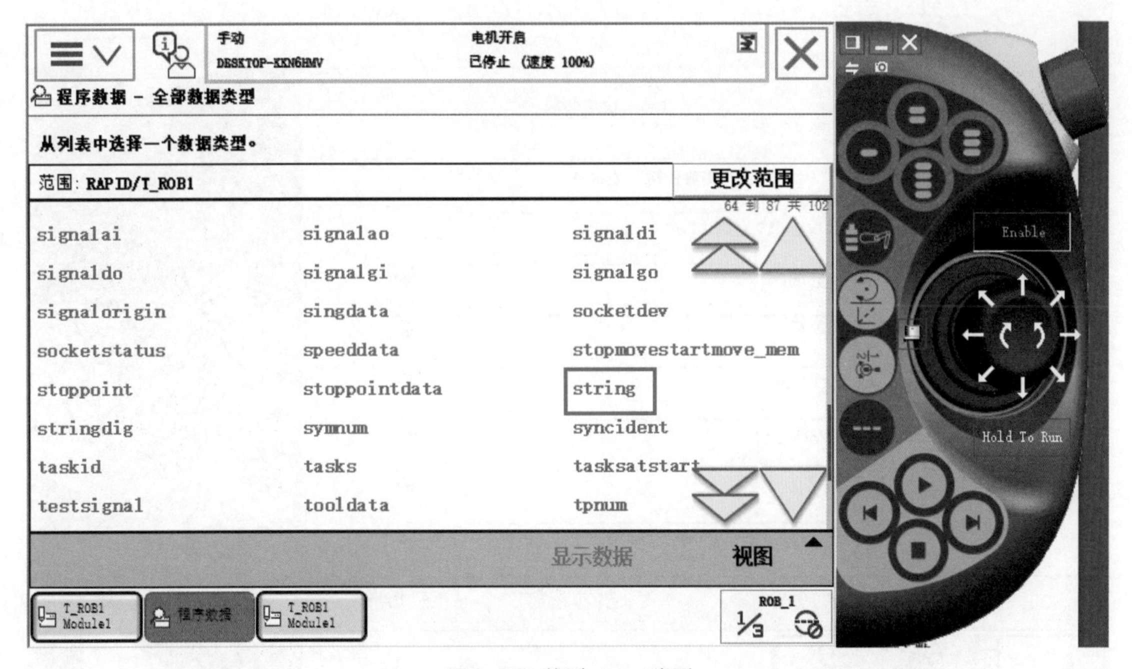

图 8-25　找到 string 类型

② 在 string 里新建一个数组，名称为“con_data_buffer”，如图 8-26 所示。

图 8-26　新建一个数组名称为“con_data_buffer”

③ 将“维数”改为 1 和 {5}，如图 8-27 所示，单击“确定”。

图 8-27　维数改为 1 和 {5}

④ 在主菜单“程序数据”里找到 byte 类型，如图 8-28 所示。

图 8-28　选择 byte 类型

⑤ 在 byte 里新建一个数组，名称为“data_buffer”，如图 8-29 所示。

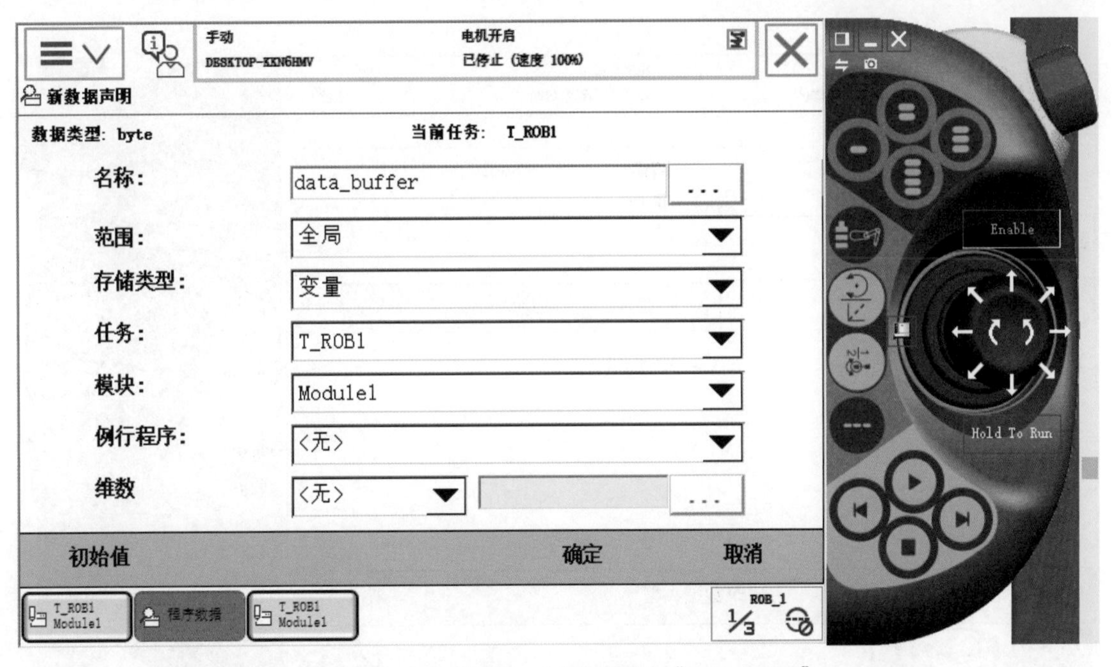

图 8-29　byte 里新建一个数组名称为“data_buffer”

⑥ 将维数改为 1 和 {5}, 如图 8-30 所示。

图 8-30 将维数改为 1 和 {5}

⑦ 在例行程序里找到“:=”指令，点击并将数据类型改为 byte 类型，修改后的界面如图 8-31 所示。

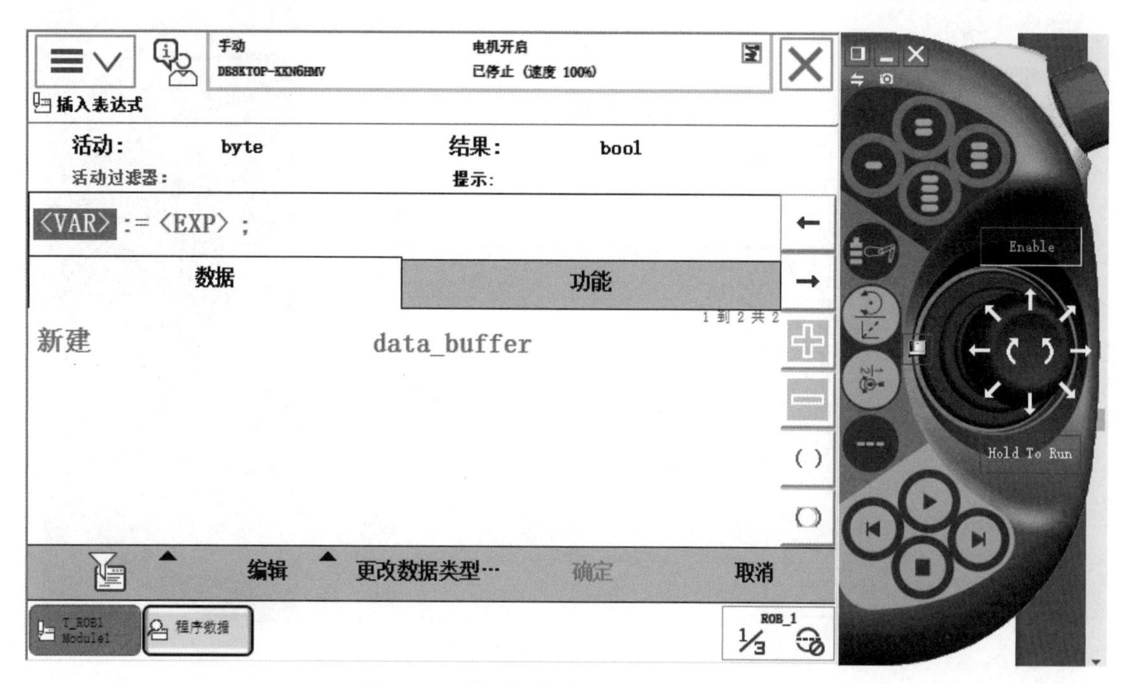

图 8-31 数据类型改为 byte 类型后的界面

⑧ <VAR> 选择“data_buffer”，如图 8-32 所示。

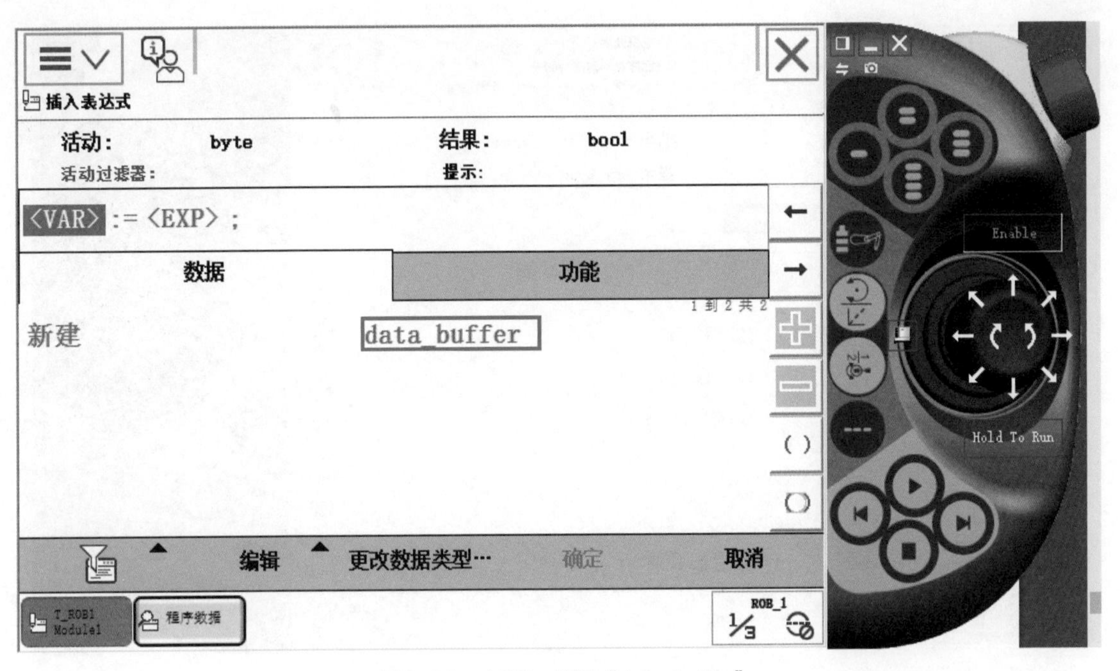

图 8-32　<VAR> 选择“data_buffer”

⑨ data_buffer{} 里的 <EXP> 写入“1”，如图 8-33 所示。

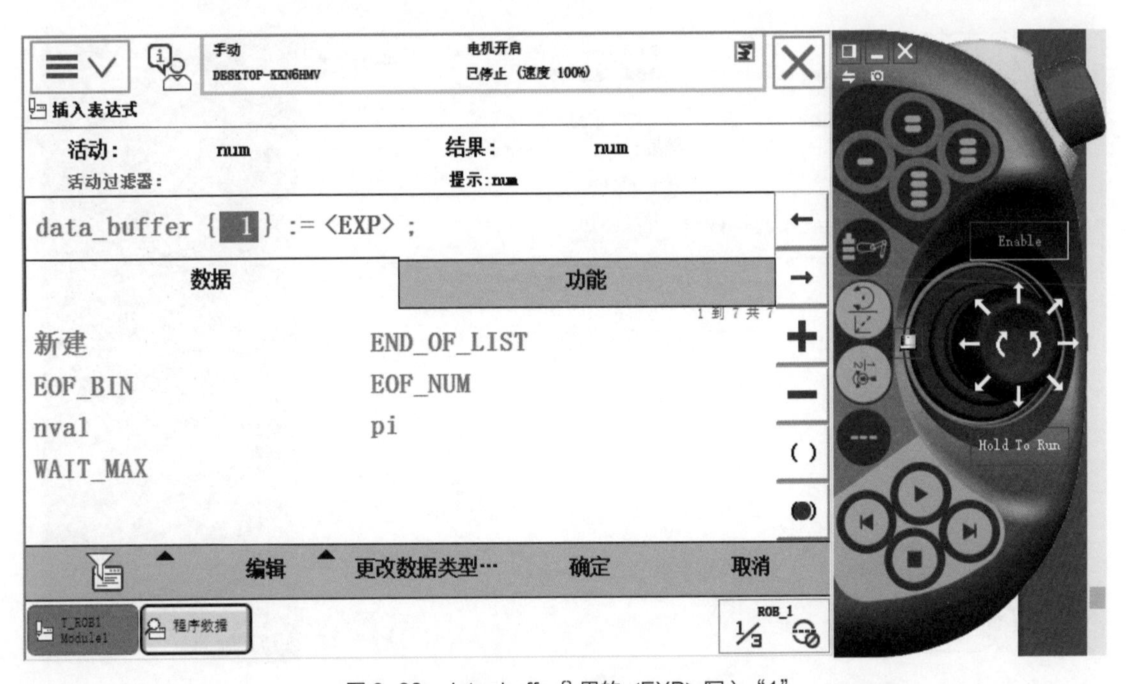

图 8-33　data_buffer{} 里的 <EXP> 写入“1”

⑩ 右侧 <EXP> 选择功能里的 StrToByte，如图 8-34 所示。

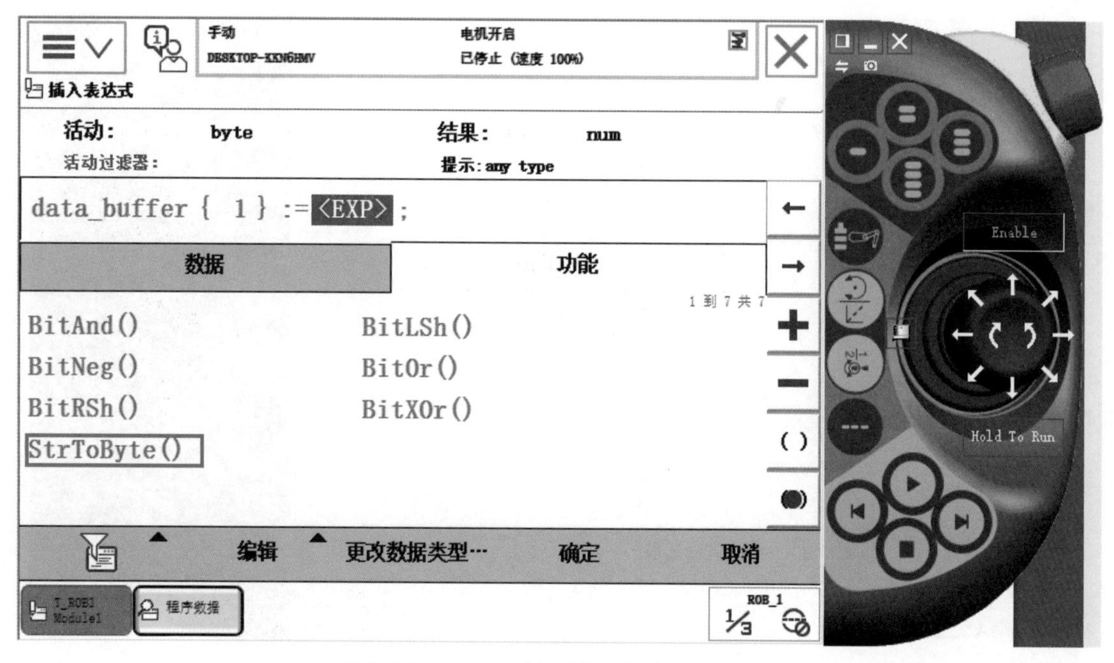

图 8-34　<EXP> 选择功能里的“StrToByte”

⑪ 在 StrToByte（ ）里的 <EXP> 选择数据“con_data_buffer”，如图 8-35 所示。

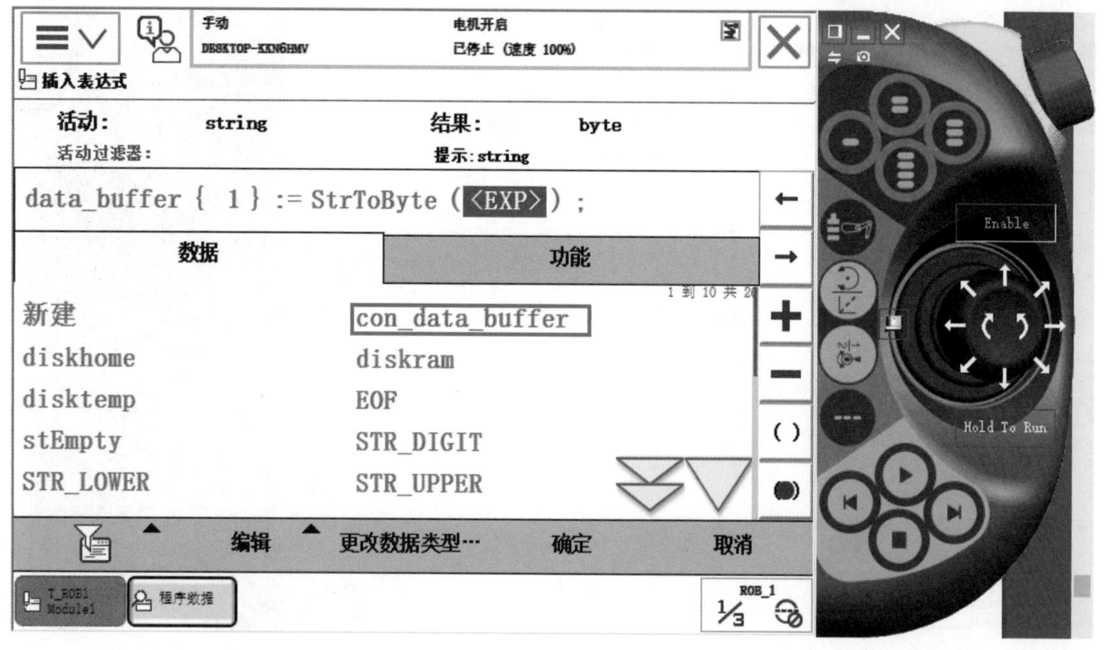

图 8-35　在 StrToByte（ ）里的 <EXP> 选择数据“con_data_buffer”

⑫ 将 con_data_buffer{} 里的 <EXP> 写入“1”，如图 8-36 所示。

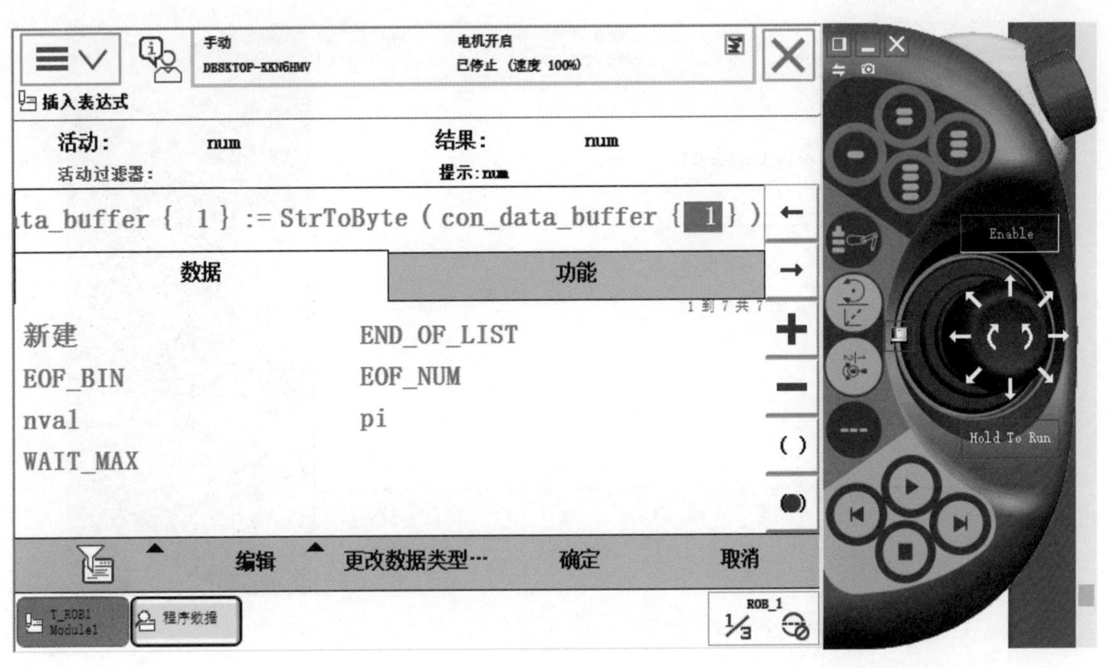

图 8-36　con_data_buffer{} 里的 <EXP> 写入“1”

⑬ 将数组 con_data_buffer 里面五个值分别写入“10”“AE”“176”“00001010”“A”，如图 8-37 所示。

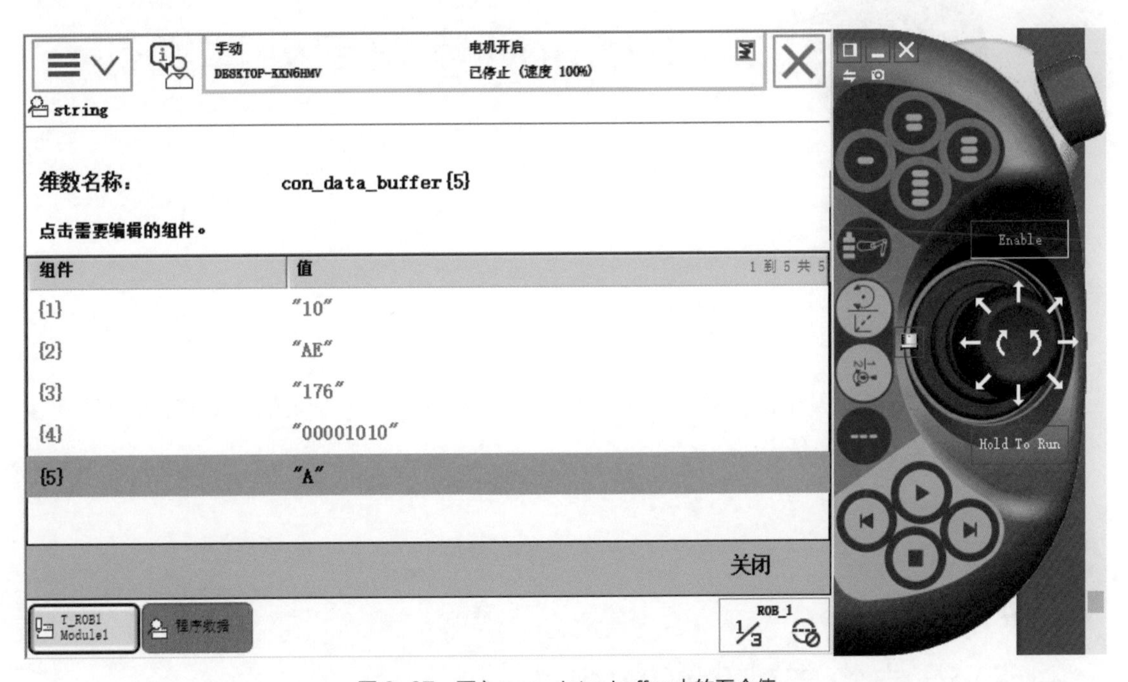

图 8-37　写入 con_data_buffer 中的五个值

⑭ 运行完程序，在运用 StrToByte 函数后，数组分量 data_buffer{1} 的容量将为 10 个小数，如图 8-38 所示。

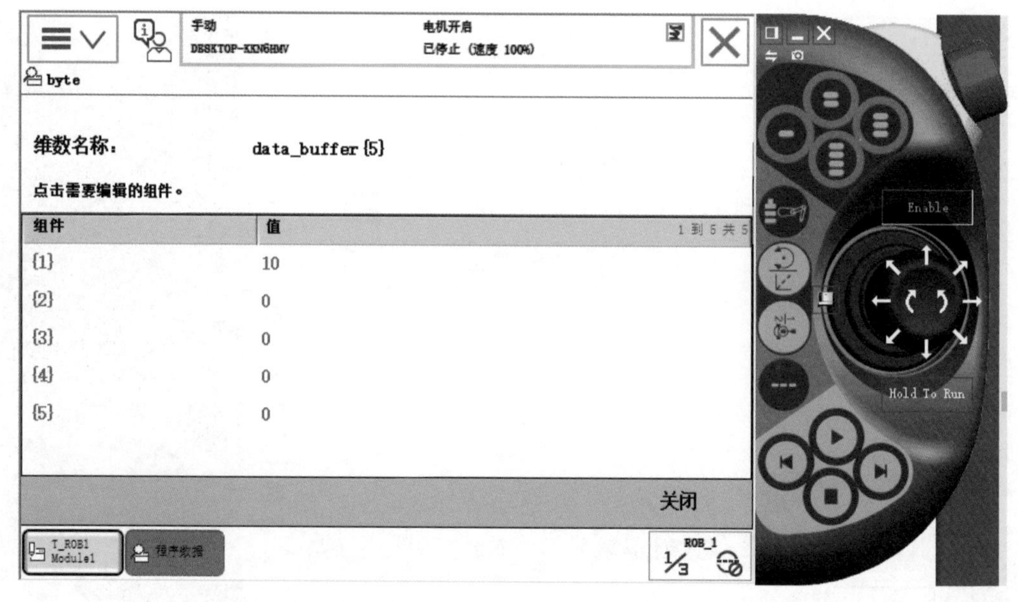

图 8-38　数组分量 data_buffer{1} 的容量将为 10 个小数

任务 4　StrFind 字符串处理函数

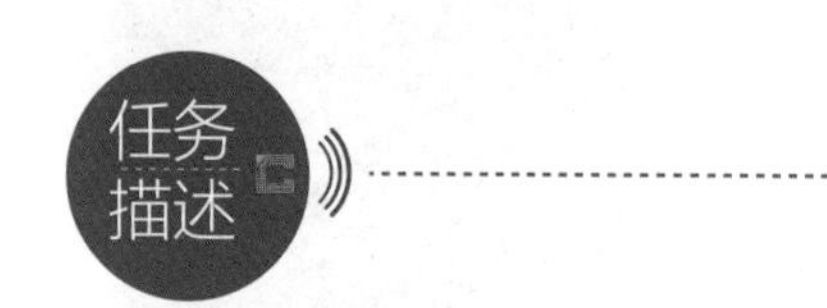

任务描述

有时候需要让机器人搜索一个字符串中的一个字符，本任务学习通过 StrFind 机器人字符串处理函数来完成这一任务。

知识储备

StrFind 字符串处理函数概述

StrFind 字符串处理函数用于在一个字符串中搜索始于一个指定位置、属于一组指定字符的一个字符。StrFind 函数的变元 StrFind (Str ChPos Set [\NotInSet]) 如表 8-4 所示。

8

表 8-4　变元 StrFind

说明	Str	ChPos	Set	[\NotInSet]
数据类型	string	num	string	switch
用法	用于搜索的字符串	开始字符位置。如果位于字符串以外，则运行时产生错误	有待测试的字符串集合	搜索未在 Set 中呈现的字符集合中的一个字符

StrFind 函数的语法如下。

```
StrFind '('
   [ Str ':=' ] <expression (IN) of string> ','
   [ ChPos ':=' ] <expression (IN) of num> ','
   [ Set ':=' ] <expression (IN) of string>
   [ '\'  NotInSet ] ')'                              ! 返回值的数据类型是 num 的函数
```

StrFind 函数的基本示例。

```
VAR num found;
found := StrFind ("Robotics", 1, "aeiou");                ! 变量 found 被赋予值 "2"
found := StrFind ("Robotics", 1, "aeiou" \ NotInSet);     ! 变量 found 被赋予值 "1"
found := StrFind ("IRB 6400", 1, STR_DIGIT);              ! 变量 found 被赋予值 "5"
found := StrFind ("IRB 6400", 1, STR_WHITE);              ! 变量 found 被赋予值 4
```

数据类型：num。

位于属于指定集合的规定位置或其后位置的第一个字符的字符位置。如果未发现此类字符，返回字符串长度 +1。

StrFind 函数的预定义数据如表 8-5 所示。

表 8-5　StrFind 函数的预定义数据

名称	字符集
STR_DIGIT	::= 0	1	2	3	4	5	6	7	8	9
STR_UPPER	::= A	B	C	D	E	F	G	H	I	J	K	L	M	N	O	P	Q	R	S	T	U	V	W	X	Y	Z	À	Á	Â	Ã	Ä	Å	Æ	Ç	È	É	Ê	Ë	Ì	Í	Î	Ï	1)	Ñ	Ò	Ó	Ô	Õ	Ö	Ø	Ù	Ú	Û	Ü	2)	3)
STR_LOWER	::= a	b	c	d	e	f	g	h	i	j	k	l	m	n	o	p	q	r	s	t	u	v	w	x	y	z	à	á	â	ã	ä	å	æ	ç	è	é	ê	ë	ì	í	î	ï	1)	ñ	ò	ó	ô	õ	ö	ø	ù	ú	û	ü	2)	3)	ß	ÿ
STR_WHITE	::=

StrFind 字符串处理函数使用

StrFind 字符串处理函数使用

① 在主菜单的"程序数据"里找到 num 类型，如图 8-39 所示。

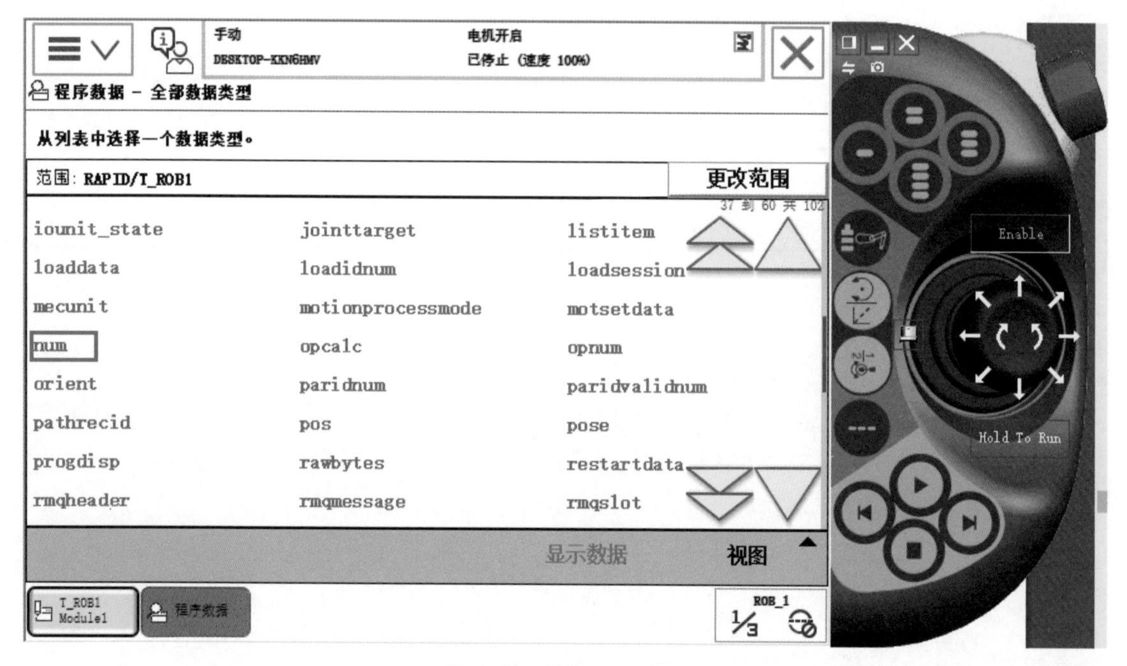

图 8-39　选择 num 类型

② 在 num 里面新建一个数据，名称为“found”，如图 8-40 所示。

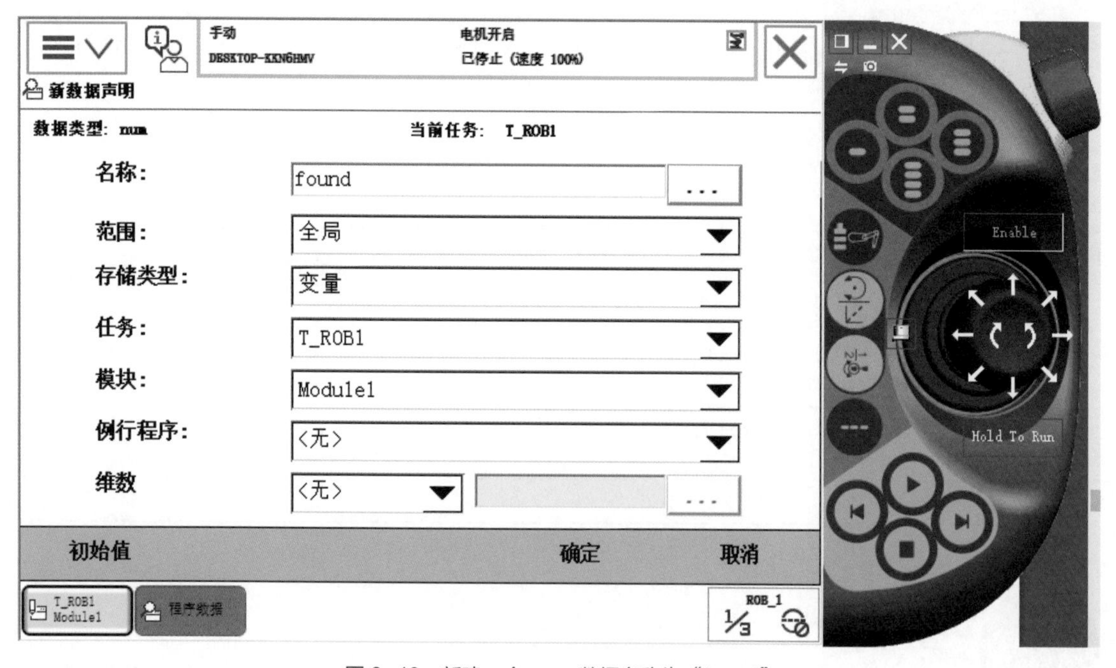

图 8-40　新建一个 num 数据名称为“found”

③ 在例行程序里找到“:=”指令点击并选择 found，如图 8-41 所示。

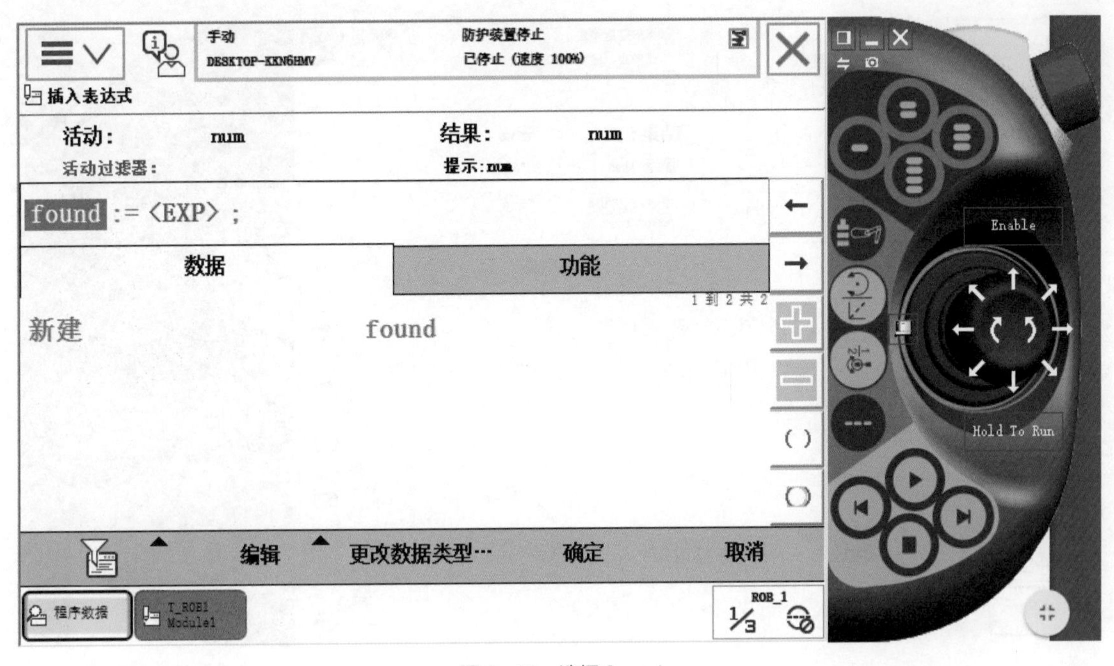

图 8-41　选择 found

④ <EXP> 选择功能里的“StrFind”，如图 8-42 所示。

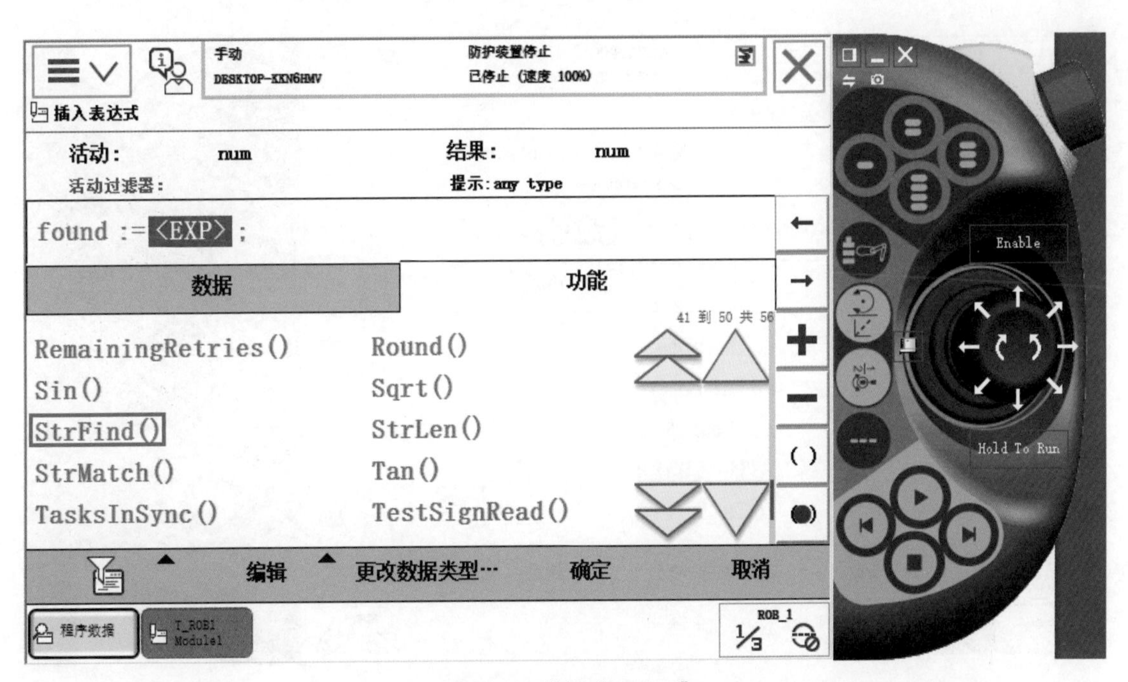

图 8-42　选择“StrFind”

⑤ Strfind 里第一个 <EXP> 写入“Robotics”，如图 8-43 所示。

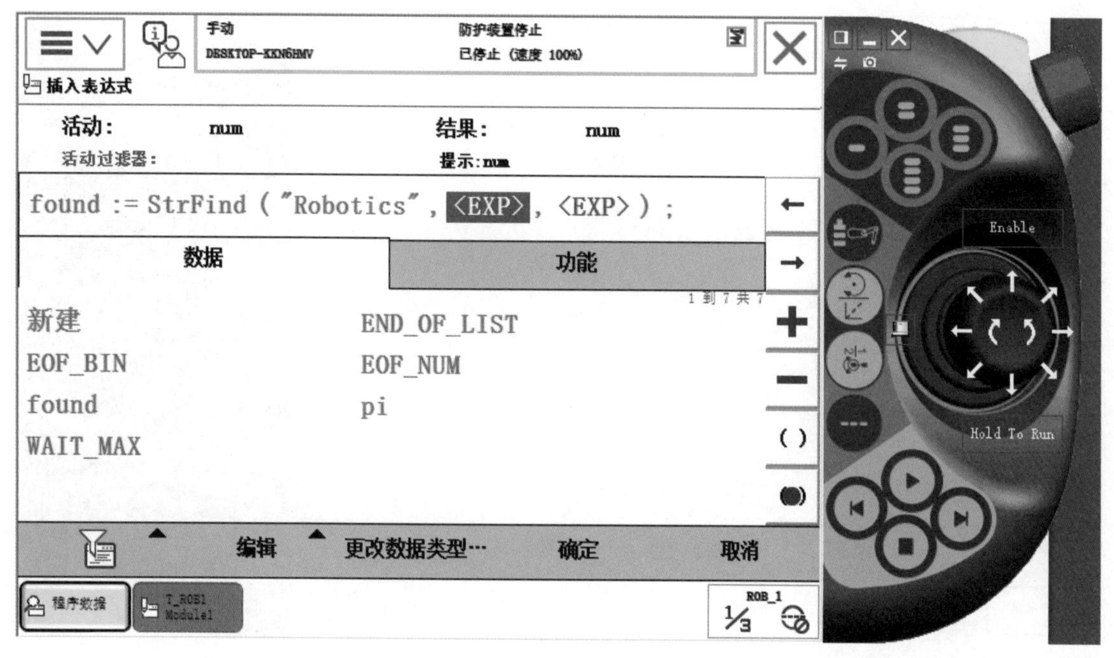

图 8-43 第一个 <EXP> 写入“Robotics”

⑥ Strfind 里第二个 <EXP> 写入“1”，如图 8-44 所示。

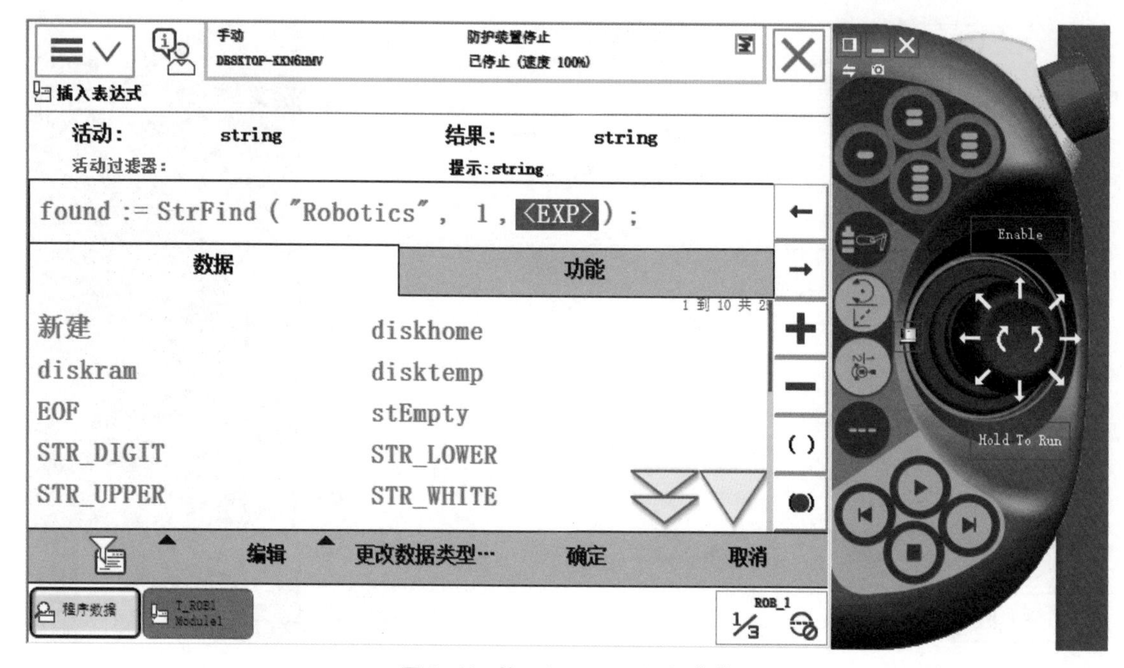

图 8-44 第二个 <EXP> 写入“1”

⑦ StrFind 里第三个 <EXP> 写入“aeiou”，如图 8-45 所示。

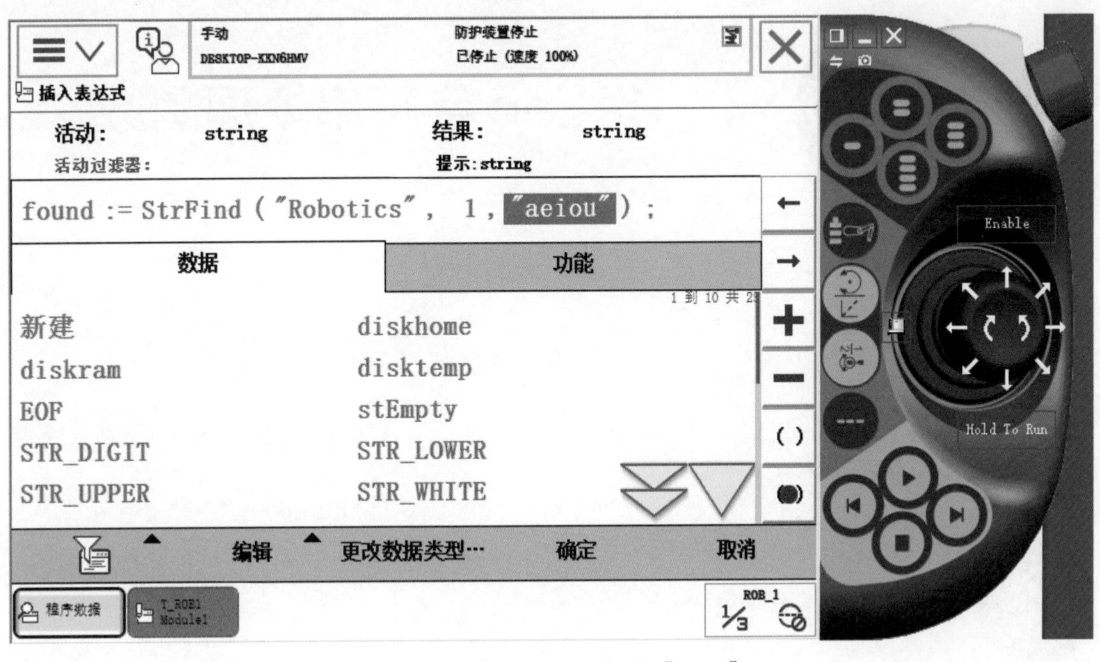

图 8-45　第三个 <EXP> 写入 “aeiou”

⑧ 运行程序，运行完变量 found 被赋予值 2，如图 8-46 所示。

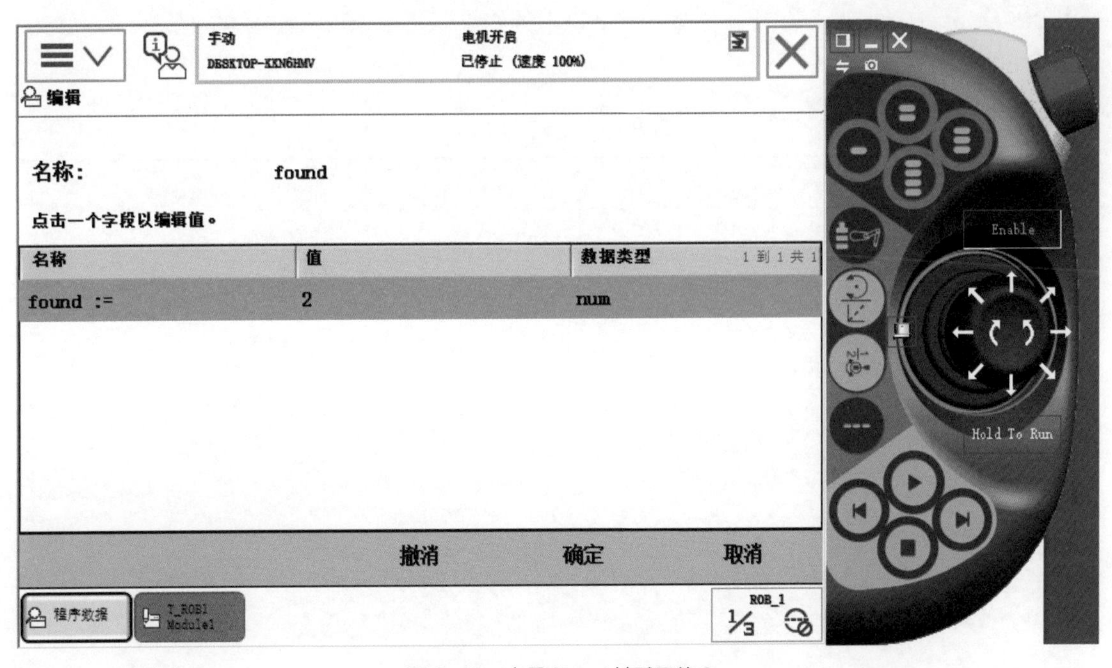

图 8-46　变量 found 被赋予值 2

任务 5 StrLen 字符串处理函数

有时候需要让机器人发现一个字符串的当前长度，本任务学习运用 StrLen 机器人字符串处理函数来完成这一任务。

StrLen 字符串处理函数概述

StrLen 字符串处理函数用于发现一个字符串的当前长度。StrLen 函数的变元 StrLen (Str) 如表 8-6 所示。

表 8-6　变元 StrLen

说明	String
数据类型	数据类型：string
用法	字符数量有待统计的字符串

StrLen 函数的语法如下。

```
StrLen '('
   [ Str ':=' ] <expression (IN) of string> ')'
    ! 返回值的数据类型是 num 的函数
```

StrLen 函数的基本示例。

```
VAR num len;
len := StrLen ("Robotics"); ! 变量 len 被赋予值 8
```

数据类型：num。

字符串中的字符数量（8）。

StrLen 字符串处理函数使用

StrLen 字符串处理函数使用

① 在主菜单“程序数据”里找到 num 类型，如图 8-47 所示。

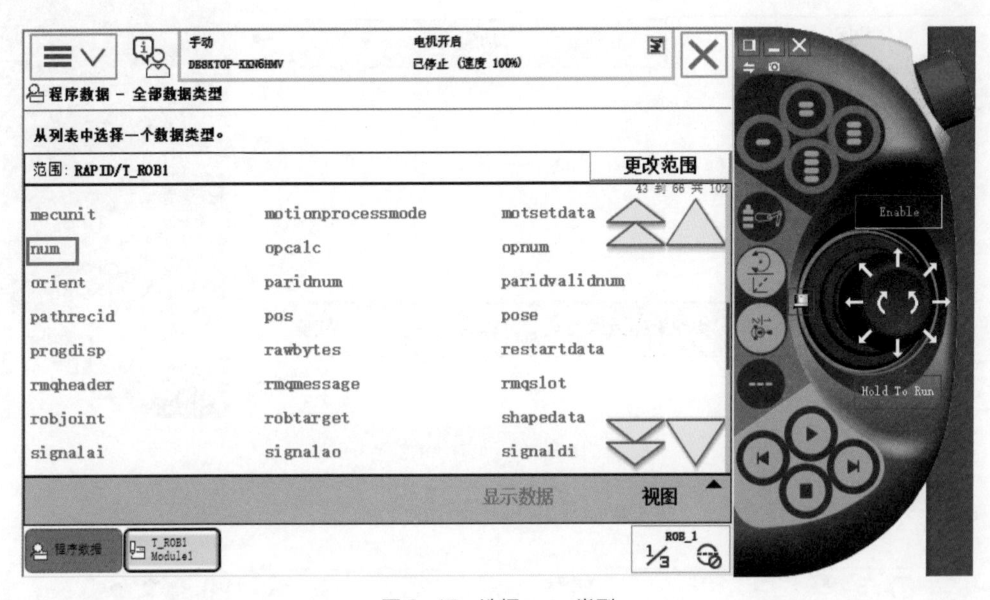

图 8-47　选择 num 类型

② 在 num 里面新建一个数据，名称为“len”，如图 8-48 所示。

图 8-48　新建一个数据名称为“len”

③ 在例行程序里找到“:=”指令点击并选择 len，如图 8-49 所示。

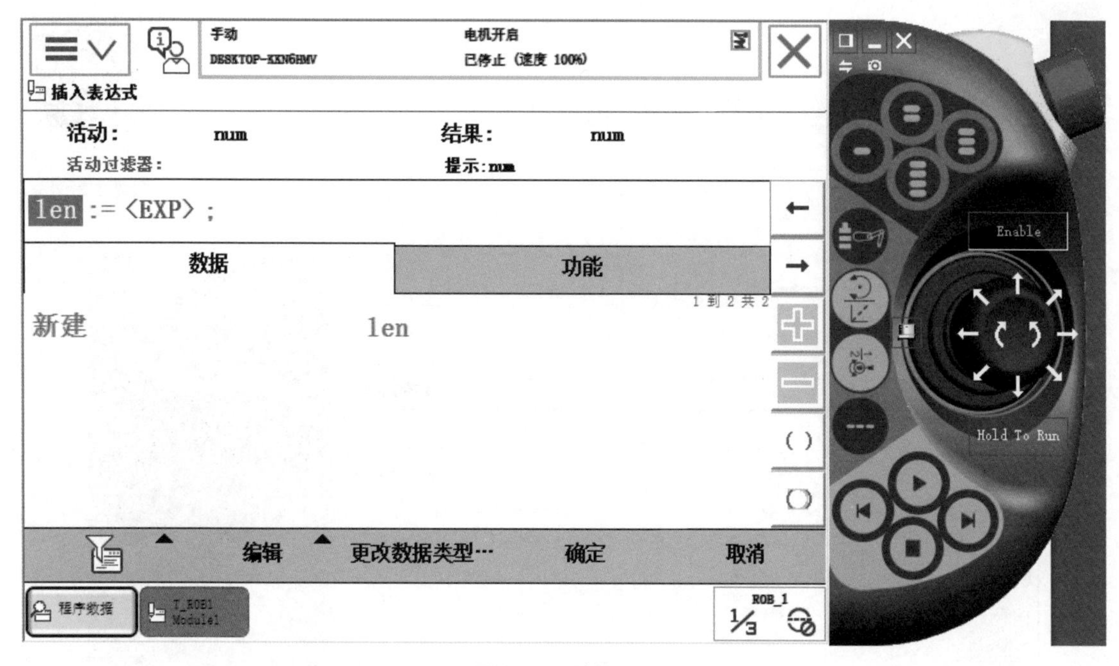

图 8-49　选择 len

④ <EXP> 选择功能里的“StrLen”，如图 8-50 所示。

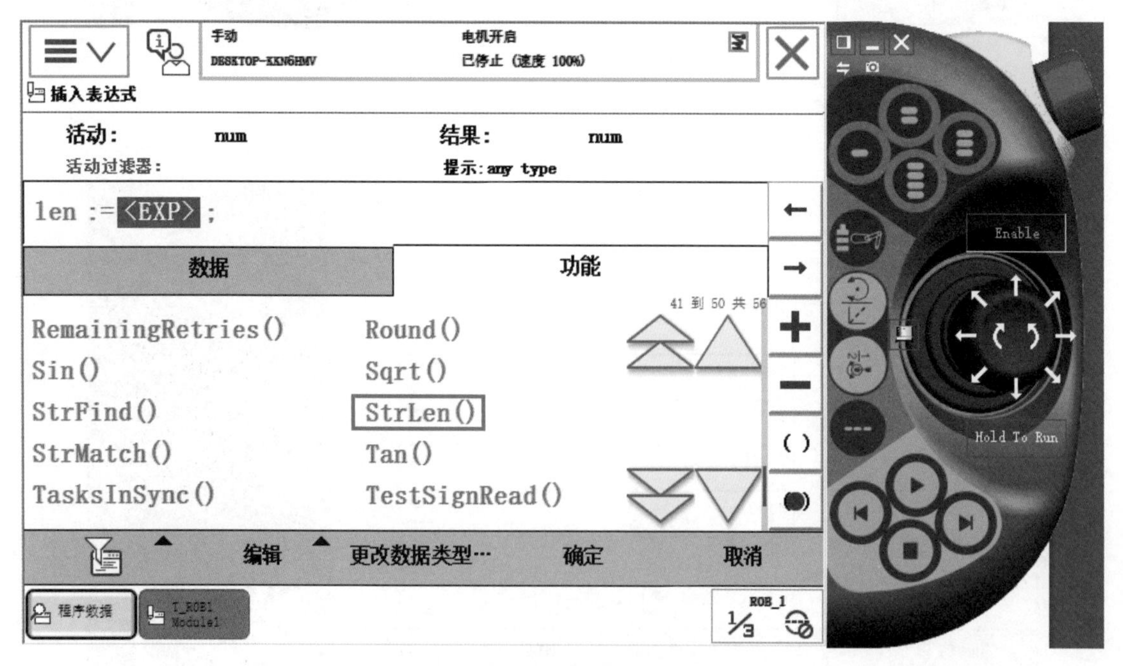

图 8-50　<EXP> 功能里找到“StrLen”

⑤ StrLen（ ）里的 <EXP> 写入“Robotics”，如图 8-51 所示。

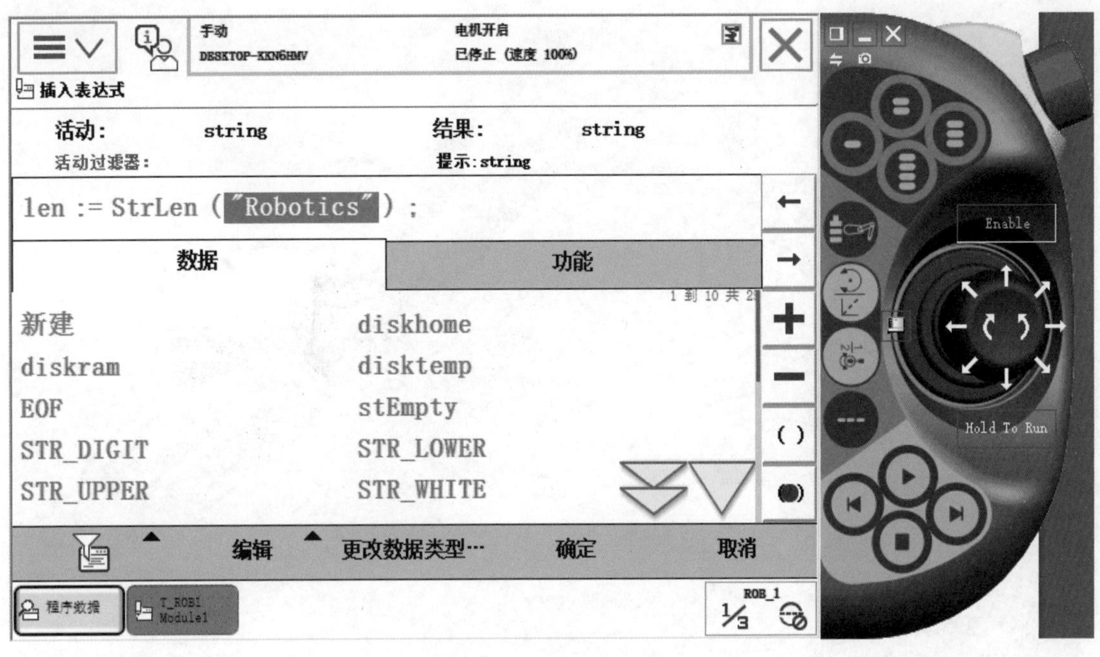

图 8-51　写入“Robotics”

⑥ 运行程序，运行完字符串中的字符数量（8），如图 8-52 所示。

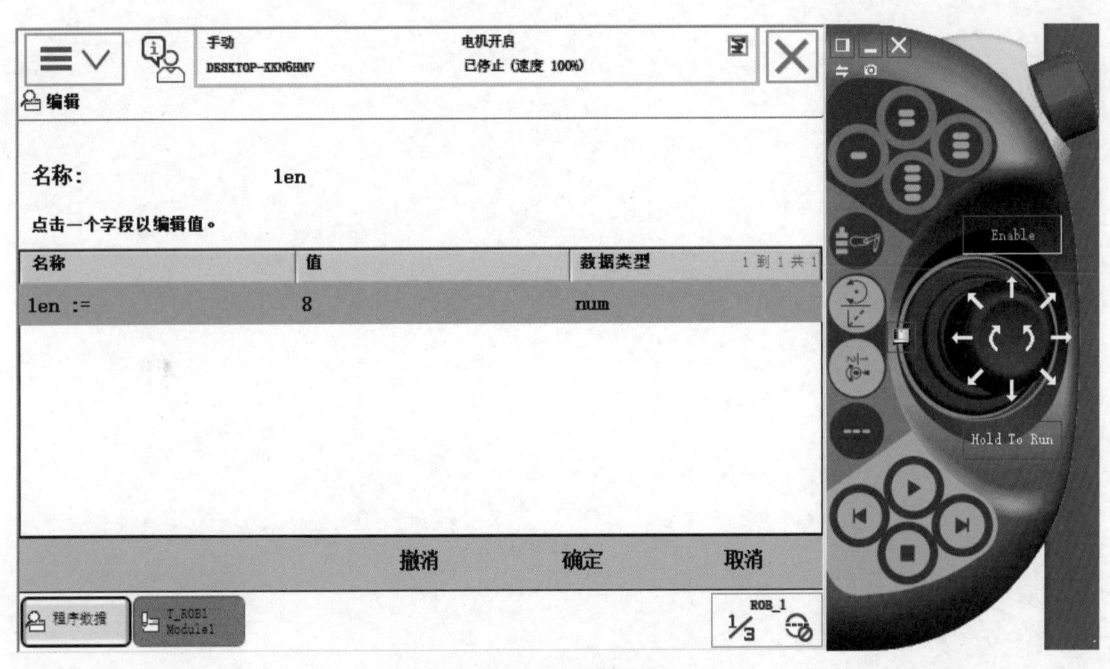

图 8-52　字符串中的字符数量（8）

/Administration
Resources
/Legal
/Accounting
/Finance
/Marketing
/Publicity
/Promotion
/Research
/Business
/Development
/Engineering
/Manufacturing
/Planning

项目9 RAPID 程序

任务 1 / 使用 RAPID 程序

任务描述

本任务详细介绍了在创建、保存、编辑和调试任何 RAPID 程序时需要执行的步骤。

知识储备

1. 使用 RAPID 程序步骤

① 创建 RAPID 程序。

② 编辑程序。

③ 要简化编程并对程序有一个总体认识，可将程序分为多个模块。

④ 要进一步简化编程，可将模块分为多个例行程序。

⑤ 在编程过程中，可能需要处理以下因素：

a. 工具。

b. 工件。

c. 有效负载。

⑥ 处理程序执行中可能发生的潜在错误。

⑦ 完成实际的 RAPID 程序后，在投入生产之前还需要对它进行测试。

⑧ 试运行 RAPID 程序后，可能需要作出改变。可能要修改或调节编程位置、TCP 位置或路径。

⑨ 可删除不再需要的程序。

2. 运行程序

① 加载现有程序。

② 启动程序执行时，可以选择运行一次程序或连续运行程序。

③ 如果程序已加载，可以启动程序执行。

④ 程序执行完成后，程序可能会停止运行。

RIPID 程序操作方法

创建新程序

（1）创建新程序

① 在 ABB 主菜单中，点击“程序编辑器”，如图 9-1 所示。

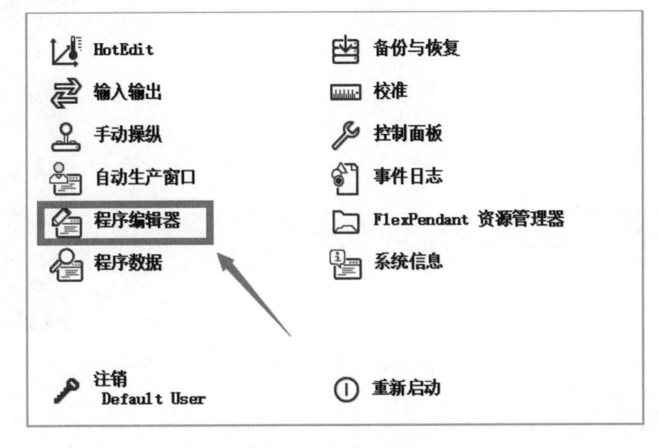

图 9-1 主菜单界面

② 点击“任务与程序”，如图 9-2 所示。

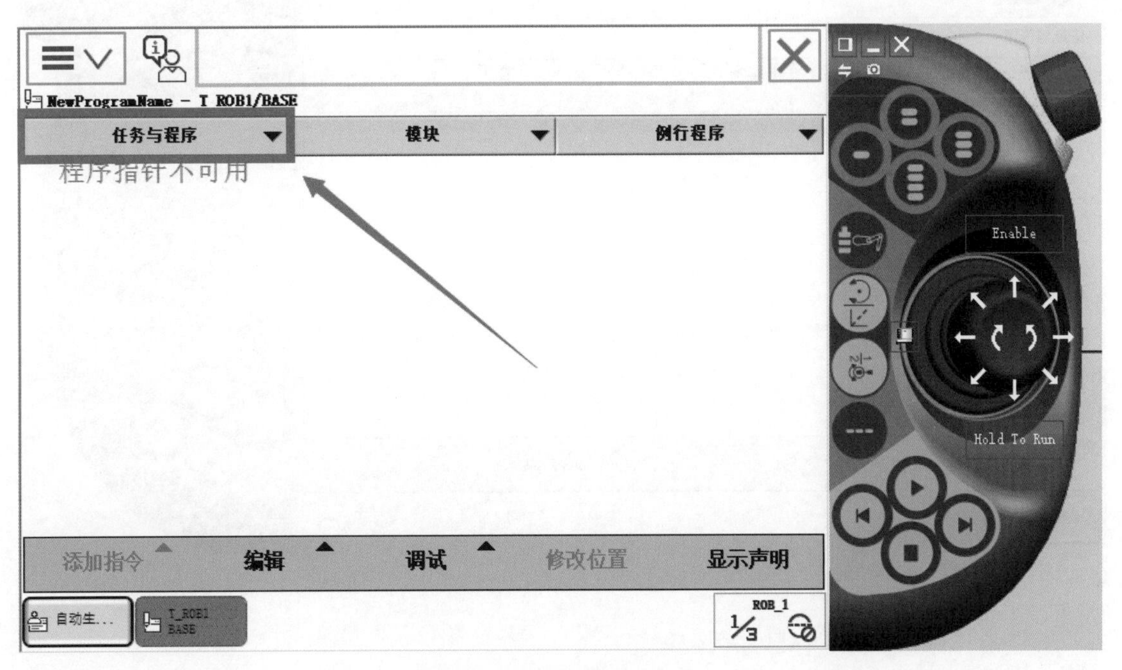

图 9-2 点击“任务与程序”

③ 点击“文件”，如图 9-3 所示。

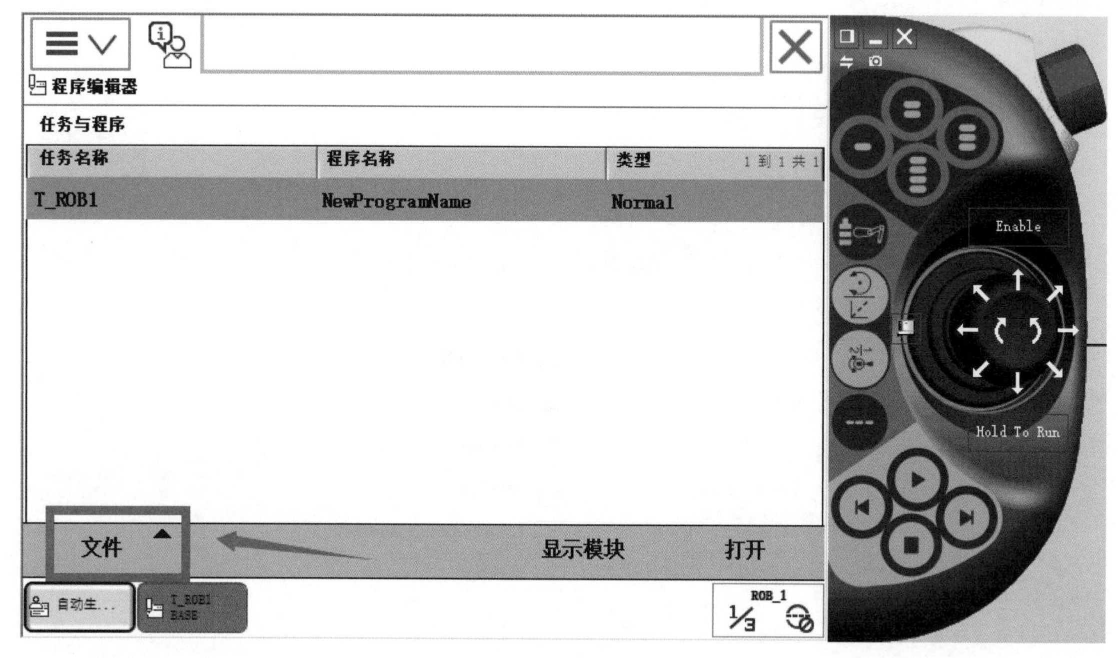

图 9-3　点击“文件”

④ 点击“新建程序”，如图 9-4 所示。如果已有程序加载，就会出现一个警告对话框。

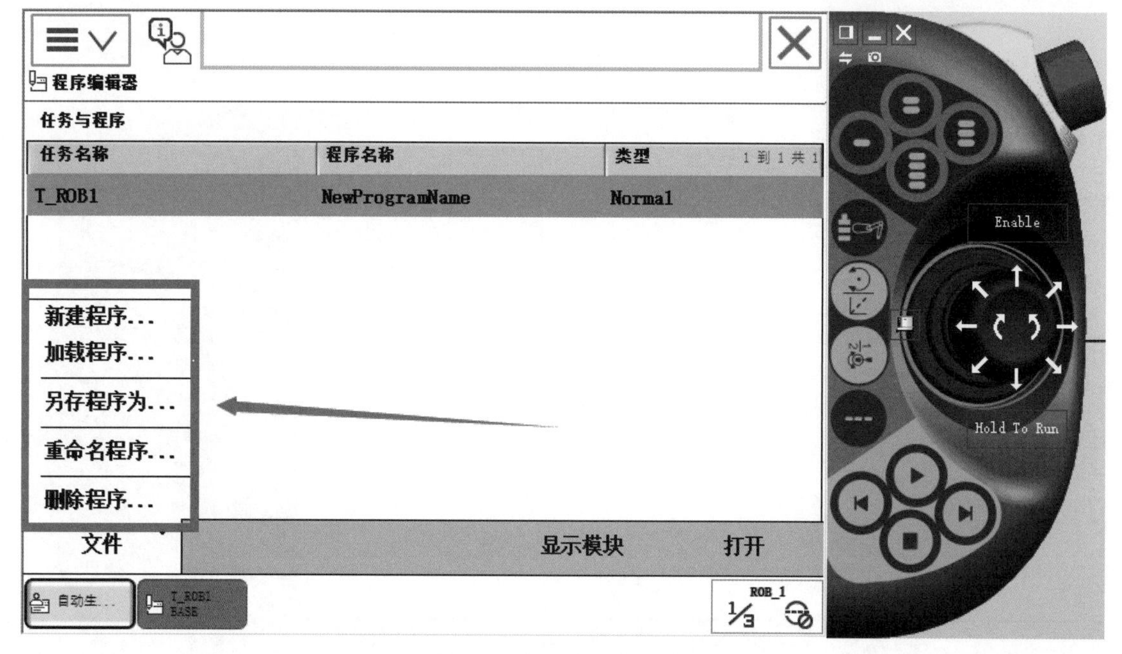

图 9-4　“文件”上拉菜单

a. 点击“保存”可保存已加载的程序。

b. 点击“不保存”可关闭已加载的程序，但不保存该程序，即从程序内存中将其删除。

c. 点击“取消”可使程序保持加载状态。

(2) 加载现有程序

加载现有程序

① 在 ABB 主菜单中点击“程序编辑器”。
② 点击“任务与程序”。
③ 点击“文件”。
④ 点击“加载程序”，如图 9-5 所示。如果已有程序加载，就会出现一个警告对话框。
a. 点击“保存”可保存已加载的程序。
b. 点击“不保存”可关闭已加载程序，但不保存该程序，即从程序内存中将其删除。
c. 点击“取消”使程序保持加载状态。

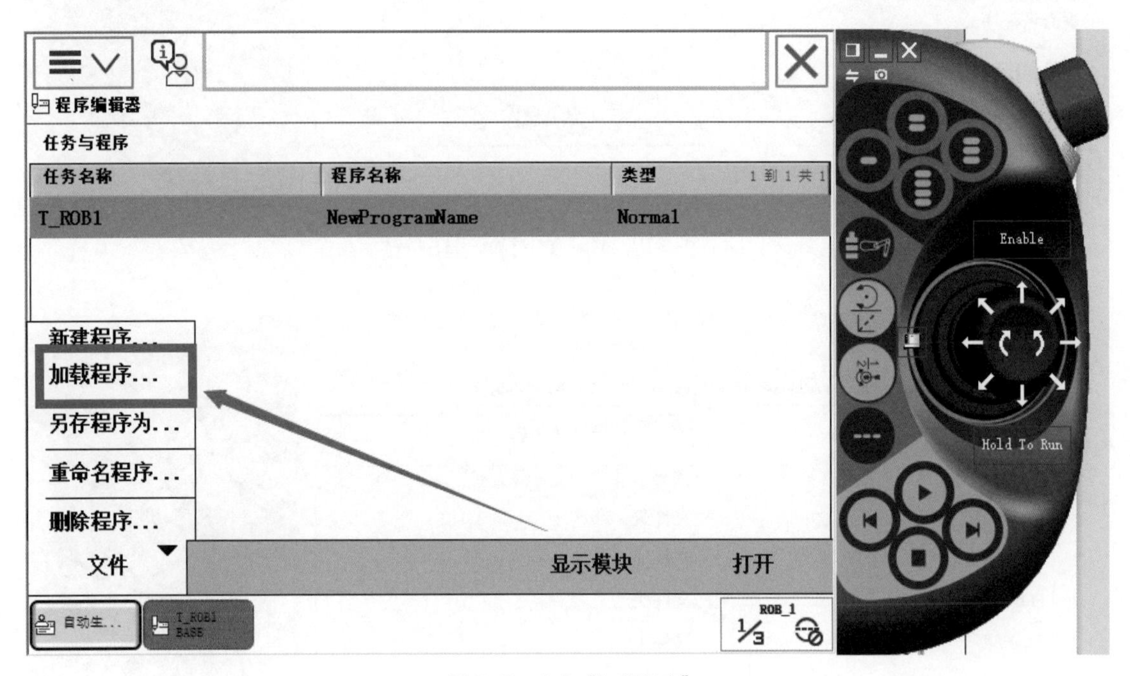

图 9-5　点击“加载程序”

⑤ 使用文件搜索工具定位要加载的程序文件（文件类型为 pgf）。
⑥ 点击“确定”，程序将加载并显示程序代码。

(3) 保存程序

保存程序

① 在 ABB 主菜单中点击“程序编辑器”。
② 点击“任务与程序”。
③ 点击“文件”并选择“另存程序为 ...”，如图 9-6 所示。
④ 使用建议的程序名或点击 ... ，输入新名称。然后点击“确定”，如图 9-7 所示 。

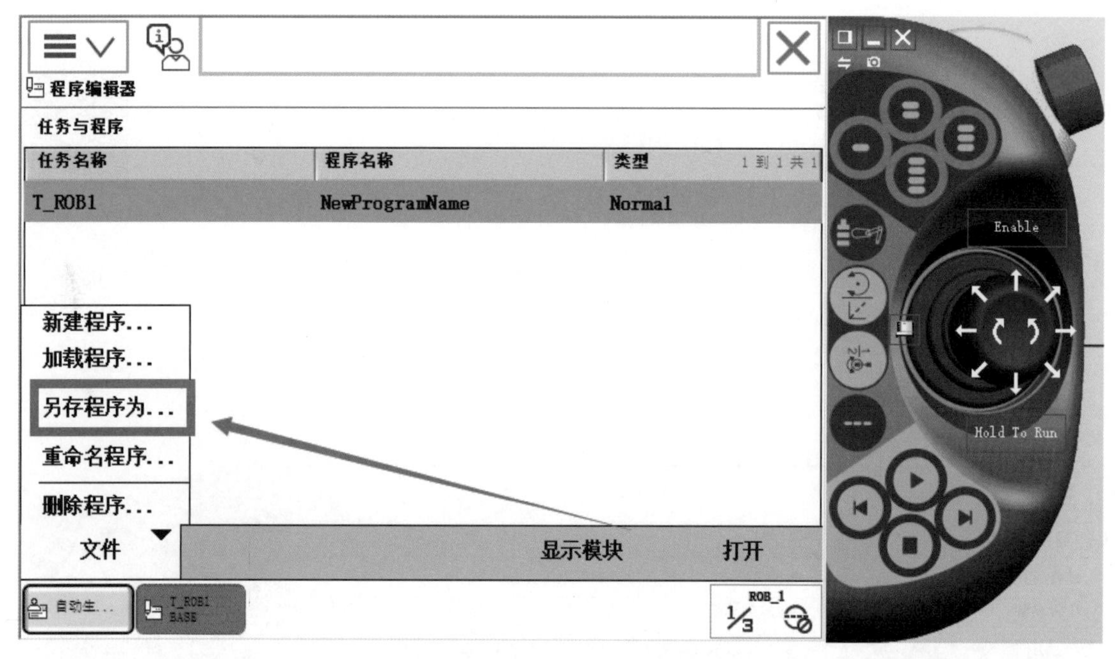

图 9-6　点击“另存程序为”

图 9-7　程序名称选择

重命名程序

（4）重命名程序

① 在 ABB 主菜单中，点击“程序编辑器”。

② 点击“任务与程序”。

③ 点击“文件”并选择“重命名程序”，如图 9-8 所示。

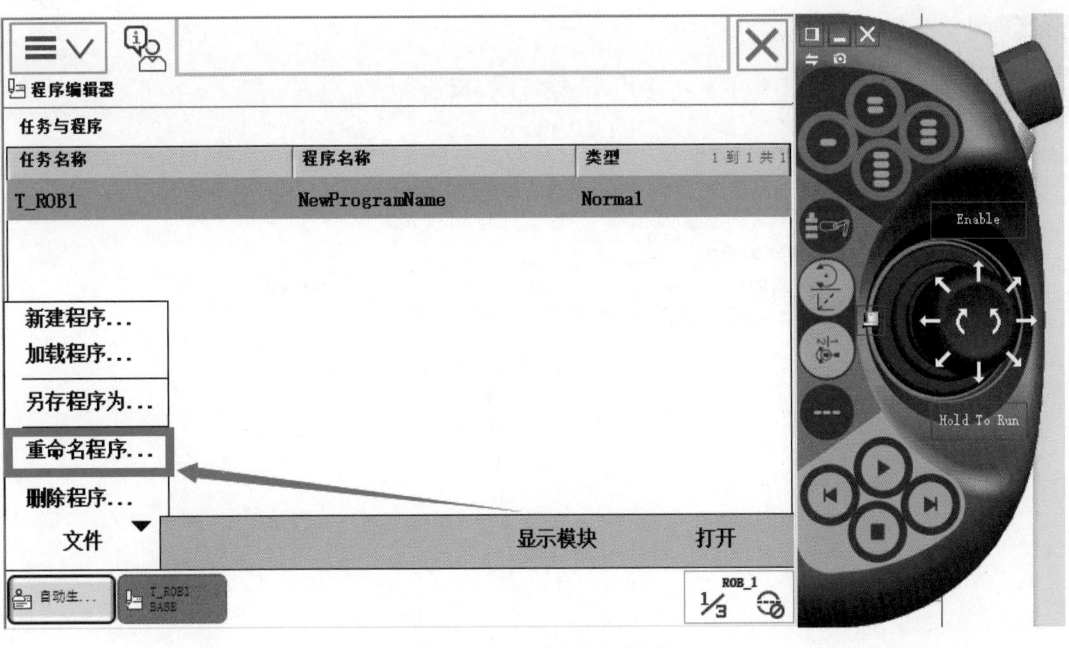

图 9-8　选择“重命名程序”

④ 使用软键盘输入新的程序名，然后点击“确定”。

（5）删除程序

删除程序

① 在 ABB 主菜单中点击“程序编辑器”。
② 点击“任务与程序”。
③ 点击“文件”并选择“删除程序”，如图 9-9 所示。

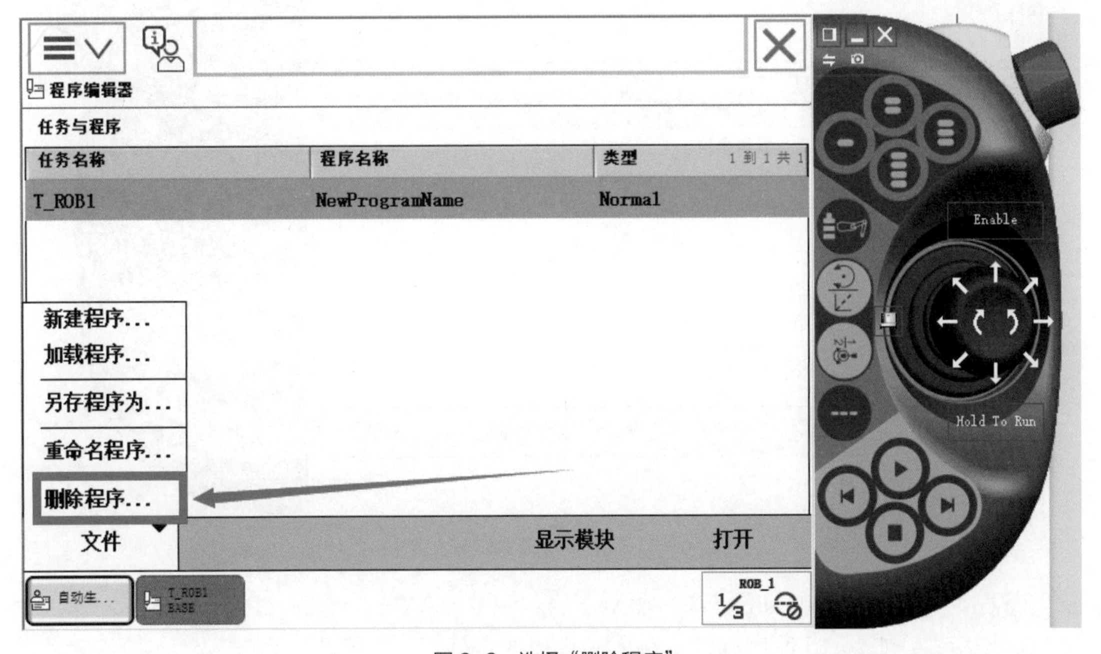

图 9-9　选择“删除程序”

创建新模块

(6) 创建新模块

① 在 ABB 主菜单中点击“程序编辑器”。

② 点击“模块”，如图 9-10 所示。

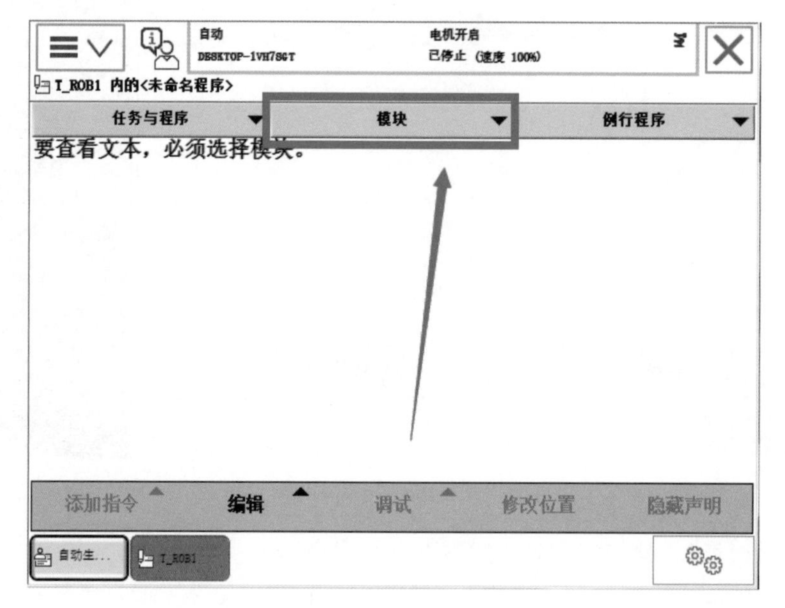

图 9-10　点击“模块”

③ 点击“文件”，如图 9-11 所示。

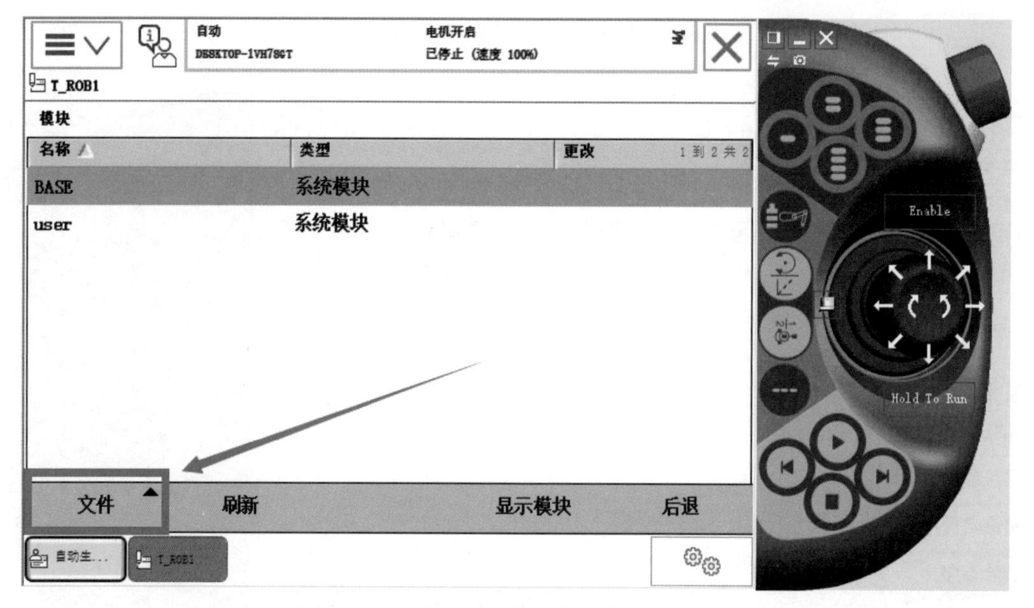

图 9-11　点击“文件”

④点击“新建模块”，如图 9-12 所示。

⑤ 点击“ABC...”并使用软键盘输入新模块的名称，然后点击“确定”。

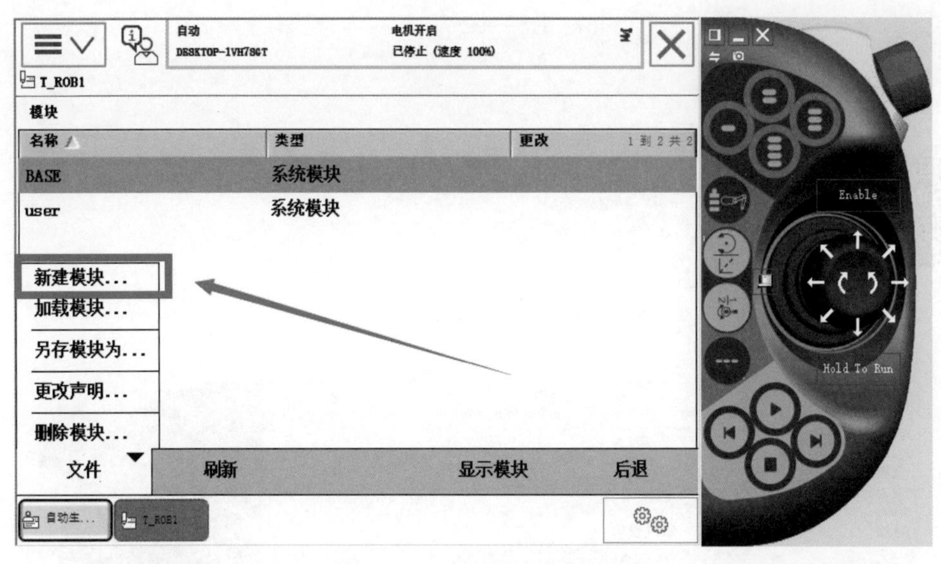

图 9-12 点击“新建模块”

⑥ 选择要创建的模块类型：

a. 程序模块（Program）。

b. 系统模块（System）。

⑦ 点击“确定”。

（7）加载现有模块

① 在 ABB 主菜单中点击“程序编辑器”。

② 点击“模块”。

③ 点击“文件”。

④ 点击“加载模块”，如图 9-13 所示。

加载现有模块

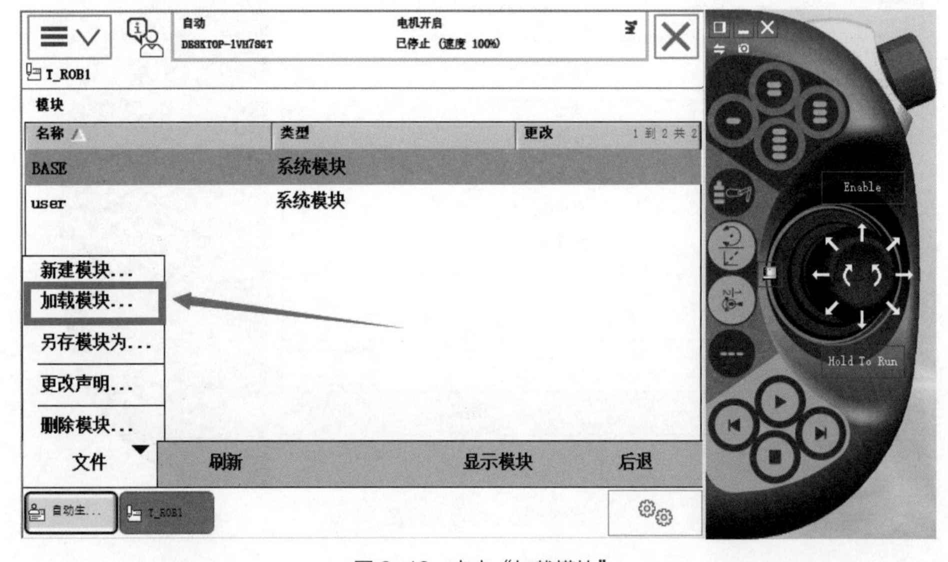

图 9-13 点击“加载模块”

⑤ 点击“确定”后，点击要加载的模块。

⑥ 模块加载完成。

（8）保存模块

保存模块

① 在 ABB 主菜单中点击“程序编辑器”。

② 点击“模块”。

③ 点击“文件”。

④ 点击“另存模块为 ...”，如图 9-14 所示。

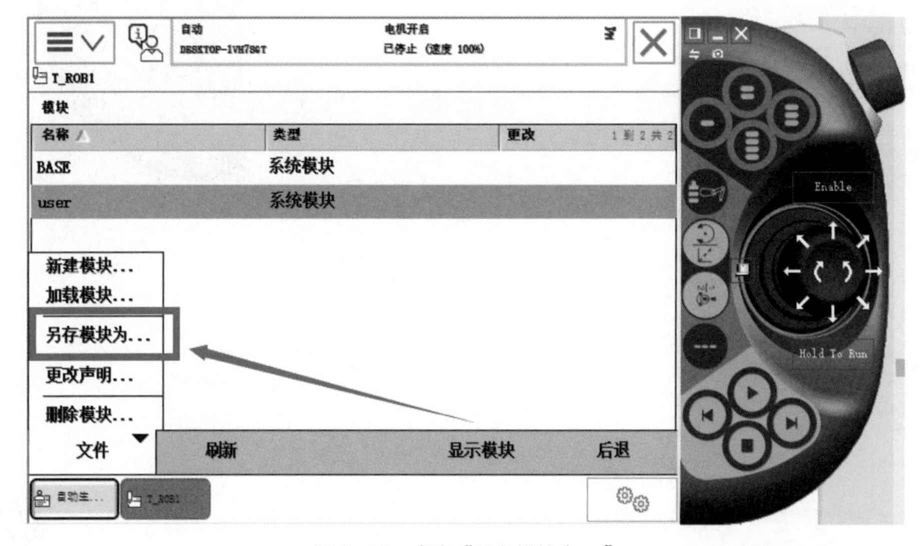

图 9-14　点击“另存模块为 ...”

⑤ 点击建议的文件名，使用软键盘输入模块名称，然后点击“确定”，如图 9-15 所示。

图 9-15　修改文件名

⑥ 使用文件搜索工具确定用于保存模块的位置。

(9) 删除模块

① 在 ABB 主菜单中点击“程序编辑器”。
② 点击“模块”。
③ 点击“文件”。
④ 点击“删除模块 ...”，如图 9-16 所示。

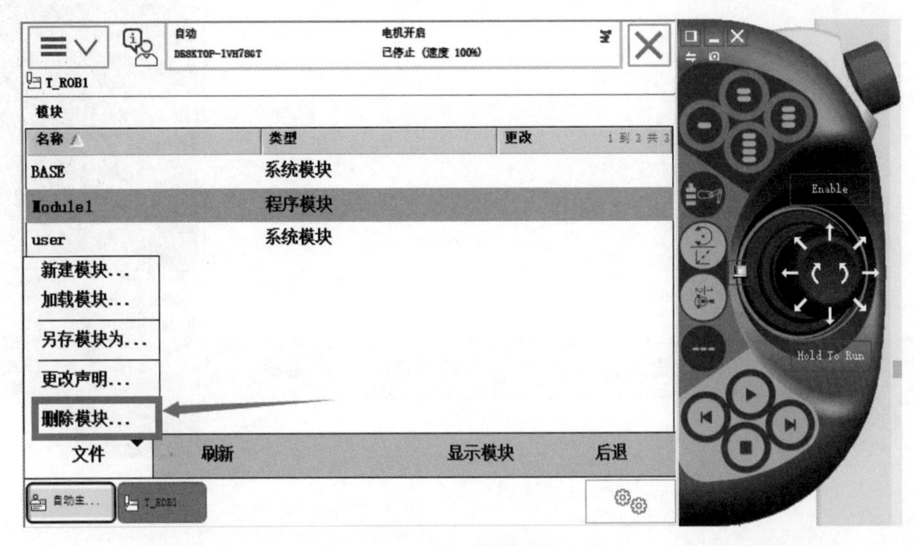

图 9-16　点击“删除模块 ...”

⑤ 点击“确定”，删除模块而不予保存。

(10) 新建例行程序

① 在 ABB 主菜单中点击“程序编辑器”。
② 点击“例行程序”，如图 9-17 所示。

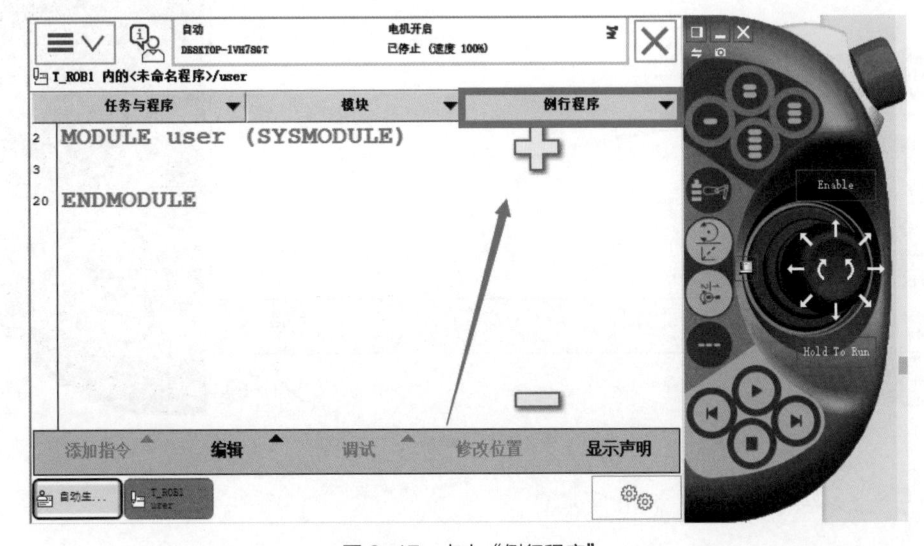

图 9-17　点击“例行程序”

③ 点击“文件”，如图 9-18 所示。

图 9-18　点击“文件”

④ 点击“新建例行程序”，如图 9-19 所示。

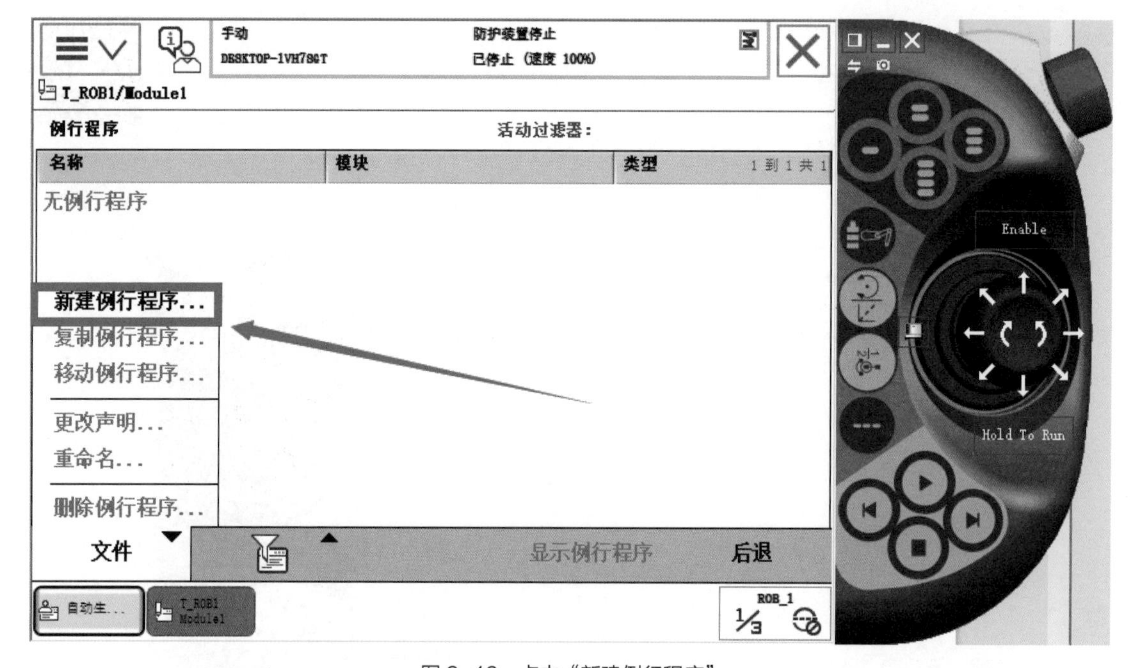

图 9-19　点击“新建例行程序”

⑤ 点击“ABC...”，如图 9-20 所示。

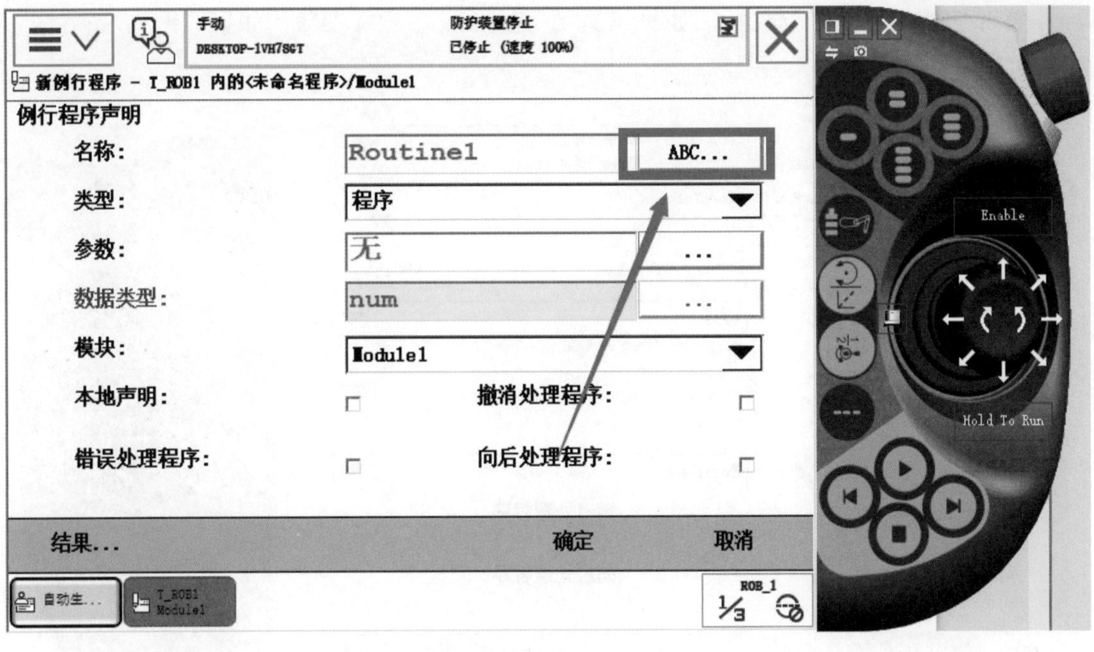

图 9-20　点击“ABC...”

⑥ 选择例行程序类型，如图 9-21 所示。

a. 程序：用于无返回值的正常例行程序。

b. 功能：用于含返回值的正常例行程序。

c. 中断：用于中断的例行程序。

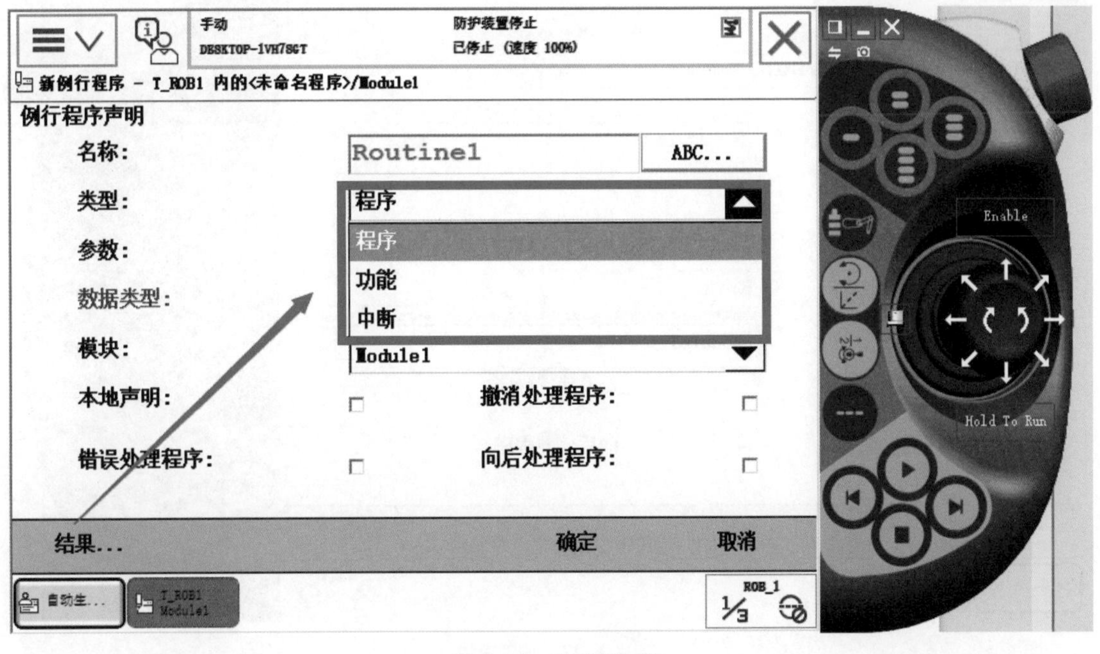

图 9-21　对话框选择

⑦ 是否需要使用任何参数。如果“是”，点击“...”定义参数。如果“无”，继续下一步骤，如图 9-22 所示。

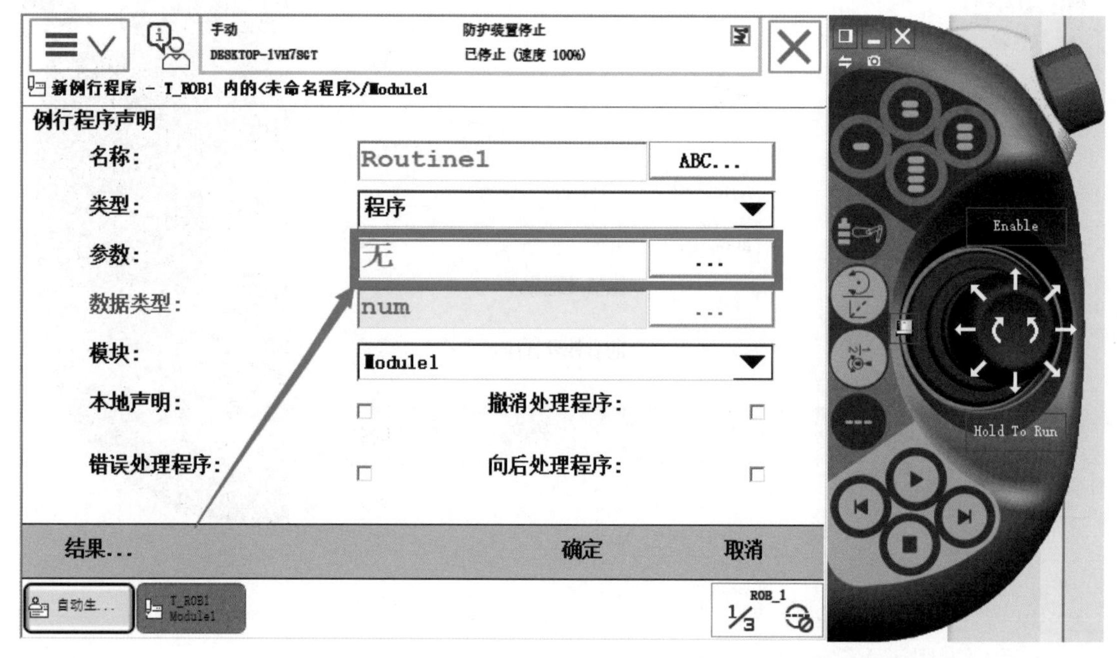

图 9-22　选择有无参数

⑧ 选择要添加例行程序的模块，如图 9-23 所示。

图 9-23　选择模块

⑨ 如果例行程序应该是本地的，则勾选复选框选择“本地声明”，如图 9-24 所示。

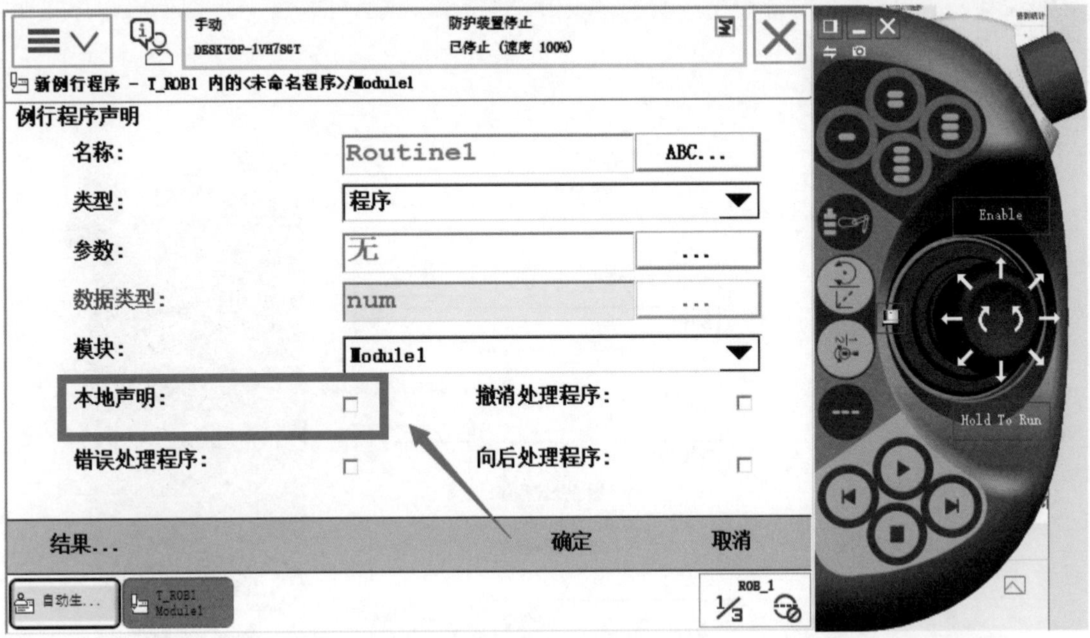

手动
DESKTOP-1VH7SGT
防护装置停止
已停止（速度 100%）
新例行程序 - T_ROB1 内的<未命名程序>/Module1
例行程序声明
名称： Routine1 ABC...
类型： 程序
参数： 无 ...
数据类型： num ...
模块： Module1
本地声明： 撤消处理程序：
错误处理程序： 向后处理程序：
结果... 确定 取消
自动生... T_ROB1 Module1 ROB_1 1/3
Enable
Hold To Run

图 9-24　选择“本地声明”

⑩ 单击“确定”，如图 9-25 所示。

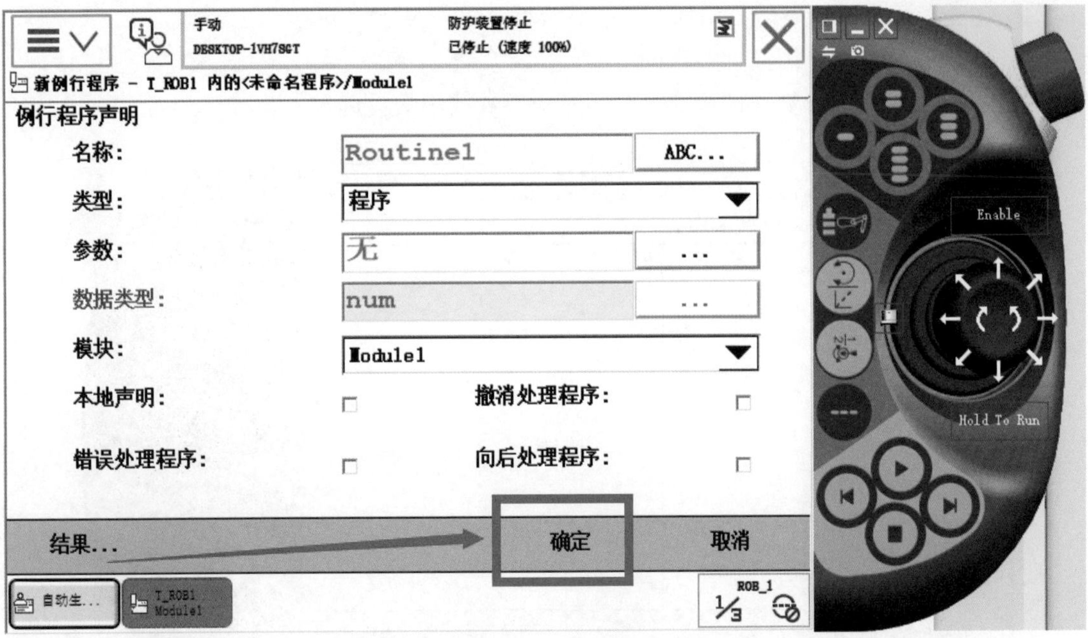

手动
DESKTOP-1VH7SGT
防护装置停止
已停止（速度 100%）
新例行程序 - T_ROB1 内的<未命名程序>/Module1
例行程序声明
名称： Routine1 ABC...
类型： 程序
参数： 无 ...
数据类型： num ...
模块： Module1
本地声明： 撤消处理程序：
错误处理程序： 向后处理程序：
结果... 确定 取消
自动生... T_ROB1 Module1 ROB_1 1/3
Enable
Hold To Run

图 9-25　单击“确定”

定义例行程序中的参数

（11）定义例行程序中的参数

① 在例行程序声明中，点击“参数”一栏中的“...”返回例行程序声明，如图 9-26 所示。

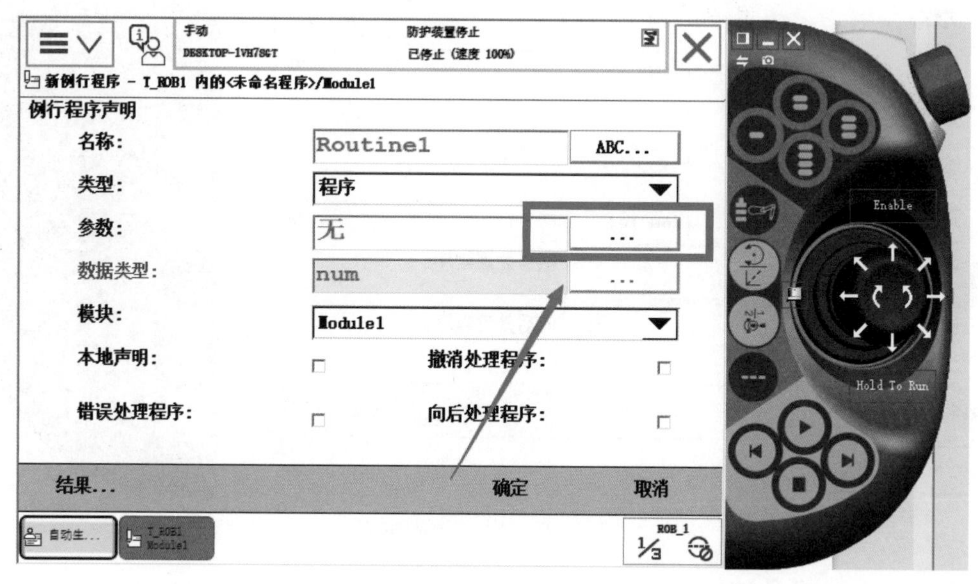

图 9-26 选择参数

② 如无参数显示，点击“添加”添加新参数，如图 9-27 所示。

a.“添加可选参数”即添加可选的参数。

b.“添加可选共用参数”即添加一个与其他参数共用的可选参数。

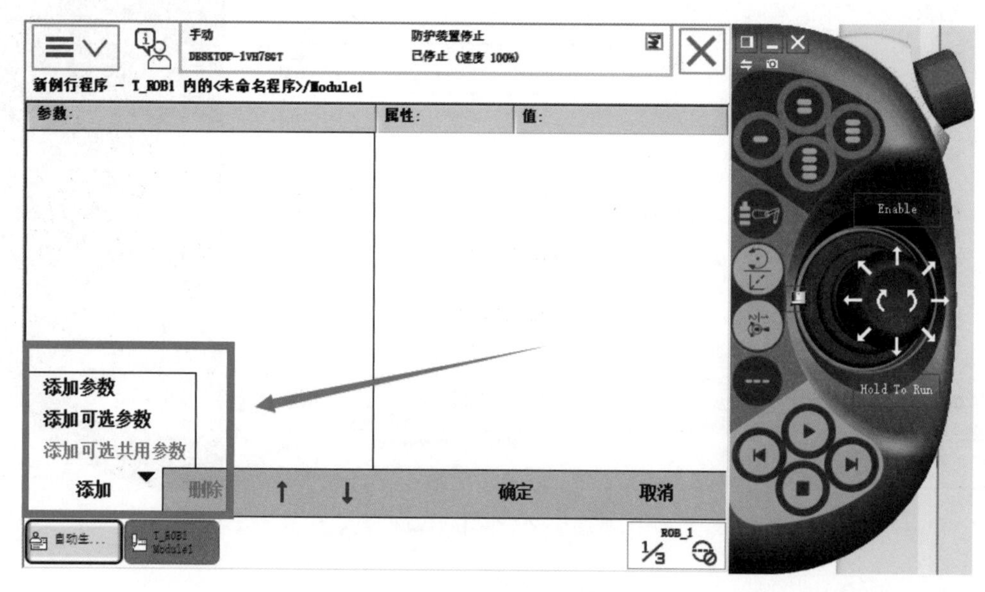

图 9-27 “添加”对话框

③ 使用软键盘输入新参数名，然后点击“确定”，如图 9-28 所示。

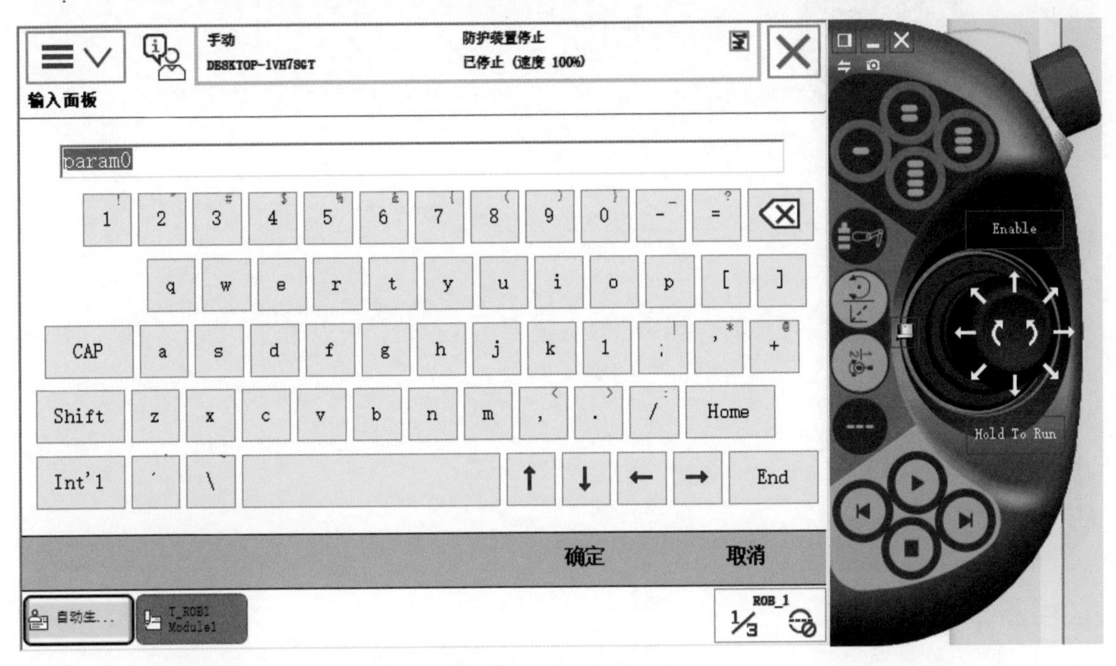

图 9-28　输入新参数名

④ 点击选择一个参数。要编辑其值，则点击“值”。

⑤ 点击“确定”返回例行程序声明，如图 9-29 所示。

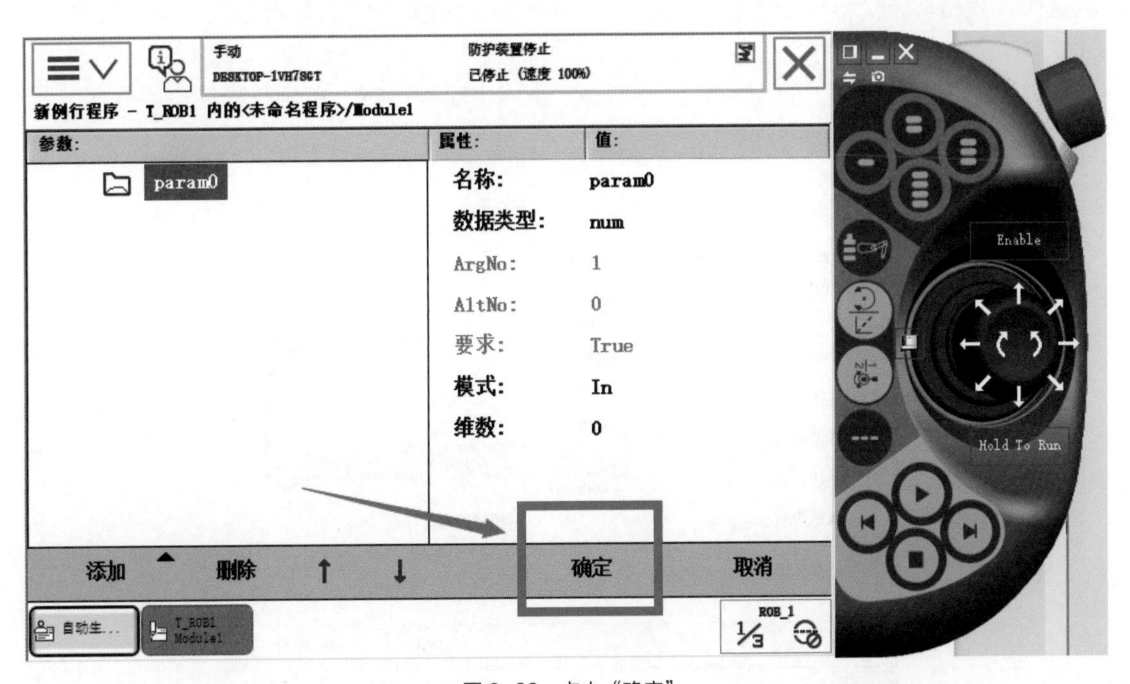

图 9-29　点击“确定”

任务 2 / 中断

任务描述

当机器人在执行某一任务时，如果有任务需要优先执行，可以通过中断来实现。本任务介绍中断的基本知识以及简单实例程序的编写方法。

知识储备

1. 中断基本介绍

（1）中断概念

中断是程序定义事件，通过中断编号识别。中断发生在中断条件为真时。中断不同于其他错误，其与特定信号位置无直接关系（不同步）。中断会导致正常程序执行过程暂停，跳过控制，进入软中断程序。

中断程序在示教器上的类型显示为 Trap。创建中断程序时，在例行程序声明界面，“类型”选择为“中断”，如图 9-30 所示。

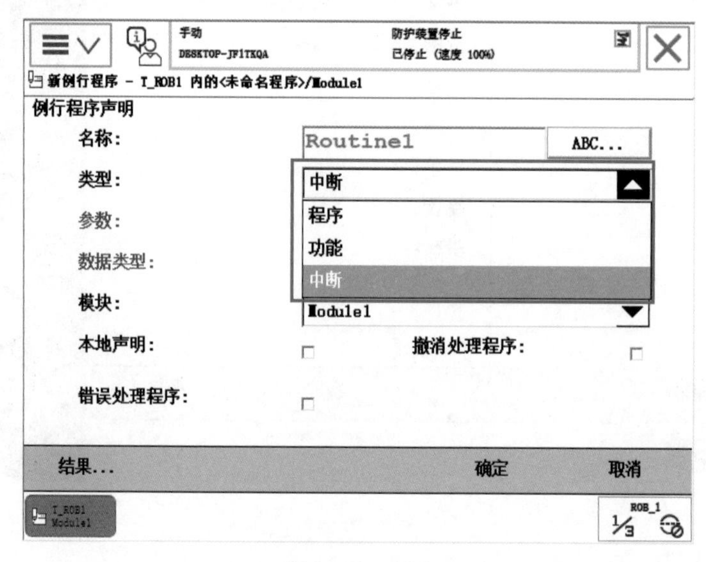

图 9-30　中断

（2）intnum——中断识别号

intnum (interrupt numeric) 用于识别一次中断。

（3）CONNECT——将中断与软中断程序相连

CONNECT 用于发现中断识别号，并将其与软中断程序相连。

2. 中断常用指令

（1）IDelete——取消中断

IDelete (中断删除) 用于取消（删除）中断预定。如果中断仅临时禁用，则应当使用指令 lSleep 或 lDisable。

（2）ISleep——停用一个中断

ISleep (中断睡眠) 用于暂时停用单个中断。

停用期间，在无软中断执行的情况下，可舍弃产生的所有指定类型的中断，直至通过指令 IWatch 重新启用中断。

（3）IWatch——启用中断

IWatch (启用中断) 用于重新启用先前通过 ISleep 停用的中断。

（4）IDisable——禁用中断

IDisable (禁用中断) 用于临时禁用所有中断。

（5）IEnable——启用中断

IEnable(启用中断) 用于在程序执行期间启用中断。

在示教器中编写程序，使用中断完成以下任务：机器人使用恰当的工具，循环做直线运动。当接收到信号 DI1 时，进入中断，示教器屏幕显示“Make sure that no one is in he working area!”。

1. 示教器操作过程

① 编写 intrmove 程序，即软中断程序。该程序为中断响应程序，当进入中断后，在示教器上显示“Make sure that no one is in he working area!”，如图 9-31 所示。

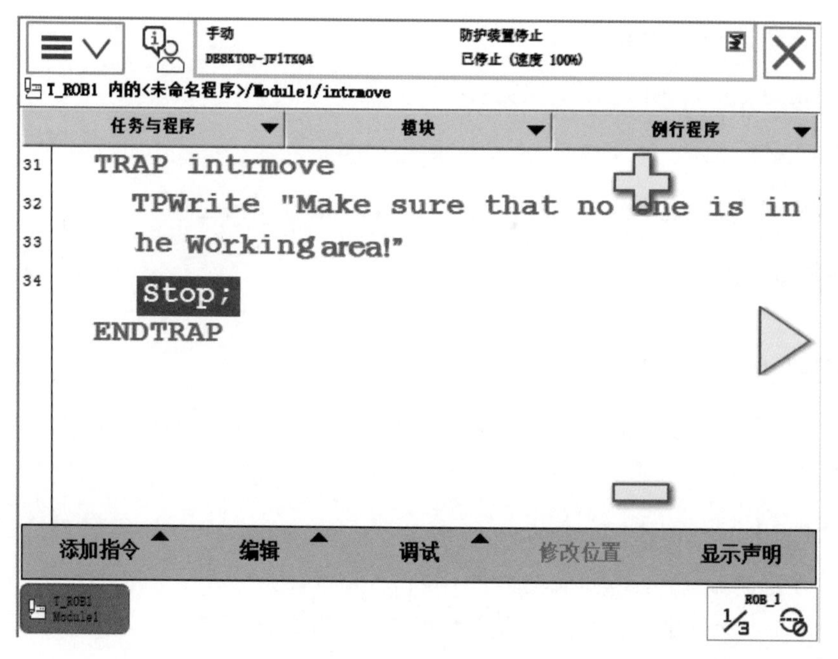

图9-31　程序（一）

② 编写 initia 程序，在程序中，首先使用 IDelete 取消（删除）中断。然后，使用 CONNECT 将中断与软中断程序相连。在本例中，中断采用信号 DI1 触发，当 DI1 由 0 变为 1 时，进入中断，如图 9-32 所示。

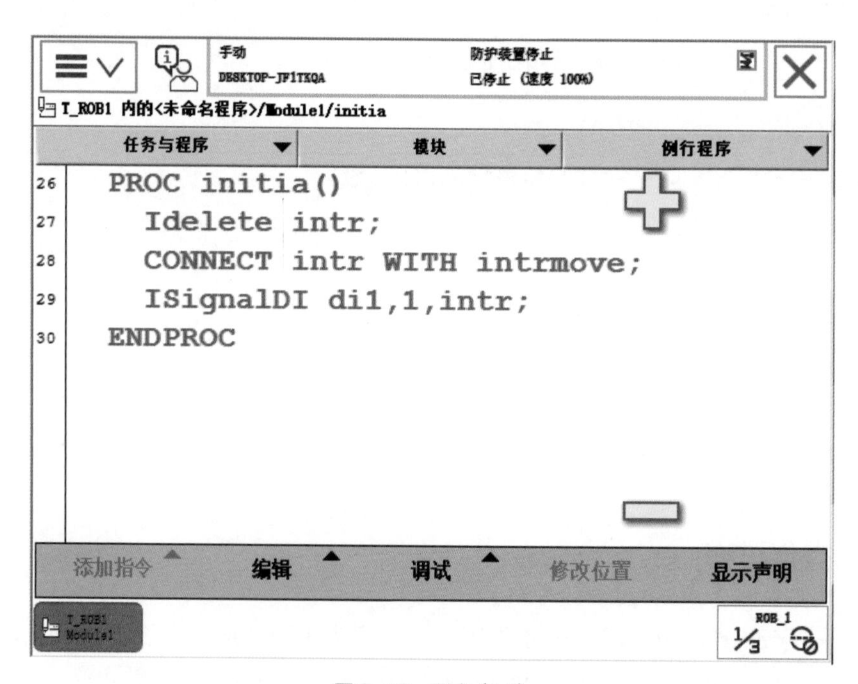

图9-32　程序（二）

③ 编写主程序，如图 9-33 所示。

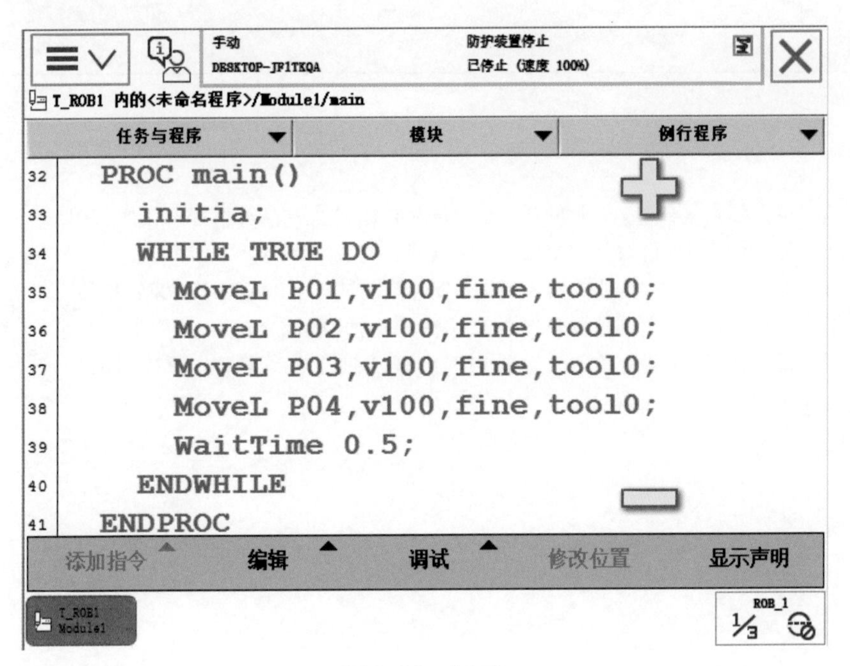

图 9-33　主程序

2. 程序代码

完整的程序代码如下：

```
PROC main()
  initia;                                    ! 调用初始化程序
  WHILE TRUE DO                              ! 死循环
    MoveL P01,v100,fine,tool0;
    MoveL P02,v100,fine,tool0;
    MoveL P03,v100,fine,tool0;
    MoveL P04,v100,fine,tool0;
    WaitTime 0.5;
  ENDWHILE
ENDPROC
PROC initia()
  Idelete intr;                              ! 中断初始化，取消中断
  CONNECT intr WITH intrmove;                ! 将中断标识符与中断程序关联
  ISignalDI di1,1,intr;                      ! 数字输入信号 di1 为 1 时，触发中断标识符
ENDPROC
TRAP intrmove
  tpwrite "Make sure that no one is in he working area!";
  stop;
ENDTRAP
```

参考文献

[1] 汤晓华，蒋正炎，陈永平，等 . 工业机器人应用技术 [M]. 北京：高等教育出版社 , 2015.

[2] 蒋正炎 . 机器人技术应用项目教程（ABB）[M]. 北京：高等教育出版社 , 2019.

[3] 蒋正炎，郑秀丽，方宁，等 . 工业机器人工作站安装与调试（ABB）[M]. 北京：机械工业出版社 , 2016.

[4] 叶晖 . 工业机器人典型应用案例精析 [M]. 北京：机械工业出版社 , 2013.

[5] 张春芝，钟柱培，许妍抚 . 工业机器人操作与编程 [M]. 北京：高等教育出版社 , 2018.